對本書的讚譽

Gant 在這本書中做到的是開門見山地教導你，以網頁開發者角色使用 *JavaScript* 和瀏覽器的情況下，所需知道的重要事情。

—*Laurence Moroney, AI* 倡議領導者 *, Google*

機器學習具有影響所有產業的潛力。本書讓你可以邁進 *TensorFlow.js*，讓所有 *JavaScript* 的開發者可以獲得下一代網頁應用開發的超能力。本書精闢地介紹了如何使用 *TensorFlow.js* 來進行機器學習，並且也應用在容易理解消化的實際案例上。

—*Jason Mayes, Google TensorFlow.js* 資深工程師

Gant 神奇的解釋了複雜的機器學習概念卻又避免了過於複雜的數學陷阱，你很難再找到更好的以 *JavaScript* 為主的資料科學簡介了。

—*Lee Warrick,* 全端 *JavaScript* 開發者

有幸能閱讀這本《*Tensorflow.js* 學習手冊》。毫無疑問地，利用本書有關 *Tensorflow.js* 的內容來作為機器學習網頁應用的框架，是讓我可以從後端工程這個舒適圈出來，並且建立一些有趣的前端應用的好方法。

—*Laura Uzcátegui,* 軟體工程師 *, Microsoft*

本書正確的介紹了如何建立適用於 *web* 和行動應用的小型深度學習模型，書中的範例還有詳細說明，會讓你學來既順暢又有趣。

—*Vishwesh Ravi Shrimalı,* 工程師 *, Mercedes Benz R&D India*

我真希望我以前是靠這本書來學習神經網路和 *TensorFlow.js* 的！它以令人訝異的簡單和流暢寫作方式在 *12* 章中讓你從毫無基礎到可以建立一個完整的專案。每個圖書館的必備館藏。

—*Axel Sirota*, 機器學習研究工程師

這是一本介紹 *TensorFlow.js* 的必看書籍，包含了精采的範例、精美的插圖、以及每章前的精闢引文。想要使用 *JavaScript* 來開發 *AI* 的人必讀之作。

—*Alexey Grigorev*, *DataTalks.Club* 創辦人

在 *web* 上進行機器學習還在初始期，而你目前在讀的這本書超級重要。身為 *JavaScript* 環境下開發機器學習工具的工程師，我強烈推薦本書給想要在他們的專案中加上機器學習功能的網頁開發者。

—*Rising Odegua*, *Danfo.js* 共同創辦人

TensorFlow.js 學習手冊
以 JavaScript 開發機器學習

Learning TensorFlow.js
Powerful Machine Learning in JavaScript

Gant Laborde　著

楊新章　譯

O'REILLY®

謹將本書　　獻給
那具有感染性又溫和的笑容。
獻給我心中那無法壓抑的
火花和無盡的喜悅。獻
給我最愛的女兒。
我愛妳，
Mila。

目錄

前言

AI 和機器學習都是可以改變世界的革命性科技，不過僅限於有開發者可以使用不錯的 API 來取得這些科技所帶來的進展才行。

其中一項進展是能夠在瀏覽器中執行機器學習模型，使得應用可以表現得更聰明。

TensorFlow.js 的興起告訴我 AI 時代已經來臨。不再是只適用於使用超級電腦的資料科學家；它現在也可以讓每天以 JavaScript 寫作的數以百萬計的開發者用了。不過還是有道鴻溝存在。建立模型的工具和技術還是掌握在那些瞭解 Python、NumPy、繪圖處理器（GPUs）、資料科學、特徵定模、監督式學習、張量、還有眾多拗口且你可能還不認識的詞彙的人手上！

Gant 在這本書中做到的是開門見山的教導你，以網頁開發者角色使用 JavaScript 和瀏覽器的情況下，所需知道的重要事情。他會介紹 AI 和機器學習的概念，並且聚焦於如何在你喜愛的平台上使用它們。

我經常聽到想要使用機器學習的開發者問到，「我在哪裡可以找到可以再利用的東西？我不想學著成為機器學習工程師只是為了弄清楚這些東西是否適合我！」

Gant 以本書回答了那個問題。你可以在 TensorFlow Hub 中找到所想要使用的預製模型。你也會學到如何站在巨人的肩膀上，學習怎麼來選擇性的使用那些以數百萬筆資料花了數千小時訓練的模型的一部份，並瞭解如何將它們的學習轉移到你自己的模型中。然後你只要把它丟到網頁中讓 JavaScript 去完成其他的事！

有開發人員問，「我如何不用再花大量時間重新訓練就可以在我在乎的平台上使用機器學習？」

本書深入的說明這點——告訴你如何橋接 JavaScript 以及使用 TensorFlow 所訓練的模型間的鴻溝。從基本變數和張量間的資料轉換，到將輸出機率剖析成文字，本書會一步步指引你如何和你的網站緊密的整合。

有開發人員問我，「我想超越其他人的工作以及簡單的原型。作為 web 開發人員，我可以做得到嗎？」

我還是要說，可以。當你讀完這本書時，你不但會熟悉怎麼使用模型，Gant 也會告訴你建立自己的模型的所有細節。你會學到如何訓練一個可以辨識影像內容的卷積神經網路這樣的複雜模型，而且全部都用 JavaScript 來完成。

2020 年 10 月的調查結果顯示全世界有 1240 萬名 JavaScript 開發者。其他的調查也顯示全球有大約 30 萬名 AI 實務工作者。擁有了 TensorFlow.js 技術以及本書所提到的技能後，你——親愛的 JavaScript 開發人員，就可以加入 AI 世界。本書是一個很棒的起點。

享受你的旅程吧！

— Laurence Moroney
2021 年 3 月

序

「如果你選擇不做決定，你仍然已經做出了選擇。」

— Geddy Lee（Rush）

我們開工吧

我們總是事後諸葛亮。「我應該在比特幣還是 X 元時買的」或者「我應該在新創公司 Y 變有名前應徵工作的。」世界充斥著決定我們會更好或更差的時刻。時間從不倒退，但我們以前所做的選擇會隨著我們而前進。你很幸運擁有此書並可以在此刻做出決定。

軟體產業的基礎正隨著人工智慧而改變。決定會如何改變的正是那些抓住並形塑未來世界的人。機器學習是建立新的可能性的冒險，當它和廣被使用的 JavaScript 聯合後，其間的界限就逐漸消失了。

就像我在有關 AI 的演講中說的，「如果你建立的軟體只能帶你走到這裡，那你就不會在這裡。」所以讓我們開始吧，看看我們的想像力可以把我們帶向何方。

為何要用 TensorFlow.js？

TensorFlow 是市面上最受歡迎的機器學習框架之一。它是由 Google 中的聰明腦袋們所支援，而且被全世界許多具有影響力的公司所採用。TensorFlow.js 是 TensorFlow 的 JavaScript 框架，而且它優於所有競爭對手。簡單說，如果你想要 JavaScript 框架所具有的威力，只有一種選擇可以做得到。

誰該讀本書？

兩個主要族群會享受本書的內容並且受益：

JavaScript 開發人員

> 如果你熟悉 JavaScript，不過以前從未接觸過機器學習，本書會是你的嚮導。它以框架為主，讓你可以活躍在既務實又令人興奮的創作中。你會透過建立各種專案的經驗來理解機器學習的基礎。我們不會逃避數學或者深入的概念，但也不會把它弄得過於複雜。如果你想要用 JavaScript 建立網站又想擁有超能力的話，就讀本書吧。

AI 專家

> 如果你熟悉 TensorFlow 或甚至線性代數（linear algebra）的基礎原理，本書會用無數的範例來教你如何將你的技能帶入 JavaScript。在此你會看到各種核心概念是如何以 TensorFlow.js 框架來展示與呈現的。這讓你可以把你的知識應用在四處可見的邊緣裝置（edge device）上，像是瀏覽器或物聯網（IoT）。閱讀本書來學習如何將你的創作帶入無數的交談式裝置中。

本書需要適度的閱讀與理解 JavaScript 的能力。

本書概觀

在草擬此書架構時，我明白了我必須做出選擇。要麼創造一個使用小型又易理解的範例來建立各種深度學習應用的冒險歷程，要麼選擇一個單一路徑來講述這些概念的不斷發展的故事。在我徵詢過朋友和追隨者的意見後，顯然後者才是需要的。為了讓本書有合理的頁數，我選擇捨棄所有 JavaScript 框架，並專注於 AI 視覺方面的實務過程。

每一章的最後都有一些問題和挑戰來測試你的理解程度。本章挑戰小節的設計是用來將課程融入你的 TensorFlow.js 肌肉記憶中。

章節介紹

第 1 章和第 2 章以核心概念和具體範例開始。這種陰陽互補作法反映了本書的教學風格。每一章都建構在前面章節所提及的課程、詞彙、以及函數上。

第 3 到 7 章則要讓你具有瞭解和實作既有 AI 工具與資料的視野。你將可以建立亮眼的程式庫,或將模型部署在由大量資料科學家建立的專案中。

第 8 到 11 章開始讓你瞭解 TensorFlow.js 的威力。你將可以用 JavaScript 來訓練模型,我深信這是全書中最有趣且令人興奮的部份。

第 12 章是最後的挑戰。最後一章展現了一個總結專案,讓你能夠使用本書所提供的一切知識,並使用你自己的方式完成它。

重點整理

讀完本書後,不論你之前是否有經驗,你都可以用 TensorFlow.js 來尋找、實作、調整、和建立機器學習模型。你將有能力可以識別出網站中的機器學習應用,而後繼續把它實作完成。

本書編排慣例

本書使用以下的字體慣例:

斜體字(*Italic*)

   指出新字、網址、電子郵件地址、檔名、以及副檔名。中文以楷體表示。

定寬字(`Constant width`)

   用於程式列表、以及在段落中提及的程式元素,例如變數或函數名稱、資料庫、資料型別、環境變數、敘述、以及關鍵字。

定寬粗體字(**`Constant width bold`**)

   顯示命令或其他應由使用者輸入的文字。

定寬斜體字(*`Constant width italic`*)

   顯示應該被使用者所提供或由語境(context)決定的值所取代的文字。

 此圖示表示提示或建議。

此圖示表示一般性注意事項。

 此圖示表示警告或警示事項。

使用範例程式

你可以在 *https://github.com/GantMan/learn-tfjs* 中下載補充資料（程式碼範例、習題等）。

如果你有技術上的問題或程式碼範例問題，請寄電子郵件到 *bookquestions@oreilly.com*。

本書旨在協助你完成工作。一般來說，你可以在自己的程式或文件中使用本書的程式碼而不需要聯繫出版社取得許可，除非你更動了程式的重要部分。例如，使用這本書的程式段落來編寫程式不需要取得許可，但是將 O'Reilly 書籍的範例製成光碟來銷售或發布，就必須取得我們的授權。引用本書的內容與範例程式碼來回答問題不需要取得許可，但是在產品的文件中大量使用本書的範例程式，則需要我們的授權。

雖然沒有強制要求，但如果你在引用時能標明出處，我們會非常感謝。出處一般包含書名、作者、出版社和 ISBN。例如：「*Learning TensorFlow.js* by Gant Laborde (O'Reilly). Copyright 2021 Gant Laborde, 978-1-492-09079-3.」

如果你覺得自己使用範例程式的程度超出上述的允許範圍，歡迎隨時與我們聯繫：*permissions@oreilly.com*。

致謝

我想要感謝 O'Reilly 的編輯、製作同仁、以及員工,當我寫作時和他們有愉快的合作經驗。

當然還要感謝傑出的 Laurence Moroney,他是本書前言的作者。你是我成長過程中的典範與靈感來源。我從你那學了很多,我也會盡力在你的機器學習課程和成就下繼續成長茁壯。

本書的技術審查者極其友善與盡責,我很高興和他們一起工作。

Laura Uzcátegui

> 你的大方又具有啟發性的回饋意見令人著迷。你的直覺有助於讓本書更完善。

Vishwesh Ravi Shrimali

> 你抓的到我的笑點。顯然你是一位聰明又友善的人,因為有你,讓我變得更好。感激你所有的建言和智慧。

Jason Mayes

> 在你被選為本書的技術編輯前我就認識你了,因此我把你當作是可以讓本書變到最好的朋友以及隊友。你的回饋既細緻又聰明、而且不可取代。誠心的感謝你。

Axel Damian Sirota

> 我可以從你的每則回饋中感受到你全心全意的支持。感謝你毫不吝惜自己的時間,給我充滿智慧又溫暖的感受。你的藝術天份是這本書的禮物。

Lee Warrick

> 你不斷的審查和挑戰我來讓我的作品變得更好。這本書是在你蓬勃的洞察力之下所達成的最新成就。

Michele Cronin

> 我享受我們每一次開會的過程。你可以讓我一直開心!謝謝你一直做自己。你讓本書輕鬆完成。我永遠不會知道你是如何做到的。

我要特別感謝 Frank von Hoven III，他問了我對的問題，並且交給我一頁頁的手寫意見（圖 P-1）。你的才華和誠懇引導我傳遞強而有力和鼓舞人心的訊息。

圖 P-1　來自 Frank 很棒的支持和回饋

最後要感謝我可愛的家庭成員們，他們知道要儘量不要打擾我，卻也知道何時我需要好好的被打擾。我最愛的 Alicia，妳比我還認識我自己。妳在我需要持續努力時用咖啡給我驚喜，還在該停下來時給我一杯醇酒。每一天，我最好的事都是來自妳。

## 第一章

AI 是魔法

「任何夠先進的技術和魔法沒有差別。」

—Arthur C. Clarke

好吧，AI 並不是真的魔法。事實上 AI 比目前的技術更進一步，讓它感覺像魔法。要解釋一個有效的排序演算法很容易，但是深入智能（intelligence）這塊則頗具爭議性，並且將我們所有人帶入一個全新的技術力層次。TensorFlow.js 的智慧和能力使這種爆炸性的威力提升成為可能。

半個多世紀以來，科學家和工程師們重新創造了 AI 中的隱喻性的輪子，並微調了控制它的機制。當我們深入探討本書中的 AI 時，我們將以具彈性卻又強固的 TensorFlow.js 框架來理解那些概念，並且用它在不斷擴展的 JavaScript 領域中實現我們的想法。沒錯，就是 JavaScript，全世界最受歡迎的程式語言 [1]。

此處的概念和定義讓你具有電光眼。你將能解析縮寫和流行語來查看和理解無處不在的 AI 基礎架構。AI 和機器學習概念會變得清晰，而本章中的定義將成為識別核心原則的參考，這些原則將推動我們的學術發展進入 TensorFlow.js 世界。

我們會：

- 釐清 AI 與智能領域的差別

- 討論機器學習的類型

- 回顧並定義常用術語

---

[1] Programming language stats: *https://octoverse.github.com*

- 透過 TensorFlow.js 交叉檢視概念

我們開始吧！

 如果你已經熟悉 TensorFlow.js 以及機器學習的術語、哲學、還有基本應用的話，你可以直接跳到第 2 章。

JavaScript 中的 AI 之路

TensorFlow.js，用最通俗的定義來說，就是在 JavaScript 中用來處理特定 AI 概念的一種框架。就這樣。你很幸運，你在對的時間讀了對的書。AI 產業革命才剛開始。

電腦問世後，擁有電腦的人可以完成一些不可能的任務。他們可以破譯密碼、從大量資料中瞬間獲取資訊、甚至像和人類交手一樣玩遊戲。以前人們不可能做到的事不但成為可能，甚至還變成日常之事。從這個關鍵的數位發明出現開始，我們的目標只有想讓電腦可以「做得更多」。身為人類，我們可以做任何事情，但不是所有事。電腦給了我們新的能力，擴展了我們的極限。許多人一生都在磨練一些技能，但能成為專長的很少。我們一生中都在建立有價值的成就，有一些人在某件事上成為世界上最好的，而那項技能只能靠運氣、資訊和無數日子的努力才能獲得⋯⋯直到現在。

AI 讓我們直接進入隊伍的前列；勇敢的建造以往從未建造過的事物。每一天我們都可以看到企業和學者一再的獲得計算上的進展。我們正站在新產業的入口，邀請我們成為改變世界的一份子。

你坐在駕駛座上，朝著下個重大目標前進，而本書正是你的方向盤。我們學習 AI 魔法的旅程只會受限於你的想像力。配備了 JavaScript 支援的機器學習後，你將可以善用攝影機、麥克風、即時更新訊息、位置和其他實體感測器、服務和裝置！

我知道你會問，「那為什麼 AI 以前不行？為什麼現在才重要？」要理解此事，你必須知道人類尋找再生智慧（reproduced intelligence）的過程。

何謂智慧？

要介紹邁向機器智慧的想法概念以及途徑都可以寫成一堆書了。而且就如同所有哲學的結論一樣，每種關於智慧的具體敘述都飽受爭論。你不需要知道一切，不過我們需要瞭解 AI 領域，以讓我們可以瞭解這本有關 TensorFlow.js 的書應該著重些什麼。

幾世紀以來詩人和數學家們認為人類思想只不過是既有概念的組合。生命的出現被認為是神的設計；我們只是從元素「製造」而來。希臘神話故事中有一位發明之神赫菲斯托斯（Hephaestus）創造了可以行走的自動青銅機器人當作士兵使用。基本上這些就是第一批的機器人。機器人和智慧的概念以來自這個古老傳說的一種終極和神聖工藝而深植人心。自動化的巨人戰士塔羅斯（Talos）（*https://oreil.ly/L8Ng2*）因被設計成保護克里特島而聞名。雖然青銅機器人並不存在，這故事仍然引燃了對機械的渴望。數百年來，動作古物（animatronic antiquity）經常被認為通往具備人類「智慧」的途徑。幾世紀後，我們開始看到生命在模仿藝術。當我還小時，記得有一次去美國的 Chuck E. Cheese 餐廳，裡面有給小孩子看的動態機器人音樂表演。我記得自己有那麼一瞬間相信那個每天由傀儡操作的電子音樂會是真的。我這樣的啟發來自於和科學家追求智慧一樣的火花。這個火花一直存在著，透過故事、娛樂、以及現在的科學流傳。

幾世紀來，機器可以自動又聰明的進行工作這樣的概念持續進展，我們致力於定義這些概念性的實體。學者在論文中持續研究推論和學習，同時將他們的術語保持在「機器」和「機器人」領域。機械智慧的模仿總是因為缺乏速度和電力而受阻。

幾百年來我們都認為智慧的概念只存於人心而與機器結構無關，直到終極機器 —— 電腦——出現。計算就像多數機器一樣，整台裝置只有一個目的。由於計算的進展，出現了一個新術語來說明不斷進步的智慧，這在很大程度上反映了人類的智力。AI 這個詞彙代表人工智慧（artificial intelligence），它是在 1950 年代出現的[2]。由於電腦演變成多用途的，哲學和學門開始合而為一，模仿智慧的概念從神話變成科學研究領域，每個電子量測裝置都變成電腦的新感官，也是電子和智慧科學激動人心的機會。

簡單來說，我們會有可以和人類互動以及模仿人類動作的電腦。對於人類行為的模仿讓我們想要稱此為「智慧」。**人工智慧**是這些戰略行動的總稱，而無論其複雜程度或技術水平如何。會玩井字遊戲的電腦不用獲勝便可被認為是 AI。AI 的門檻低，不應該和人類的一般智慧相提並論。最小的一段程式碼也可以被認為是 AI，好萊塢電影在世界末日中興起的具有感知能力的機器也是 AI。

---

2 人工智慧一詞是由 John McCarthy 在 1956 年於該主題的第一次學術會議中提出。

當我們用 AI 這個詞時，它是來自於無機且一般而言就是非生物裝置的智慧的總稱。不論此詞的最低門檻為何，擁有整個研究領域和持續成長的實際應用的人類，對它都有一個統一的術語和直截了當的目標。所有量測到的東西都得到管理，因此人類開始量測、改進和競相實現更強大的 AI。

AI 的歷史

AI 的框架一開始非常的特定性，不過現今已不是如此。你或許已經知道，以 TensorFlow.js 作為框架的概念可以應用在音樂、影片、影像、統計、以及任何我們可以累積的資料。不過它並不是一開始就這樣。AI 的實作一開始只是適用於特定領域的程式碼，且缺乏任何變化的可能。

網路上有一些笑話說 AI 只是一堆 IF/THEN 敘述的集合，而我的想法是，這樣的說法並非完全是錯的。就如同我們已經提過的，AI 是所有對自然智慧的模仿的總稱。即使是新手程式設計師也會藉由解決像是 Ruby Warrior（*https://oreil.ly/ze9mi*）這樣的簡單 AI 習題來學習程式設計。這些習題會教導演算法的基礎知識，而且只需要撰寫少量的程式碼。這種簡單性的代價是，雖然它也是一種 AI，不過它只能模仿程式設計師的智慧。

長久以來，實現人工智慧的主要方法取決於編寫人工智慧程式的人的技能和哲學，它們被直接翻譯成程式碼，以讓電腦可以實行這些指令。數位邏輯會執行那些經過溝通後被寫成程式的人類邏輯。當然這就是建立 AI 時的最大遲滯。我們需要一個知道如何建立可被理解事物的電腦，而且我們會受限於它們的理解能力以及將理解進行轉譯的能力。寫死的 AI 無法推演出超越給它們的指令的事物。這大概就是將人類智慧轉譯成人工智慧的最大阻礙。如果你想要教一台電腦如何下西洋棋，你要怎麼教它西洋棋的理論呢？如果你想要告訴程式如何分辨貓和狗——這種事連小孩子都知道——你又怎麼知道演算法要怎麼寫呢？

在 1950 年代末期到 1960 年代初期，這種老師的概念從人類移轉到可以讀取原始資料的演算法。Arthur Samuel 在一個讓 AI 擺脫了其創造者的實際限制的聚會中提出了**機器學習**（*machine learning*, ML）一詞。程式可以演變以適應資料，還可以抓出程式設計師無法將其轉換為程式碼、或甚至是他們自己從不知道的概念。

以資料來訓練應用程式或程式中的函數這樣的概念是一種令人振奮的企圖心。儘管如此，在一個電腦還是整個房間大小且資料還沒有數位化的時代，這還是一個難以企及的要求。幾十年過去了，電腦已經達到了模仿人類的資訊和架構能力的臨界點。

在 21 世紀，機器學習研究者開始使用繪圖處理器（graphics processing unit, GPU）來繞過那被稱為范紐曼瓶頸（*von Neumann bottleneck*）的「CPU 和記憶體間的單獨通道」。2006 年時，Geoffrey Hinton 等人利用資料以及神經網路（neural networks）（我們會在下一節提到這個概念）來瞭解樣式（pattern）並讓電腦可以辨識手寫數字。對以往那些既不穩定又不完美的一般性計算方法而言，這是一種壯舉。**深度學習**（*deep learning*）可以針對手寫字的隨機性進行讀取和進行調適，並以超過 98% 的準確度識別字元。在這些發表的論文中，運用資料作為訓練者的想法從學術作品成為現實。

雖然 Hinton 受困於證明神經網路的確是可行的，那個「這是哪個數字？」的問題成為機器學習從業人員的忠貞分子。這個問題已經成為機器學習框架的典範問題。TensorFlow.js 有一個展示（*https://oreil.ly/vsANx*）可以在兩分鐘內直接在你的瀏覽器中解決這個問題。藉由 TensorFlow.js 的效益我們可以輕易的建構進階的學習演算法，並且無縫的運作在網站、伺服器、還有裝置上。不過到底這些框架實際上在做什麼呢？

AI 的終極目標永遠是趨近或甚至是超越人類在執行某一單一任務時的能力，前面說到的 98% 準確度的確做到了。Hinton 的研究引發了對這些高效能機器學習方法的關注，並創造了**深度神經網路**（*deep neural networks*）等行話。我們將在下一節詳細說明，它是應用機器學習的開始，而機器學習已開始蓬勃發展，且最終會進入像是 TensorFlow.js 等機器學習框架中。雖然基於機器的學習演算法快速的出現，它們的靈感還有術語的來源已經相當清楚。我們可以模擬我們內部的生物系統來創造某些先進的事物。從歷史上看，我們將自己和大腦皮層（cerebral cortex）（大腦的一層）當作結構化訓練和智慧的靈感泉源。

神經網路

深度神經網路的靈感來自於我們人類的身體。數位節點（node）──有時稱為**感知機網路**（*perceptron network*）──模擬我們大腦的神經元（neuron），並像我們自己的神經鍵（synapse）一樣被激發以建立思想機制。這就是為什麼這種網路被稱為**神經網路**的原因，因為它模仿了我們大腦的生化結構。許多資料科學家厭惡這種與人類大腦的類比方式，不過這樣的類比通常是適切的。藉由連結數以百萬計的節點，我們可以建立深度神經網路，一種可以進行決策的優雅數位機器。

藉由增加愈來愈多層的神經通道，我們便有了**深度學習**（*deep learning*）一詞。深度學習是隱藏的節點層的巨大分層（或深度）連結。你會聽到有人稱這些節點為**神經元**（*neuron*）、**人工神經元**（*artificial neuron*）、**單位**（*unit*）、或甚至**感知機**（*perceptron*）。這種術語上的差別證明了機器學習來自於各領域學者的貢獻。

整個學習領域只是 AI 的一部份。如果你一直在關注這個領域，人工智慧有一個稱為機器學習的子集合或分支，而深度學習的想法就位於該集合中。深度學習主要是用來增強機器學習的一種演算法類別，但它並不是唯一的一種。有關這些主要術語的直觀表示，請參見圖 1-1。

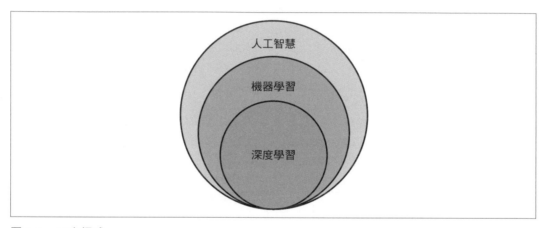

圖 1-1　AI 次領域

就像人類一樣，神經元是經由重複的以範例和資料來教導或「訓練」而適當的建立起來的。這些神經網路一開始常常做錯或隨機的表現，不過當它們一遍遍看了資料範例後，它們會「學習」到預測的能力。

不過我們的大腦並不會直接感知這個世界。就像電腦一樣，我們仰賴已被組織成相關資料送到大腦的電流信號。對於電腦而言，這些電流信號被類比成**張量**（*tensor*），我們會等到第 3 章再談這個主題。TensorFlow.js 具體呈現了研究和科學家們所證實的這類進展。這些用來幫助人體表現的技術都可以被包裝在一個優化的框架中，這樣我們就可以好好的利用這幾十年來受人體所啟發的研究。

例如，我們的視覺系統始於我們的視網膜（retina），它使用神經節（ganglion）將感光資訊傳遞到我們的大腦以激發這些神經元。你可能還記得小時候生物學裡提過，我們的視覺裡有盲點，而且技術上來說我們看到的東西是顛倒的。信號並不會「按原樣」發送到我們的大腦。這個視覺系統內建了我們在現在的軟體中所使用的技術。

雖然我們都會因為有了 8K 解析度的電視而感到興奮，你可能會認為我們的大腦和視覺仍然超越了現代的計算能力，但情況並非總是如此。將視覺信號從我們的眼睛連結到我們的大腦的線路只有大約 10 MB 的頻寬，這只相當於 1980 年代初期區域網路（LAN）的速度。即便是串流式寬頻連結也需要比這更大的頻寬。但是我們的確可以立即且快速地感知到一切事物，不是嗎？那麼訣竅是什麼呢？我們如何透過這種進階的硬體來獲得更好的信號？答案是我們的視網膜在將資料發送到我們的深度連結的神經網路前，會對資料進行壓縮和「特徵化（featurize）」。所以這就是我們即將用電腦開始要做的事情。

卷積神經網路（convolutional neural network, CNN）處理視覺資料的方式，和我們的眼睛和大腦一起壓縮和激發神經通路的方式相同。你將在第 10 章中進一步了解並編寫自己的 CNN。我們每一天都在更瞭解我們是如何運作的，並將數百萬年的進化成果直接應用到軟體中。雖然能夠瞭解這些 CNN 的工作原理對你來說是很棒的事，但要我們自己編寫它們有點太學術性了。TensorFlow.js 包含了你在處理影像時所需要的卷積層。這是利用機器學習框架的基本好處。

你可以花費數年時間閱讀和研究那些可以讓電腦視覺、神經網路和人類有效運作的所有獨特技巧和竅門。但在我們目前所處的時代中，這些根基已經有時間來成長、分支並最終結出果實：這些先進的概念已經內建至我們周圍的服務和設備中來提供使用。

今日的 AI

現在我們會用這些 AI 的最佳實踐作法來增強機器學習的能力。用來進行邊緣偵測（edge detection）、關注特定區域、甚至單一物件的多相機輸入的卷積層為我們提供了一個預先消化過的資料金礦，而它是透過光纖雲端機器伺服器群進行 AI 訓練的。

2015 年時 AI 演算法在某些視覺任務的效能上開始超越人類。你可能在新聞中看過，AI 已經在癌症偵測（*https://oreil.ly/ZCz0B*）上超越人類的表現，甚至在識別法律缺陷方面的表現上也優於美國頂級律師（*https://oreil.ly/9dW3S*）。藉由使用數位化資訊，AI 可在幾秒鐘內完成這項工作，而不是幾小時。AI 的「魔法」實在令人敬畏。

人們正在尋找如何應用 AI 在他們的專案，甚至是建立全新產業的嶄新和有用方法。

AI 已被應用於：

- 在寫作、音樂和視覺方面產生新的內容
- 推薦有用的內容
- 取代簡單的統計模型
- 由資料中推演出規律
- 分類器和識別器視覺化

所有這些突破都是在深度學習的層面。今天，我們擁有必要的硬體、軟體和資料，可以透過深度機器學習網路實現突破性的變革。網路社群和《財星》500 大公司每天都在發佈 AI 領域的新資料集、服務和架構上的突破。

你可以運用你可用的工具以及本書中的知識來輕鬆建立前所未見的事物並將它們帶進網路。無論是為了娛樂、科學還是財富，你都可以為任何現實世界的問題或業務建立可擴展的智慧型解決方案。

機器學習當前可能存在的問題是它已經是一個新的超級強權，而且涵蓋面很廣。我們沒有足夠的範例來理解在 JavaScript 中使用 AI 的全部好處。當電池的使用壽命被顯著延長時，它們開啟了一個全新的裝置世界，從功能更強大的手機到一次充電可以使用數個月的相機。這一突破在短短幾年內就為市場帶來了無數的新產品。機器學習不斷取得突破，它以指數級的速度留下了一堆我們甚至無法理解或識別的新技術進展。本書將以適當的方式聚焦於具體和抽象的範例，以讓你將 TensorFlow.js 應用於實務的解決方案。

為何要使用 TensorFlow.js？

你是有選擇的。你可以從頭開始編寫自己的機器學習模型，也可以從各種程式語言的任何現有框架中進行選擇。即使在 JavaScript 領域，也已經存在相互競爭的框架、範例、以及選項。是什麼讓 TensorFlow.js 能夠處理和承載當今的 AI？

大力支持

TensorFlow.js 是由 Google 建立和維護的。我們將在第 2 章中詳細介紹這一點，但值得注意的是，世界上一些最優秀的開發人員齊心協力使 TensorFlow.js 成為現實。這也意味著，無需社群的任何付出，TensorFlow.js 就能夠運用最新和最偉大的突破性發展。

與其他基於 JavaScript 的機器學習程式庫和框架的實作方式不同，TensorFlow.js 支援經過優化和測試後的 GPU 加速程式碼。這種優化會讓你以及你的機器學習專案受益。

上線就緒

大多數機器學習解決方案僅限用於高度客製化的機器。如果你想建立一個網站來分享你的突破性技術，那麼 AI 通常被隱藏在 ΛPI 之後。雖然這對於在 Node.js 中執行的 TensorFlow.js 來說是完全可行的，但對於直接在瀏覽器中執行的 TensorFlow.js 亦可行。這種免安裝體驗在機器學習領域頗為罕見，它使你能夠無礙地分享你的創作。你可以存取互動性的環境並進行版本控制。

離線就緒

JavaScript 的另一個好處是它可以在任何地方執行。程式碼可以像漸進式 web 應用程式（progressive web app, PWA）、Electron 或 React Native 應用程式一樣儲存到使用者的裝置上，而後便可以在沒有任何網路連結的情況下執行。不用說，與託管（hosted）ΛI 解決方案相比，這也顯著提高了速度和成本效益。在本書中，你將發現無數完全存在於瀏覽器上的範例，這些範例使你和你的使用者降低了遲滯（latency）延遲和託管成本。

隱私性

AI 可以幫助使用者識別疾病、稅務異常和其他個人資訊。透過網路發送敏感資訊可能很危險。裝置上的結果就應該留在裝置上。你甚至可以在不將資訊傳到瀏覽器外的狀況下訓練 AI，並將結果儲存在使用者的機器上。

多樣性

已被應用的 TensorFlow.js 在機器學習領域和平台上造成巨大而廣泛的影響。TensorFlow.js 可以善用更強大的機器中的 CPU 或 GPU 來執行 Web Assembly。對於新進者來說，當今具有機器學習的 AI 是一個包含了新術語和複雜性的重要又廣闊的世界，擁有一個可以處理各種資料的框架很有用，因為它可以讓你的選擇性保持多元。

掌握 TensorFlow.js 可以讓你將技能應用到支援 JavaScript 的各種平台（參見圖 1-2）。

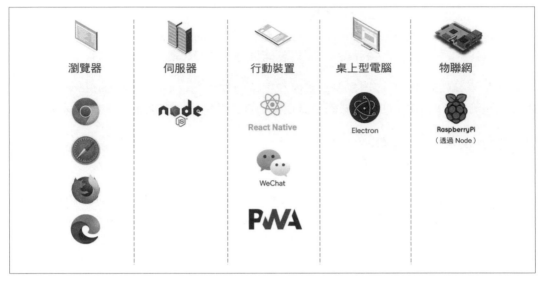

圖 1-2　TensorFlow.js 平台

使用 TensorFlow.js，你可以自由選擇、建構原型並將你的技能部署到各個領域。為了充分利用你在機器學習上的自由性，你需要瞭解一些可以幫助你進入機器學習領域的術語。

機器學習類型

很多人將機器學習分為三類，但我相信我們需要用四個重要元素來看待機器學習：

- 監督式（supervised）
- 非監督式（unsupervised）
- 半監督式（semisupervised）
- 增強式（reinforcement）

這每一個元素都值得大書特書。下面的簡短定義只是簡單的參考，可讓你熟悉在該領域中會聽到的術語。

快速定義：監督式學習

在本書中，我們將聚焦於最常見的機器學習類別，即監督式機器學習（*supervised machine learning*）（有時稱為監督式學習（*supervised learning*）或簡稱為監督式（*supervised*））。監督式機器學習只是意味著我們對用來訓練機器的每個問題都會有一個答案。也就是說，我們的資料是有標籤的（labeled），因此，如果試圖教導機器去分辨照片裡是否包含鳥類，我們可以立即對 AI 進行判斷其對錯。就像答案卡掃描機（Scantron）一樣，我們會有標準答案。但與答案卡掃描機不同的是我們還可以識別答案的錯誤程度。

如果 AI 有 90% 的把握確定一張鳥的照片裡就是一隻鳥，即使它的答案是正確的，還是可以有 10% 的改善空間。這闡明了 AI 透過立即滿足資料來「訓練」的層面。

 如果你沒有幾百個已標記的問題和答案的話，還請不要擔心。在本書中，我們不是會為你提供已標記資料，就是會向你展示如何自己產生已標記資料。

快速定義：非監督式學習

非監督式學習不需要我們先有答案。我們只需要問題就夠了。非監督式機器學習應該是比較理想的，因為世界上大多數的資訊都沒有標籤。這類機器學習側重於機器可以從未標記的資料中學習和彙整它們的內容。雖然這個主題看起來可能有點令人困惑，但其實人類每天都在做這件事！例如，如果我給你一張我花園的照片，並問你我擁有多少種不同類型的植物，你不必知道每種植物的屬和種就可以告訴我答案。這有點像我們如何理解我們自己的世界。許多非監督式學習都專注於對大量資料進行分類以供使用。

快速定義：半監督式學習

大多數情況下，我們的資料不會是 100% 未標記的。回到之前的花園範例，你可能不知道每種植物的屬和種，但也並非完全無法將植物分類為 A 和 B。你可能會告訴我說我有十株植物，其中包含了三朵花和七株藥草。長久以來都只有少量已標籤的資料，所以目前半監督式學習的研究非常火熱！

你可能聽說過**生成網路**（*generative network*）或**生成對抗網路**（*generative adversarial network*, GAN）這些術語。許多 AI 新聞文章中都提到了這些流行的 AI 架構，而它們源自於半監督式學習策略。生成網路根據我們希望網路建立的範例進行訓練，並透過半監督式方法建構新範例。生成網路非常擅長從小型已標記資料集來建立新內容。流行的 GAN 案例通常有自己的網站，例如越來越受歡迎的 *https://thispersondoesnotexist.com*，創意人員正享受著這種半監督式的輸出結果呢。

 GAN 在生成新內容方面發揮了重要作用。雖然流行的 GAN 是半監督式的，但 GAN 的更深層概念並不限於半監督式網路。人們已經將 GAN 進行修改以處理我們所定義的每種學習類型。

快速定義：增強式學習

解釋增強式學習的最簡單方法是透過處理現實世界中的活動來證明它是必要的，而不是像之前一樣的學理說明。

例如如果我們正在下西洋棋，一開始我移動了士兵，這是好棋還是壞棋？或者，如果我想讓一個機器人將球踢進球門，一開始它向前邁出一步，那是好是壞？就像人類一樣，答案取決於結果。為了獲得最大回報經常要進行一系列動作，而不總是只用單一動作來產生單一的結果，訓練機器人要先走一步或先看一下是很重要的，但可能不像它在其他關鍵時刻所做的事那麼重要。而那些關鍵時刻都以獎勵（reward）來進行強化。

如果我教 AI 玩**超級馬里歐兄弟**（*Super Mario Bros.*），我想要高分還是快速過關？獎勵會告訴 AI 什麼動作組合可以將目標最佳化。增強式學習（RL）是一個不斷擴展的領域，經常與其他形式的 AI 結合以培育出最好的結果。

資訊過載

對剛剛所提到的機器學習應用的數量感到驚訝是合理的。在某種程度上，這就是為何我們需要像 TensorFlow.js 這樣的框架的原因。我們甚至無法理解這些奇妙系統的所有用途及其對未來幾十年的影響！當我們圍繞這一點思考時，AI 和 ML 的時代已經到來，而我們將成為其中的一部分。監督式學習是實現 AI 所有優勢的重要第一步。

我們將介紹機器學習的一些最令人興奮但又實際的用途。在某些層面上我們只會淺嚐即止，而在其他層面，我們將深入研究它們的工作原理。以下是我們將涵蓋的一些廣泛類別。這些都是監督式學習的概念：

- 影像分類（image ccategorization）
- 自然語言處理（natural language processing, NLP）
- 影像切割（image segmentation）

本書的主要目標之一是，讓你可以理解類別的概念，卻不會因而受限。我們將傾向於運用實驗和實踐科學。有些問題可以透過過度工程（overengineering）解決，有些問題可以透過資料工程（data engineering）解決。使用 TensorFlow.js 來查看、識別和建立新工具的關鍵就是用 AI 和機器學習來思考。

無所不在的 AI

我們正進入 AI 正在滲透一切的世界。我們的手機現在加速升級成為深度學習硬體，攝影機正在應用即時 AI 偵測。在撰寫本文時，一些無人駕駛的汽車正行駛在我們的街道上。

在過去的一年裡，我甚至注意到我的電子郵件開始使用「按 tab 來完成（tab to complete）」選項來完成我的句子。其實我不太想承認，這個功能的結果比我原來寫的東西更清晰、更簡潔。這是一項顯著的成就，它使得多年來一直在收件箱中保護我們免受垃圾郵件侵害的那個被遺忘的機器學習 AI 黯然失色。

隨著這些機器學習計畫的展開，新平台的需求越來越大。我們正在一步步的將模型導入手機、瀏覽器和硬體等邊緣裝置上。我們正在尋找新的語言來達成任務是有道理的，這個搜尋很快就會因為得到 JavaScript 這個選項而結束。

框架提供的內容之旅

機器學習到底是什麼？以下是一個會讓博士班學生因其簡潔而敬畏的準確描述。

一般的程式碼是由人類直接編寫後，再由電腦進行讀取並解譯此程式碼或其衍生物。現在我們處於一個人類不再編寫演算法的世界，那麼真實的情況如何？演算法又從何而來？

這只需要再多走一步──由人來寫出演算法的訓練器。藉由框架的幫助，或甚至完全從頭開始，人類在程式碼中概述問題的參數、所需的結構以及要學習的資料所在的位置。現在機器執行這個訓練寫程式的程式，它會不斷的編寫一個會不斷改進的演算法作為該問題的解決方案。在某個時候，你可以停止這個程式、取出它所寫的最新演算法結果並且使用它。

就這樣！

此演算法會比用於建立它的資料小多了。大小數以 GB 計的電影和影像被用來訓練機器學習解決方案好幾個星期，這些都只是為了建立大小只有幾 MB 的資料來解決一個非常特定的問題。

產生的演算法本質上就是一組數值，這些數值可以滿足人類程式設計師所指定的輪廓結構。這些數值及其相關的神經圖的集合通常稱為**模型**（*model*）。

你可能在瀏覽技術論文時看過這些圖，它們被畫成從左到右的節點集合，如圖 1-3 所示。

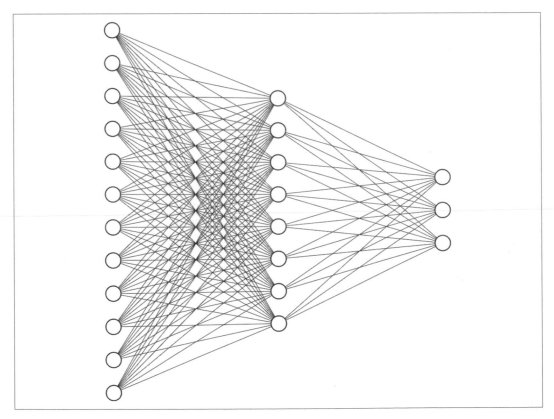

圖 1-3　密集連結神經網路範例

我們的框架 TensorFlow.js 會處理一些 API，用來指定模型的結構或架構、載入資料、傳遞資料給我們的機器學習程序、以及調整機器以能得到更好的預測結果。這就是 TensorFlow.js 的真正優勢所在。我們所需要擔心的只有如何使用足夠的資料並適當地調整框架來解決問題，還有儲存產生出來的模型。

模型是什麼？

當你在 TensorFlow.js 中建立神經網路時，它把所需的神經網路用程式碼來表示。該框架會產生一張圖，其中的每個神經元都設定為精心設計的隨機值。此時模型的檔案大小一般而言是固定的，但其內容會不斷變化。當資料透過這個未經訓練的隨機值網路來進行預測時，我們得到的答案通常會和正確答案相差甚遠，和亂猜一樣。我們的模型沒有對任何資料進行訓練，所以它的表現很糟糕。所以身為開發人員，我們所編寫的程式碼是完整無誤的，但沒有訓練的話結果很差。

一旦訓練迭代（iteration）進行了相當時間後，神經網路中的權重就會被評估並進行調整。速度，通常稱為**學習率**（*learning rate*），會影響最終產出的解決方案。以特定學習率進行數千次這種小步驟之後，我們會看到一台有所改進的機器，而我們正在設計一個成功機率遠遠超過原始機器的模型。網路已經不再是隨機的，並會收斂於那些使神經網路有效用的數值！指定給那個給定結構中神經元的那些數值就是訓練後的模型。

TensorFlow.js 知道如何記錄這些數值和圖結構，因此我們不必這樣做，而且它也知道如何以適當且好用的格式來儲存這些資訊。

一旦有了這些數值，我們的神經網路模型就可以停止訓練，而僅用於進行預測。用程式設計術語來說，它已經成為一個簡單的函數。傳入資料，傳出結果。

將資料餵入神經網路看起來很像碰運氣，如圖 1-4 所示，但在計算世界中，它是一種在機率和分類中取得平衡的精密機器，可產生具有一致性和可重複性的結果。資料被輸入機器中，然後出現一個機率性的結果。

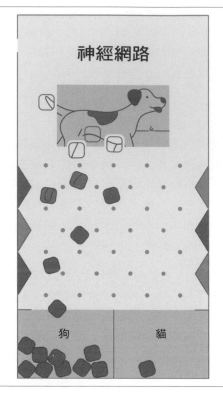

圖 1-4　平衡網路的一種隱喻表達

在下一章中，我們將嘗試匯入經過完全訓練的模型並進行預測。我們將利用花費數小時訓練所獲得的威力，在幾微秒內獲得智能性的分析結果。

本書內容

這本書的建構是為了讓你可以把它打包去度假，一旦你找到了自己的那片天堂後，就可以閱讀本書、學習概念並複習答案。影像和螢幕截圖應該足以解釋 TensorFlow.js 的深入資訊。

但是，要真正掌握這些概念，你需要的不僅僅是閱讀本書。隨著每個概念的展開，你應該在電腦上實際撰寫程式、試驗和測試 TensorFlow.js 的極限。對於任何不熟悉機器學習領域的人來說，瞭解從未看過的術語和工作流程至關重要。請花點時間研究本書中的概念和程式碼。

附屬程式碼

在整本書中，都有可執行的原始碼來說明 TensorFlow.js 的內容和功能。雖然在某些情況下會提供整個原始碼，但在大多數情況下，只會列出和主題相關的程式碼。建議你立即下載本書附屬的原始碼。即使你計劃從頭開始編寫範例的原始碼，你可能也會發現那些困擾你的小小配置（configuration）問題已經在相關原始碼中得到解決，並且可以直接引用。

你可以在 *https://github.com/GantMan/learn-tfjs* 找到本書 GitHub 首頁。

如果你對 GitHub 和 Git 不熟悉，你只要直接下載最新的專案原始碼壓縮檔並參考它即可。

你可以從 *https://github.com/GantMan/learn-tfjs/archive/master.zip* 下載原始碼壓縮檔。

原始碼的結構與每一章相匹配。你應該能夠在同名資料夾中找到所有章節的資源。在每個章節資料夾中，你最多可以找到四個包含課程資訊的資料夾。這將在第 2 章執行你的第一個 TensorFlow.js 程式碼時進行回顧。現在，請熟悉每個資料夾的用途，以便你可以選擇最適合你的學習需求的範例程式碼。

extra 資料夾

此資料夾包含一章中引用的任何額外素材，包括文件說明或其他參考素材。這些區段中的素材對於每一章來說都是有用的檔案。

node 資料夾

此資料夾包含了本章中針對基於伺服器的解決方案之程式碼的 Node.js 實作。此資料夾中可能包含多個特定專案。Node.js 專案會安裝一些額外的套件來簡化實驗過程。本書的範例專案使用了以下套件：

nodemon

Nodemon 是一個工具程式，它將監視原始碼中的任何更改並自動重新啟動伺服器。你可以用它來在存檔後立即查看其相關更新。

ts-node

TypeScript 有很多選項，最值得一提的是強型別（strong typing）。然而，為了易於理解，本書側重於 JavaScript 而不是 TypeScript。ts-node 模組用來支援 ECMAScript。你可以在這些節點範例中編寫現代 JavaScript 語法，並且藉由 TypeScript 之助來執行程式碼。

這些依賴項（dependency）標識在 *package.json* 檔中。Node.js 範例用於說明使用 TensorFlow.js 的伺服器解決方案，一般不需要在瀏覽器中打開。

要執行這些範例，請使用 Yarn 或 Node Package Manager（NPM）來安裝依賴項，然後執行啟動腳本：

```
# 使用 NPM 安裝依賴項
$ npm i
# 執行啟動腳本以啟動伺服器
$ npm run start
# 或使用 yarn 來安裝依賴項
$ yarn
# 執行啟動腳本以啟動伺服器
$ yarn start
```

啟動伺服器後，你將在終端機中看到控制台日誌（log）的任何結果。查看完結果後，可以使用 Ctrl+C 結束伺服器。

simple 資料夾

此資料夾將包含未使用 NPM 的解決方案。所有資源都簡單地放置在要進行服務的單獨 HTML 檔案中。這是迄今為止最簡單、也是最常用的解決方案，此資料夾很可能包含最多的結果。

web 資料夾

如果你熟悉基於客戶端的 NPM web 應用程式，你會對 web 資料夾感到親切。此資料夾中可能包含多個特定專案。web 資料夾中的範例和 Parcel.js（*https://parceljs.org*）捆包在一起，它是一個用於 web 專案的快速多核心捆包器（bundler）。Parcel 提供熱模組替換

（Hot Module Replacement, HMR），因此你可以儲存檔案後立即查看程式碼更改後的網頁，同時還提供友善的錯誤日誌和對 ECMAScript 的存取。

要執行這些範例，請使用 Yarn 或 Node Package Manager（NPM）安裝依賴項，然後執行啟動腳本：

```
# 使用 NPM 安裝依賴項
$ npm i
# 執行啟動腳本以啟動伺服器
$ npm run start
# 或使用 yarn 來安裝依賴項
$ yarn
# 執行啟動腳本以啟動伺服器
$ yarn start
```

執行捆包器後，你的預設瀏覽器會開啟一個網頁，並存取一個本地端的專案 URL 網址。

 如果專案使用了像是相片這樣的資源，在專案的根目錄中會有一個 *credit.txt* 檔案，它會提供拍攝者和來源的適當版權資訊。

章節資訊

每一章的開始會先確定本章的目標，然後立即深入探討。在每一章的結尾都有一個「本章挑戰」可以讓你立即應用你剛剛學到的知識資源，每個挑戰的解答都可以在附錄 B 中找到。

最後，每一章都以一組發人深省的問題結束，以驗證你已經消化了本章中的資訊。建議你盡可能透過程式碼自行驗證答案，但附錄 A 中也為你提供了解答。

常用 AI/ML 術語

你可能會想，「為什麼不把模型直接稱為函數？模型在程式設計領域中已經有了意義，不需要另一個吧！」事實是，這源自於機器學習開始時遇到的問題。原始的資料問題根源於統計學。統計模型認為樣式（pattern）就是樣本資料的統計假設，因此我們對範例進行數學運算的產品就是機器學習模型。機器學習術語經常反映了發明它的科學家的領域和文化。

資料科學帶有大量數學術語。在整本書中這都會是被視為重點,並且我們會確認每個術語的緣由。有些術語意義很容易理解,有些會與現有的 JavaScript 和框架術語發生衝突,有些新術語則會與其他新術語發生衝突!為事物命名很困難。我們將盡最大努力以容易記憶的方式解釋一些關鍵術語,並在此過程中詳細說明詞源。TensorFlow 和 TensorFlow.js 文件為開發人員提供了大量新詞彙。閱讀以下的機器學習術語,看看你是否能掌握這些基本詞彙。如果你不能也沒關係,隨著我們的進度,你可以隨時返回本章並參考這些定義。

訓練(training)

訓練是試圖透過讓機器學習演算法觀看資料並改進其數學結構,從而改進機器學習演算法以在未來做出更好預測的過程。

TensorFlow.js 提供了數種方法來訓練和監控訓練中的模型,無論是在機器上還是在客戶端瀏覽器中。

> 例如,「請不要碰我的電腦,它已經用我最新的演算法訓練三天了。」

訓練集(training set)

有時稱為訓練資料(*training data*),這是你想要展示給你的演算法來學習的資料。你可能會想,「這就是我全部的資料嗎?」答案是「否」。

一般來說,大多數 ML 模型可以從它們以前見過的範例中學習,但是用考試領導教學並不能保證我們的模型可以推斷出它以前從未見過的資料。重要的是,我們用於訓練 AI 的資料必須分開保存以進行問責和驗證。

> 例如,「我的模型一直把熱狗辨識成潛艇堡,所以我們必須多增加幾張照片到訓練集中。」

測試集(test set)

為了測試我們的模型是否可以針對以前從未見過的資料同樣可行,我們必須保留一些資料進行測試,並且永遠不要讓我們的模型從中進行訓練或學習。這通常稱為**測試集**(*test set*)或測試資料(*test data*)。這個集合可以幫助我們測試我們所做的東西是否可以通用到現實世界中的新問題。測試集通常會比訓練集小很多。

> 例如,「我確信測試集足以代表我們想要透過訓練模型來解決的問題。」

驗證集（validation set）

即使你還沒達到需要它的層次，瞭解這個術語還是很重要。正如你經常聽到的那樣，訓練有時叫能需要數小時、數天甚至數週的時間。開始一個長期運行的程序後，卻發現你所設定的結構有問題而必須重新開始，這種情況有點令人擔憂！雖然我們可能不會遇到本書中的那些大型訓練需求，但我們可以使用一組資料來快速的測試是否有問題。當這與你的訓練資料分開時，它是一種用於驗證的「保留方法」。從本質上講，這是一種作法，即在讓你的模型在昂貴的基礎設施上訓練或延長使用時間之前，先留出一小組訓練資料進行驗證測試。這種用於驗證的調整和測試就是你的驗證集。

有很多方法可以選擇、切片（slice）、分層（stratify）甚至折疊（fold）驗證集。這是一門超出本書範圍的科學，但是當你討論或閱讀並推動你自己的大型資料集時，瞭解這一點是很有好處的。

TensorFlow.js 具有完整的訓練參數，可用於在訓練過程中識別和繪製驗證結果。

> 例如，「當我們建構我們的模型架構時，我已經切出一個小型驗證集。」

張量（tensor）

我們將在第 3 章中詳細介紹張量，但值得注意的是，張量是優化的資料結構，可以對大量 AI/ML 計算集合進行 GPU 和 Web Assembly 加速。張量是資料的數值持有者。

> 例如，"我已經將你的照片轉換為灰階張量，以看看我們可以得到什麼樣的速度提升結果。"

正規化（normalization）

正規化是將輸入值縮放到更簡單的值域的一種操作。當一切都變成數值時，數值的稀疏性（sparsity）和數量級（magnitude）的差異可能會導致無法預料的問題。

例如，雖然房子的大小和房子裡的浴室數量都會影響價格，但它們通常以不同的單位來衡量，得到的數值大不相同。並非所有事物都以相同的尺度來進行衡量，雖然 AI 可以適應樣式中的這些測量的波動變化，但一個常見的技巧是簡單地將資料縮放到相同的小值域。這讓模型可以訓練得更快，也更容易找到樣式。

> 例如，「我已經對房子的價格和浴室的數量進行正規化，因此我們的模型可以更快的找出兩者間的樣式。」

資料擴增（data augmentation）

在照片編輯軟體中，我們可以讀入影像並進行處理，讓同一件事物看來完全不同。這種方法有效地製作了一張全新的照片。也許你想要將徽標（logo）放在建築物的側面或浮雕在名片上。如果我們試圖偵測你的徽標，原始照片和一些編輯過的版本將有助於建構我們的機器學習訓練資料。

通常我們可以從原始資料中建立符合模型目標的新資料。例如，如果我們的模型將被訓練來偵測人臉，那麼一張人的照片和一張人的鏡像（mirrored）照片都是有效的，但它們卻有顯著的不同！

TensorFlow.js 有專門用於資料擴增的程式庫。我們將在本書稍後看到擴增後的資料。

> 例如，「我們進行資料擴增，將南瓜的照片做鏡像處理來倍增我們的訓練集。」

特徵與特徵化（features and featurization）

我們之前在討論眼睛向大腦發送最重要資訊的方式時提到了特徵化。我們也對機器學習做同樣的事情。如果我們試圖製作一個 AI 來猜測房子值多少錢，那麼我們必須確定有哪些輸入是有用的，又有哪些輸入是雜訊。

房子的資料並不少，從磚塊的數量到冠頂飾條（crown molding）都是。如果你經常看家庭改建電視節目，你就會知道最好能夠識別房子的大小、年齡、浴室數量、廚房上次更新的日期和鄰居。這些通常是確定房屋價格的關鍵特徵，你會更想要向模型提供這些資訊，而不是一些無關緊要的東西。特徵化是從所有可以作為輸入的資料中選擇出這些特徵。

如果我們決定投入所有可能的資料，我們就會讓我們的模型有機會以時間和精力為代價找到新的樣式。沒有理由去選擇諸如草葉數量、房屋氣味或中午自然採光等作為特徵，即使我們手上有這些資訊或者我們認為這對我們很重要。

即使我們選擇了我們的特徵，也經常會出現錯誤和異常值（outlier），這會減慢機器學習模型的訓練速度。有些資料就是沒辦法建立更成功的預測模型，而選擇聰明的特徵可以建立更快完成訓練、更聰明的 AI。

> 例如，「我很確定驚嘆號的數量是偵測這些行銷電子郵件的關鍵特徵。」

本章回顧

我們在本章介紹了 AI 的術語和概念，還觸及了本書將涵蓋的主要原理。理想情況下，你現在對機器學習中必不可少的術語和結構應該感到更有信心了。

練習題

讓我們花點時間確保你已經完全掌握了我們提到的概念。花點時間回答以下問題：

1. 你能給機器學習下一個合適的定義嗎？

2. 如果有一個人已經確定了一個機器學習專案的想法，但他並沒有已經標記的資料，你會推薦怎麼做？

3. 哪種機器學習對擊敗你最喜歡的電玩遊戲有用？

4. 機器學習是人工智慧的唯一形式嗎？

5. 模型是否包含用於使其可以運作的所有訓練範例資料？

6. 機器學習資料是如何切割的？

附錄 A 提供了這些習題的解答。

接下來⋯

在第 2 章中，你將讓你的機器準備好來運行 TensorFlow.js 了，並開始著手實作實際的 TensorFlow.js 程式庫。你將掌握本章中涵蓋的所有概念，並開始在由 Google 維護的常用 JavaScript 程式庫中看到這些術語。

TensorFlow.js 簡介

> 「如果你的行為激勵他人夢想更多、學習更多、
> 做得更多並變得更多，那麼你就是領導者。」
>
> —John Quincy Adams

我們一直在談論 TensorFlow.js 以及它可以做什麼，但我們還沒有真正深入研究像 TensorFlow.js 這樣的機器學習框架究竟是什麼。在本章中，我們將討論機器學習框架的概念，然後快速的深入程式碼的編寫。我知道編寫一些可以產出某種有感結果的程式碼是一件重要的事，因此在本章中，你最後會學到如何讓電腦執行 TensorFlow.js 並產生結果。

我們會：

- 看一下 TensorFlow.js 的概念
- 設定 TensorFlow.js
- 執行 TensorFlow.js 模型套件
- 深入瞭解 AI 做了什麼

我們從即將用來實現這一切的框架開始吧。

你好，TensorFlow.js

由於我們在前一章中討論了古代哲學以及機器學習領域是怎麼誕生的，你或許會預期 AI 框架的歷史可以追溯到 1960 年代初。然而，AI 停滯了很長時間，這一段期間也常被稱為「AI 寒冬」。對於只有少量資料可用的質疑和一些極端數學運算的結果使得 AI 的概念陷於困境。誰能責怪這些研究者呢？如今大多數軟體開發人員都仰賴於已公開的應用程式，而不會從頭開始撰寫支援 GPU 的線性代數和微積分，建構自己的 AI 當然也不例外。幸運的是，由於 Google Brain 團隊的一些開源（open source）貢獻，我們有了選擇。

當你開始機器學習時，會出現很多流行語。TensorFlow、TensorFlow Lite 和 TensorFlow. js 都可能被提到，大多數新手不清楚這些術語是什麼意思，或者為什麼會有三個長得很像的名詞。現在，讓我們忽略張量（*tensor*）這個術語，因為你在第 1 章中已經聽說過這個詞，並且你會在後續章節中真正的理解它是什麼。相反的，讓我們專注於定義 TensorFlow.js，以便我們可以使用它。

沒有加上「.js」或「Lite」的 TensorFlow 是 Google 的第一個公開機器學習框架；它是由 Google Brain 團隊於 2015 年末發布的 [1]。該框架專注於使用 Python 在雲端為 Google 有效的解決機器學習問題。不久之後，Google 意識到將這個流行的框架推廣到計算能力有限的物聯網和行動裝置上是件好事，這需要對 TensorFlow 進行改編，這就是所謂的 TensorFlow Lite。這種成功的改編將 TensorFlow 的理想推向其他語言。

你大概能猜到接下來發生什麼事了。2018 年初，Google 宣布了將機器學習框架 TensorFlow for JavaScript 導入由 Google 所支持的 JavaScript，稱為 TensorFlow.js。這個努力以全新的方式增強了 TensorFlow 的實用性。Daniel Smilkov、Nikhil Thorat 和 Shanqing Cai 是發布 TensorFlow.js 的團隊成員。在 TensorFlow 開發者高峰會（*https:// youtu.be/YB-kfeNIPCE*）上，Smilkov 和 Thorat 使用電腦視覺和瀏覽器中的網路攝影機訓練一個模型來控制小精靈（*PAC-MAN*）遊戲。

就在此時，「限用 Python」這個鎖鏈從常用的 AI 框架的選項中被刪除了，神經網路可以有效地尋訪整個 JavaScript 領域。如果你可以運行 *JavaScript*，就可以運行由 *TensorFlow.js ML 提供支援的 AI*。

---

1 TensorFlow 直到 2017 年 2 月 11 日才達到 1.0.0 版本。

這三種實作版本目前都還在，並且各隨著它們的特定目標而發展。透過將 TensorFlow 擴展為 JavaScript 實作版本，我們現在可以使用節點伺服器甚至客戶端瀏覽器來實現 AI/ML。在論文「TensorFlow.js: Machine Learning for the Web and Beyond」（Daniel Smilkov et al., 2019）（*https://oreil.ly/XkIjZ*）中，他們指出，「TensorFlow.js 讓一組來自 JavaScript 社群的新開發人員可以建構和部署機器學習模型，並開啟了新的裝置端運算類別的可能性。」TensorFlow.js 可以利用龐大的裝置平台，同時仍然可以存取 GPU 甚至 Web Assembly。使用 JavaScript，我們的機器學習可以遍布全世界。

值得注意的是，在多項基準（benchmarking）測試中，Node 在 CPU 負載較低的情況下優於 Python 3[2]，因此，雖然 Python 已成為大多數 AI 所採用的語言，但 JavaScript 仍然被當作產品和服務的主要語言平台。

但是沒有必要刪除或推廣任何一種程式語言。TensorFlow 模型基於有向無循環圖（directed acyclic graph, DAG），它是一種與語言無關的圖，是訓練的**輸出**結果。這些圖可以用某一種程式語言訓練，然後轉換給另一種完全不同的程式語言使用。本書的目標是為你提供能夠充分利用 JavaScript 和 TensorFlow.js 所需的工具。

利用 TensorFlow.js

對於很多人來說，「學習」有時意味著從基礎開始，也就是從數學開始。對於這些人來說，像 TensorFlow 這樣的框架以及像 TensorFlow.js 這樣的框架實用分支是一個糟糕的開始。在本書中，我們將建構專案並輕觸 TensorFlow.js 框架的基礎知識，並且我們只會花很少的時間（如果有的話）在底層的數學魔法上。

TensorFlow 和 TensorFlow.js 等框架幫助我們遠離線性代數的細節。你會從像是**向前傳遞**（*forward propagation*）和**逆傳遞**（*backpropagation*）這樣的術語，以及它們的運算和微積分中被解放出來。相反的，我們將專注於介紹像是**推理**（*inference*）和**模型訓練**（*model training*）這樣的行話。

雖然 TensorFlow.js 可以存取較低層的 API（例如 `tfjs-core`）來對經典問題進行一些基本的優化，但把這些事留給那些不論對哪種框架都擁有強大基礎知識的學者和高級使用者吧。本書旨在展示 TensorFlow.js 的強大功能，我們將利用努力工作且優化的框架來實現這一點，讓 TensorFlow.js 負責配置和優化我們的程式碼以處理各種裝置限制及 WebGL API。

2　Node 比 Python 提升 2 倍效能的案例探討：*https://oreil.ly/4Jrbu*。

我們甚至可能會走過頭，把機器學習應用於你可以輕鬆用手寫程式碼實作的演算法上，但這通常就是大多數人能夠真正清楚掌握概念的情況。使用機器學習解決你已經理解的簡單問題，可以幫助你推斷出你永遠無法以寫程式方式解決的那些進階問題的步驟、邏輯和權衡。

另一方面，我們還是不能忽視像神經元、激發函數（activation function）和模型初始化這樣的基礎知識，它們可能需要更多的解釋。本書的目標是讓你在理論和實務之間取得良好的平衡。

正如你可能已經猜到的那樣，TensorFlow.js 的各種平台意味著沒有單一的設定方式。本書中的範例可以在客戶端或伺服器中的 TensorFlow.js 執行。但是，我們心中的選項是充分的利用瀏覽器。出於這個原因，我們將在瀏覽器中執行大部分範例。當然，我們仍會在適當的地方介紹託管一個節點伺服器解決方案的關鍵層面。兩者都有其潛在的缺點和優點，我們將在探索 TensorFlow.js 的強大功能時提到這些。

讓我們把 TensorFlow.js 準備好吧

與所有受歡迎的工具一樣，你可能會注意到存在著不同風格 TensorFlow.js 套件，以及好幾個你可以存取程式碼的地方。本書的大部分內容將側重於 TensorFlow.js 的可用度最高且「立即可行」的版本，也就是瀏覽器客戶端。框架的建構是為了伺服器端而進行優化的。這些建構使用了和 Python 相同的底層 C++ 核心 API，不過透過 Node.js，它允許你可以利用伺服器的繪圖卡或 CPU 的所有效能。TensorFlow.js AI 模型可以在各種地方運行，並針對每個環境使用不同的優化（見圖 2-1）。

你將在本書中學到的知識可以應用於大多數平台。為了方便起見，我們將介紹最常見的平台的設定過程。如果你對從頭開始設定環境感到厭煩，也可以直接使用本書所附的原始碼中的預先配置專案，它們位於 *https://github.com/GantMan/learn-tfjs* 中。

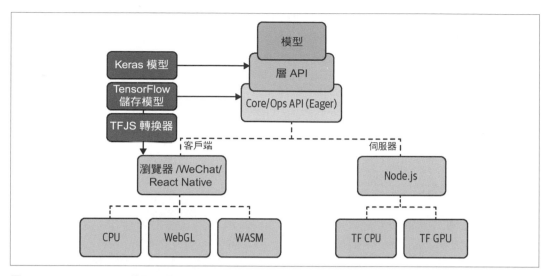

圖 2-1　TensorFlow.js 的不同選項

在瀏覽器中設定 TensorFlow.js

讓我們直接介紹執行 TensorFlow.js 最快、最通用和最簡單的方法。要在瀏覽器中運行 TensorFlow.js 實際上是非常簡單的事。我將假設你已經熟悉 JavaScript 的基礎知識，並且你之前已經將 JavaScript 程式庫匯入到目前的程式碼中。TensorFlow.js 支援多種被匯入的方法，因此任何有經驗的開發人員都可以運用它。如果你已經熟悉匯入 JavaScript 依賴項的作法，你就也會熟悉這些常見做法。我們可以透過兩種方式將 TensorFlow.js 匯入網頁中：

- 使用 NPM
- 包含腳本標記（script tag）

使用 NPM

管理你的網站中的依賴項的最流行方法之一是使用套件瀏理器（package manager）。如果你習慣使用 NPM 或 Yarn 來建構專案，則可以透過 *https://oreil.ly/R2lB8* 上的 NPM 登錄檔（registry）來存取程式碼，只需在命令行安裝依賴項即可：

```
# 用 npm 匯入
$ npm i @tensorflow/tfjs

# 或用 Yarn
$ yarn add @tensorflow/tfjs
```

匯入 tfjs 套件後，你可以使用以下的 ES6 JavaScript 匯入程式碼來將它匯入到你的
JavaScript 專案中：

```
import * as tf from '@tensorflow/tfjs';
```

包含腳本標記

如果網站沒有使用套件管理器，你只需將腳本標記添加到 HTML 文件即可。這是在專案
中匯入 TensorFlow.js 的第二種方式。你可以在本地端下載和託管 TensorFlow.js，也可以
使用內容交付網路（content delivery network, CDN）。我們將把腳本標記指向由 CDN 託
管的腳本原始碼：

```
<script src="https://cdn.jsdelivr.net/npm/@tensorflow/tfjs@2.7.0/dist/tf.min.js">
</script>
```

除了可以跨網站快取之外，CDN 的速度也非常快，因為它們利用邊緣裝置來確保在全球
範圍內快速的進行交付。

你可能已經注意到，我已將此程式碼鎖定為特定版本（2.7.0），我強烈建
議你在有關 CDN 的專案中一直這樣做。你不會希望在你網站的自動中斷
更改（automatic breaking change）方面遇到任何問題。

設定 TensorFlow.js Node

我們用於瀏覽器的 TensorFlow.js 套件和 Node.js 配合得很好，如果你打算只是暫時嘗試
使用 Node.js 的話，這是一個很好的解決方案。如果你不想為他人託管即時專案或訓練
大量資料，那麼一個不錯的規則是使用簡單的 /tfjs 而不是 /tfjs-node。

如果你的目標不僅是實驗而是使用 TensorFlow.js 進入效果良好的 Node.js 的話，你應該花一些時間使用其中一些替代套件（*https://oreil.ly/zREQy*）來改進你的 Node.js 設定。TensorFlow.js 有兩個更好的發行版本，它們是專門為了 Node 和提升速度建構的。它們就是 `tfjs-node` 和 `tfjs-node-gpu`。請記住，每台開發人員的機器都是獨一無二的，你的安裝和體驗可能會有所不同。

對於 Node.js 而言，你可能會在 `@tensorflow/tfjs-node` 或 `@tensorflow/tfjs-node-gpu` 之間進行選擇。如果你的電腦配置了 NVIDIA GPU 並正確設定了 CUDA 軟體，則可以使用後者那個由 GPU 驅動的套件。統一計算架構（Compute Unified Device Architecture, CUDA）允許透過 NVIDIA 硬體的平行運算平台直接進行 GPU 加速存取。雖然 GPU 套件絕對是所有 TensorFlow.js 選項中最快的，但由於其硬體和軟體的限制，它也最不可能為大多數機器做好準備和配置。現在，我們的範例將介紹如何安裝 `tfjs-node`，而將 CUDA 這個選項的配置留給你。

```
# 用 npm 匯入
$ npm i @tensorflow/tfjs-node

# 或用 Yarn
$ yarn add @tensorflow/tfjs-node
```

 通常，如果你的電腦還沒有設定成可以開發高階 C++ 程式庫的話，你可能需要進行一些安裝以使你的電腦準備就緒。只有當你希望積極使用 `tfjs-node` 或 `tfjs-node-gpu` 時，才需要陷入這個令人無法自拔的兔子洞。

安裝技巧

如果你在 Windows 上使用 `node-gyp` 時遇到問題，這有時可能意味著你需要下載 Visual Studio 並檢查「C++ 桌面開發（Desktop development in C++）」工作負載。有關安裝過程的螢幕截圖，請參見圖 2-2。

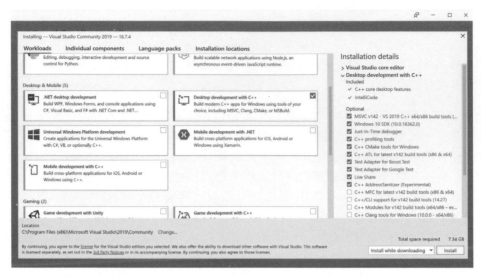

圖 2-2　安裝 C++ 來讓 `node-gyp` 執行 `tfjs-node`

在 Mac 上，你可能需要安裝 Xcode 並執行 `xcode-select --install`。查看 `node-gyp` 的 GitHub 以獲取你機器適用的文件說明（*https://github.com/nodejs/node-gyp*）。

一旦你有了 C++ 工作負載並且也能夠安裝它的話，你可能需要使用以下指令以在你的機器上重建 `tfjs-node`：**`npm rebuild @tensorflow/tfjs-node --build-from-source`**。

如果你想使用 `tfns-node-gpu`，則必須設定 CUDA 才能與你的繪圖卡配合使用。該安裝可能會變得非常耗時且需要大量指導。你應該參考最新的 CUDA 文件說明以獲取這些指導。

如果你成功安裝 NPM，那就恭喜了！你已經準備好匯入這個套件了。如果你已將 Node 設置為處理 ES6 的話，就可以使用以下命令匯入：

```
import * as tf from '@tensorflow/tfjs-node';
```

如果你還沒有配置你的 Node.js 套件來匯入 ES6，你仍然可以使用經典的 require 函數來存取它：

```
const tf = require('@tensorflow/tfjs-node');
```

驗證 TensorFlow.js 是否正常工作

前面的所有方法都會在你的 JavaScript 程式碼中建立一個變數 tf，讓你可以存取 TensorFlow.js。為了確保我們的匯入工作正常，讓我們記錄一下匯入的 TensorFlow.js 程式庫的版本。

將此程式碼添加到你的 JavaScript 中，如果你看到控制台中印出版本資訊的話，那麼你的匯入就成功了！

```
console.log(tf.version.tfjs);
```

當網頁執行時，我們可以在網頁上單擊滑鼠右鍵並檢視 JavaScript 控制台日誌，我們將找到我們的日誌命令的輸出，「3.0.0」或你所匯入的 TensorFlow.js 版本。對 Node.js 範例而言，該數值將直接顯示在控制台中。

> 在存取 tf 變數（TensorFlow.js 程式庫）的功能之前，你通常需要確保 TensorFlow.js 已經正確載入後端並準備就緒。前面的程式碼繞過了這個檢查，但執行你的程式碼並等待 tf.ready() 的認可會是一種謹慎的作法。

下載並執行範例

如第 1 章所述，你可以存取本書所附的程式碼。為了確保你不必從頭開始設定每個範例專案，請確保你擁有每個專案的原始碼，包括前面看過的簡單程式碼。

從本書的檔案庫中以你喜歡的方式下載專案：*https://github.com/GantMan/learn-tfjs*。

存取第 2 章的目錄，並確保你可以在你的機器上執行程式碼。

執行簡單範例

在 *chapter2/simple/simplest-example* 中，我們避免使用 NPM，而只是從 CDN 中提取我們的程式碼。按照當前程式碼的結構方式，我們甚至不必擁有該網站的管理權！只要簡單地在任何現代瀏覽器中打開 *index.html*，它就會運作！

在某些時候，我們事實上需要託管這些簡單的範例，因為我們將存取一些需要完整 URI 的資產。透過使用小型 web 伺服器來託管這些檔案，我們可以很容易地做到這一點。我所知道的最小的 web 伺服器被稱為 Web Server for Chrome，它有一個有趣的手繪「200 OK!」徽標。在五分鐘內，我們就可以在本地伺服器上正確地運用這些檔案。

你可以在 Chrome 線上應用程式商店上找到 Chrome Web Server 這個擴展功能（*https:// oreil.ly/ZOedW*）。在本書中，我們有時會稱這個外掛程式為「200 OK!」。當你將 web 伺服器指向 *index.html* 檔案時，它會自動為你執行該檔案，並且所有相鄰的檔案都可以透過其關聯的 URL 進行存取，這是我們將在後面的課程中需要做的。這個應用程式的介面應如圖 2-3 所示。

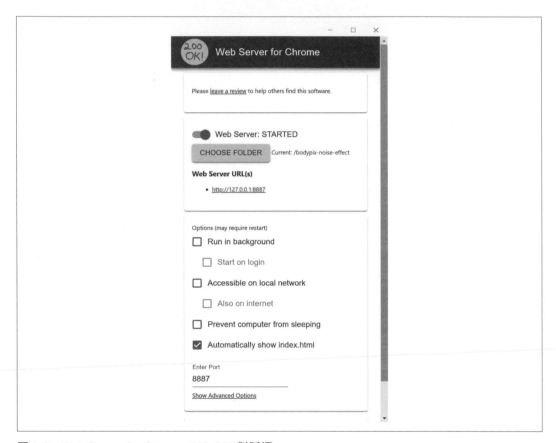

圖 2-3　Web Server for Chrome 200 OK! 對話框

如果你想仔細閱讀其他選項，或想要連結至上述的 Chrome 外掛程式的話，請查看 *Chapter2/extra/hosting-options.md* 以找到適合你的資訊。當然，如果你發現一個很棒的選項沒有被列在上面的話，請發送一個 pull request。

一旦找到以你喜歡的方式執行 *simple-example* 的伺服器後，你就可以將該服務用於往後所有的簡單選項。

執行 NPM 網頁範例

如果你比較熟悉 NPM，那麼本專案的基本 NPM 範例會使用 Parcel。Parcel 是速度最快的一種無需配置的應用程式捆包器。它還包括熱模組重載（Hot Module Reloading）以進行即時更新以及出色的錯誤日誌功能。

要執行此程式碼，請前往 *chapter2/web/web-example* 並進行 NPM 安裝（npm i）。完成後，*package.json* 中會有一個腳本可以啟動一切，你只要執行這個啟動腳本即可：

```
$ npm run start
```

就這樣！我們將使用這種方法來執行本書中的所有使用 NPM 的程式碼。

執行 Node.js 範例

Node.js 範例與 Parcel NPM 範例一樣容易執行。雖然 Node.js 通常不會有太多的堅持，但本書中的 Node.js 範例將包含一些我武斷決定的開發依賴項，以使我們的 Node.js 範例程式碼與瀏覽器範例保持一致。本書中的程式碼將充分利用 ECMA-Script。我們會透過一些轉譯、檔案監看和節點的魔術來做到這一點。

要準備此範例，請前往 *chapter2/node-example* 並進行 NPM 安裝（npm i）。如果你碰到任何問題，你可能需要執行 npm i -g ts-node nodemon node-gyp 以確保你擁有所需的程式庫來實現我們所有的魔法。一旦你的節點套件正確就位時，你可以隨時透過執行啟動腳本來啟動專案：

```
$ npm run start
```

程式碼是透過 TypeScript 以及易於重載的 nodemon 進行轉譯的。如果執行一切正常，你將在伺服器的控制台 / 終端機中直接看到已安裝的 TensorFlow.js 版本。

讓我們使用一些真正的 TensorFlow.js 吧

現在我們有了 TensorFlow.js，讓我們用它來製作一些史詩般的作品！好吧，這其實把問題看得太簡單了：如果這麼簡單，就不用再看這本書了。還有大量的東西需要學習，但這並不能阻止我們乘坐纜車來獲得更高層次的視野。TensorFlow.js 有大量我們可以使用的預先編寫的程式碼和模型，這些預先編寫的程式庫可以幫助我們在不需完全掌握底層概念的情況下獲得使用 TensorFlow.js 的好處。

雖然有很多由社群推動的模型可以運行得很好，但官方維護的 TensorFlow.js 模型列表是放在位於 TensorFlow GitHub 上名為 `tfjs-models` 的檔案庫下。為了穩定性，我們將在本書中盡可能地多使用它們。你可以仔細閱讀這個連結的說明：*https://github.com/tensorflow/tfjs-models*。

為了嘗試執行實際的 TensorFlow.js 模型，讓我們選擇一些在輸入和輸出上相對簡單的東西。我們將使用 TensorFlow.js *Toxicity* 分類器來檢查某一文本輸入是否具有侮辱性的內容。

Toxicity 分類器

Google 提供了一些複雜程度不一的「現成」模型。一種對人類有益的模型稱為 Toxicity 模型，對於初學者來說，它可能是最直接、最有用的模型之一。

與所有程式設計一樣，模型需要特定的輸入並提供特定的輸出。首先，讓我們來看看它們在這個模型中的用途。Toxicity 會檢測具有毒性的內容，例如威脅、侮辱、咒罵和一般性的仇恨。由於這些不一定是相互排斥的，因此每一種違規內容都有各自的機率是很重要的。

Toxicity 模型試圖識別某一輸入是否為以下特性的機率：

- 身分攻擊（identity attack）

- 侮辱（insult）

- 淫穢（obscene）

- 嚴重毒性（severe toxicity）

- 色情內容（sexually explicit）

- 威脅（threat）

- 毒性（toxicity）

當你為模型提供一個字串時，它會返回一個包含七個物件的陣列，以識別每個特定項目的違規機率百分比。百分比會以介於 0 和 1 之間的兩個 Float32 數值來表達。

如果句子肯定**沒有**違規，則機率會使得 Float32 陣列中大部份的數值都會是零。

例如，`[0.7630404233932495, 0.2369595468044281]` 代表此特定違規的預測為有 76% 機率是不違規的，另有 24% 的機率是可能違規的。

對大多數開發人員來說這時可能會發出「等等，什麼！？」這樣的疑問。在我們習慣於非真即假的地方獲得機率有點奇怪，不是嗎？但直覺上，其實我們一直明白語言中有很多灰色地帶。侮辱的確切定義通常取決於個人甚至日期！

出於這個原因，該模型有一個額外的功能，允許你傳遞一個閾值（threshold）來識別某一違規有沒有超過可以容忍的極限。當偵測到超出閾值的侮辱內容時，match 旗標（flag）會被設置為真。這是一個很好的小功能，可以幫助你快速對應出嚴重違規的結果。閾值的選擇是否有效取決於你的需求和情況。當然你可以亂槍打鳥，但如果你需要一些指引的話，統計學中有各式各樣的工具可以查看。查看一下接收器操作特性（Receiver Operating Characteristic, ROC）圖形是什麼，並根據你的需要來繪製和選擇最佳閾值。

 為了激發 Toxicity 模型，我們將不得不寫一些侮辱性的東西。以下範例中使用了對於外觀的侮辱。這個侮辱內容避免使用褻瀆文字，但仍然具有冒犯性。這並沒有特別針對任何人，而是為了說明 AI 理解和識別有害評論的能力。

重點在於選擇人類容易辨認、但電腦卻難以辨認的侮辱內容。在電腦科學中有個很重要的問題：很難在文本中偵測出諷刺。為了認真的測試這個模型，侮辱內容應該避免常見和公然的煽動性措辭。以 0.5 的閾值在特別狡猾的侮辱內容上執行 Toxicity 模型，會產生範例 2-1 的陣列。

我們使用的侮辱性輸入文本為：「She looks like a cavewoman, only far less intelligent!」（她看起來就像個原始人一樣，而且還更笨！）

範例 2-1　輸入語句的完整毒性報告

```
[{
    "label":"identity_attack",
    "results":[{
        "probabilities":{
            "0":0.9935033917427063,
            "1":0.006496586836874485
        }, "match":false
    }]
},{
    "label":"insult",
    "results":[{
        "probabilities":{
```

```json
            "0":0.5021483898162842,
            "1":0.4978516101837158
        }, "match":false
    }]
},{
    "label":"obscene",
    "results":[{
        "probabilities":{
            "0":0.9993441700935364,
            "1":0.0006558519671671093
        }, "match":false
    }]
},{
    "label":"severe_toxicity",
    "results":[{
        "probabilities":{
            "0":0.9999980926513672,
            "1":0.0000018614349528434104
        }, "match":false
    }]
},{
    "label":"sexual_explicit",
    "results":[{
        "probabilities":{
            "0":0.9997043013572693,
            "1":0.00029564235592260957
        }, "match":false
    }]
},{
    "label":"threat",
    "results":[{
        "probabilities":{
            "0":0.9989342093467712,
            "1":0.0010658185929059982
        }, "match":false
    }]
},{
    "label":"toxicity",
    "results":[{
        "probabilities":{
            "0":0.4567308723926544,
            "1":0.543269157409668
        }, "match":true
    }]
}]
```

正如你從範例 2-1 中看到的那樣，我們在「侮辱（insult）」雷達下低空飛過（50.2% 錯誤），但我們被毒性（toxicity）指標敲了一下，結果卻是 "match": true。這令人印象深刻，因為我在句子中沒有任何明顯的冒犯性語言。要一名程式設計師撰寫演算法來捕捉、識別這種有毒性的侮辱內容絕非易事，但是 AI 在研讀了大量已標記的侮辱內容之後可以被訓練來識別出有毒語言的複雜模式，所以我們不必這樣做。

前面的範例使用陣列中的單一文句作為輸入。如果你在其中包含多個文句作為輸入，則你的文句索引將直接與每個類別的結果索引相對應。

別只聽我的；現在輪到你來執行程式碼了。你可以透過以下方式使用 NPM 將模型添加到你的網站：

```
$ npm install @tensorflow-models/toxicity
```

然後匯入程式庫：

```
import * as toxicity from "@tensorflow-models/toxicity";
```

或者，你可以直接從 CDN 添加腳本[3]。腳本標記的順序很重要，因此在嘗試使用模型之前，請確保你的標記已放置在網頁上：

```
<script src="https://cdn.jsdelivr.net/npm/@tensorflow-models/toxicity@1.2.2">
</script>
```

前面的所有範例都會把結果記錄在一個立即可用的 toxicity 變數中。我們將使用這個變數的 load 方法來載入 ML 模型的 promise。我們可以對文句陣列使用該模型的 classify 方法。

以下是載入模型並在三個文句上執行分類的範例。這個精確的範例可以在 GitHub（*https://oreil.ly/sTs5a*）裡的本章程式碼的相關部分中，以三種不同的形式找到。

```
// 最小正向預測信任度
// 若沒有被傳進來，預設值是 0.85
const threshold = 0.5;

// 載入模型 ❶
toxicity.load(threshold).then((model) => {
  const sentences = [
    "You are a poopy head!",
    "I like turtles",
    "Shut up!"
```

---

3 請注意，此版本為 1.2.2。

```
  ];

  // 要求模型對輸入進行分類 ❷
  model.classify(sentences).then((predictions) => {
    // 美化輸出
    console.log(JSON.stringify(predictions, null, 2)); ❸
  });
});
```

❶ 載入模型還有閾值到瀏覽器中。

❷ 要求載入的模型對輸入進行分類。

❸ 用 JavaScript Object Notation（JSON）美觀的輸出物件。

 如果你在瀏覽器中執行此程式碼，則需要查看控制台以觀看輸出。你可以透過檢視網頁來找到控制台，或者更常用的方式是，你可以在 Windows 上按 Control+Shift+J 或在 Mac 上按 Command+Option+J。如果你使用命令行執行 npm start，你應該會立即在控制台中看到輸出。

多個文句的結果會按毒性類別進行分組。因此，之前的程式碼會試圖根據每個類別來識別每個文句。例如，前面的「insult」輸出應該類似於範例 2-2。

範例 2-2　insult 區段的輸出

```
...
{
  "label": "insult",
  "results": [
    {
      "probabilities": {
        "0": 0.05905626341700554,
        "1": 0.9409437775611877
      },
      "match": true
    },
    {
      "probabilities": {
        "0": 0.9987999200820923,
        "1": 0.0012000907445326447
      },
      "match": false
    },
    {
```

```
      "probabilities": {
        "0": 0.029087694361805916,
        "1": 0.9709123373031616
      },
      "match": true
    }
  ]
  },
  ...
```

鏘鏘！這程式碼效果很好。每個 results 索引都對應到輸入的文句索引，它正確地診斷
出三個文句中的兩個侮辱內容。

恭喜你執行了第一個 TensorFlow.js 模型。既然你已經是 AI 大師，讓我們來談談這個程
式庫的步驟和基本概念。

載入模型

當我們呼叫 toxicity.load 時，你可能會認為模型正在載入到記憶體中，但你只猜對了
一半。這些程式庫中的大部份都沒有附帶 JavaScript 程式碼庫（codebase）中經過訓練
的模型。再讀一遍上一句話。這對我們的 NPM 開發人員來說似乎有點令人擔憂，但對
我們的 CDN 使用者來說卻是完全合理的。load 方法會發出網路呼叫來下載程式庫所使
用的模型。在某些情況下，載入的模型會針對 JavaScript 所在的環境和裝置進行優化。
查看圖 2-4 中所顯示的網路日誌。

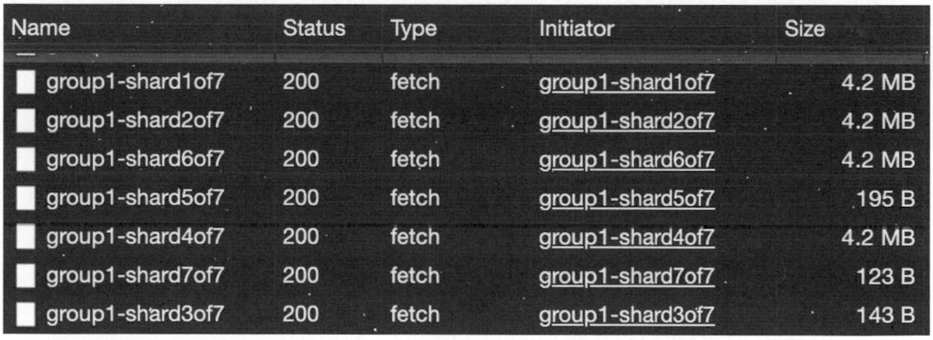

Name	Status	Type	Initiator	Size
group1-shard1of7	200	fetch	group1-shard1of7	4.2 MB
group1-shard2of7	200	fetch	group1-shard2of7	4.2 MB
group1-shard6of7	200	fetch	group1-shard6of7	4.2 MB
group1-shard5of7	200	fetch	group1-shard5of7	195 B
group1-shard4of7	200	fetch	group1-shard4of7	4.2 MB
group1-shard7of7	200	fetch	group1-shard7of7	123 B
group1-shard3of7	200	fetch	group1-shard3of7	143 B

圖 2-4　網路下載要求

雖然可以將 Toxicity NPM 捆包縮小並壓縮到僅佔 2.4 KB 大小，但在使用該程式庫時，還會從網路上載入一個額外的數 MB 的負載用於實際模型檔案。

此 Toxicity 程式庫的 load 方法採用一個閾值，它將應用於所有後續分類，然後發出網路呼叫以下載實際模型檔案。當該模型完全下載後，程式庫會將模型載入到針對張量優化後的記憶體中以供後續使用。

適當地評估每個程式庫很重要。讓我們先回顧一下人們在瞭解更多和此相關的資訊時會問的一些常見問題。

TensorFlow.js 模型問與答

問：是否所有的 TensorFlow.js 模型都會進行這個下載？

答：TensorFlow.js 沒有規定必須從 URL 匯入模型檔案。事實上，它可以從多個地方取得檔案。在較低階的 TensorFlow.js 世界中，模型檔案放置在最有用的地方。但是，Google 所維護的程式庫經常會從單一託管位置中提取模型，以在需要時進行存取。

問：這是在哪裡託管？

答：由於很難確保更新並解決有效模型託管的需求，因此 Google 為常用的社群模型設置了模型託管服務，稱為 TensorFlow Hub（TFHub）。你可以在 *https://tfhub.dev* 查看所有模型。當我們的程式碼呼叫 .load 時，它會向 TensorFlow Hub 發出模型的請求。如果有助於你的理解的話，你也可以將其視為機器學習模型的 NPM。

問：模型為什麼是「分片（shard）」方式？

答：當模型大於 4 MB 時，它會被分成 4 MB 大小的分片，以鼓勵裝置平行式的下載模型並在本地端進行快取。在某一通信期（session）中，許多行動瀏覽器對每個檔案最多只提供 4 MB 的快取空間。

問：所有模型都是這個大小嗎？

答：不是。每個模型都有各種大小、修剪和優化。我曾建過 48 KB 的模型，也曾建過 20 MB 的模型。在撰寫本文時的 Toxicity 為 28.06 MB[4]，但大型模型通常可以被顯著的優化。我們將在後面的章節中討論如何調整模型的大小。瞭解和評估每個模型的成本及其對使用者連網規畫的影響是非常重要的。

問：我可以自己託管模型嗎？

答：在許多情況下，你可以的。大多數的非 Google 程式庫甚至會鼓勵你自己承擔模型託管，並且完全依賴它。然而，其他的模型，比如目前這個，讓你別無選擇。這個 Toxicity 模型只能從 TensorFlow Hub 載入。幸運的是，開源軟體意味著我們可以透過修改 JavaScript 程式庫的一個分支（fork）來解決這個問題。

分類

我們的 Toxicity 程式碼要做的下一件事是執行 `classify` 方法。我們的輸入文句會透過模型並得到結果。雖然它看起來和任何其他 JavaScript 函數一樣簡單，但這個程式庫實際上隱藏了一些必要的基本處理。

模型的輸出入資料都會轉換成張量。我們將在第 3 章中更詳細地介紹張量，但重要的是要注意這種轉換對於 AI 是必不可少的。所有輸入字串都會被轉換，並進行計算，得出的結果張量會再重新轉換為正常 JavaScript 原語（primitive）。

很高興這個程式庫幫我們處理了這個問題。當你讀完這本書後，你將能夠以同樣的靈巧性來包裝機器學習模型，讓使用者免於知悉幕後所發生的資料轉換的複雜性。

在下一章中，我們將介紹這種轉換。你將完全掌握資料到張量的轉換過程，以及隨之而來的所有資料操作超能力。

自己試試看

現在你已經實作了一個模型，你應該也可以實作由 Google 提供的其他模型（*https://oreil.ly/WFq62*）。大多數其他 Google 模型的 GitHub 網頁都有 README 文件，解釋要如何實作每個程式庫。許多實作版本與我們在 Toxicity 中看到的類似。

4　Toxicity 模型資訊可在 *https://oreil.ly/Eejyi* 獲得。

花點時間瀏覽現有的模型，並且盡情發揮你的想像力。你可以立即開始使用這些程式庫。隨著你在本書中的進展，瞭解這些模型的存在是很有用的。你不僅會更能瞭解這些程式庫的功能，也可以根據自己的需要來組合甚至改進這些程式庫。

在下一章中，我們將開始深入研究這些包裝良好的程式庫所隱藏的細節，以便你無限制地釋放你的 TensorFlow.js 技能。

本章回顧

我們透過一些常見的實務選項為 TensorFlow.js 設定你的電腦。我們確保我們的機器已準備好運行 TensorFlow.js 了，我們甚至取得並執行了一個套件模型來決定文本之毒性。

本章挑戰：卡車警報！

花點時間嘗試 MobileNet 模型（*https://oreil.ly/fUKoy*），它能夠查看影像並嘗試對其中的重要物品進行分類。將任何 <img>、<video> 或 <canvas> 元素傳遞給該模型後，它會傳回一個陣列，用來表達它在該圖形中所看到的內容的預測結果。

MobileNet 模型已經過訓練，可以對 1,000 種可能的物品（*https://oreil.ly/6PEAn*）進行分類，從石牆到垃圾車，甚至是埃及貓。人們已經使用這個程式庫來偵測各式各樣有趣的東西。我曾經看到一些將網路攝影機連接到 MobileNet 以偵測美洲駝的程式碼（*https://oreil.ly/L0nBz*）。

在本章挑戰中，你的任務是建立一個可以偵測卡車的網站。給定輸入影像後，你能夠確定它是否為卡車。當你從照片中偵測到卡車時，就發出 alert("TRUCK DETECTED!") 警報。MobileNet 套件預設會傳回前三名的偵測結果。如果這三個中的任何一個有在照片中看到一輛卡車，你的警報就應該通知使用者，如圖 2-5 所示。

你可以在附錄 B 中找到這個挑戰的解答。

圖 2-5　卡車偵測器有發揮作用

練習題

回顧一下我們從本章編寫的程式碼中學到的課程內容。花點時間回答以下問題:

1. 正規的 TensorFlow 可以在瀏覽器中執行嗎?

2. TensorFlow.js 是否可以使用 GPU?

3. 是否必須安裝 CUDA 才能運行 TensorFlow.js?

4. 如果我沒有在 CDN 上指定版本,會發生什麼事?

5. Toxicity 分類器如何識別違規行為?

6. 我們什麼時候要傳遞閾值參數給 Toxicity?

7. Toxicity 程式碼是否包含所有需要的檔案?

8. 我們是否需要做任何張量相關的工作才能使用這個 Toxicity 程式庫?

附錄 A 提供了這些習題的解答。

接下來…

在第 3 章中，你終於將深入瞭解機器學習的最基本結構，也就是張量。你將使用真實範例將資料轉換為張量還有轉換回來。你將瞭解張量是如何離開迭代循環的世界，並成為一種能夠優化批次數學運算的概念。

張量簡介

我們已經多次提到過**張量**（*tensor*）這個詞，它是 TensorFlow.js 中具主宰地位的字詞，所以現在是時候來瞭解這些結構到底是什麼了。本章是很關鍵的一章，將為你提供有關管理和加速資料的基本概念之實務經驗，這就是使用資料來教導機器的核心。

我們會：

- 解釋張量的概念和術語
- 建立、讀取和摧毀張量
- 練習結構化資料的概念
- 利用張量建構一些有用的東西

如果你對張量還不熟悉，那麼請花點時間閱讀本章。熟悉這方面的資料將有助於你完全熟悉機器學習。

為什麼是張量？

我們生活在一個充滿資料的世界，往深處探索，我們都知道它不過就是一堆 1 和 0。對我們中的許多人來說，這件事是很神奇的。你用手機拍一張照片，就會建立一些複雜的二進位檔案。然後，你上下滑動幾次手指，我們的二進位檔案會在瞬間從 JPG 變為 PNG 格式。隨著檔案進行調整大小、重新格式化，以及為你的嬉皮孩子進行內容過濾，數以千計的未知位元組會在幾微秒內產生和銷毀。你不能再被寵壞了。當你開始進入真實的接觸、感受和提供資料的冒險時，你必須向那無知的幸福揮手告別。

引用自 1998 年的電影*刀鋒戰士*（*Blade*）：

> "你最好醒醒。你生活的世界只不過是一層糖衣。
> 在它下面還有另一個世界。"

好吧，就是這樣，但沒有那麼偏激。要訓練 AI，你需要確保資料是統一的，並且需要理解和查看它。你不是在訓練你的 AI 讓它可以具有解碼 PNG 和 JPG 的能力；你正在用照片內的實際內容的解碼和模仿版本進行訓練。

這意味著影像、音樂、統計資料以及你在 TensorFlow.js 模型中使用的任何其他內容都需要統一且優化的資料格式。理想情況下，我們的資料將被轉換為數值性容器，這些容器可以快速調整大小並直接在 GPU 或 Web Assembly 中進行計算優化。你需要一些乾淨又直接的東西來輸入和輸出我們充滿資訊的資料。這些容器應該是隨遇而安的，因此它們可以容納任何東西。歡迎使用張量！

 即使是最熟悉 TensorFlow.js 的專家，理解張量的用途和屬性也是一項持續的習題。雖然本章是一個很好的簡介，但你不應該因為難以善用張量而拖累你的學習。本章可以作為你學習過程中的參考。

你好，張量

張量是結構化型別的資料所構成的集合。框架將所有內容轉換為數值並不是什麼新鮮事，但對你來說有件事可能是一個新概念，就是理解到資料最終是如何形成的這件事其實是由你來選擇的。

如第 1 章所述，所有資料都需要被提煉成數值，以便機器能夠理解。張量是首選的資料格式，它們甚至對非數值類型都可以進行小量的抽象化。它們就像是從實體世界到我們AI 大腦的電流信號。雖然沒有關於資料應如何結構化的規範，但你確實需要保持資料的一致性以讓信號能夠井井有條，以便我們的大腦可以一遍又一遍地看到相同的樣式。人們通常將資料組織成群組，例如陣列和多維陣列。

但什麼是張量呢？數學定義的**張量**只是一組任何維度的結構化的數值。最終，這可以理解為一種優化的資料群組方式，作為準備用於計算的數值。這意味著，從數學上講，傳統的 JavaScript 陣列是一個張量，一個 2D 陣列是一個張量，一個 512D 陣列是一個張量。TensorFlow.js 張量是這些數學結構的體現，其中包含著將資料輸入和輸出機器學習模型的加速信號。

如果你熟悉 JavaScript 中的多維陣列，那麼你應該對張量的語法倍感親切。當你為每個陣列添加一個新的維度時，通常會說自己正在增加張量的**秩**（*rank*）。

陣列維度之回顧

一維（1D）陣列是標準的平坦化資料集合。你在 JavaScript 中使用的可能一直就是它。這些一秩（rank-one）陣列非常適合表達相關的資料和序列所構成的集合。

```
[1, 2, 3, 4]
```

二維（2D）或二秩（rank-two）陣列用來表達相關資料所構成的網格（grid）。例如，二維陣列可以儲存圖形的 X 和 Y 坐標。

```
[
  [2, 3],
  [5, 6],
  [8, 9]
]
```

三維（3D）陣列的秩將是三。三秩是我們人類的最後一種常見的視覺等級。我們很難視覺化超出三維的資料。

```
[
  [
    [1, 2, 3],
    [4, 5, 6]
  ],
  [
    [6, 5, 4],
    [3, 2, 1]
  ]
]
```

說穿了，2D 陣列就是由陣列所構成的陣列，3D 陣列就是由陣列所構成的陣列所構成的陣列。你應該明白了吧。巢狀陣列允許你排列資料，以便相關資訊可以相互映射（map），並且讓樣式得以浮現。在三個維度之後，你無法輕鬆地將資料繪製成圖形，但你還是可以利用它。

建立張量

無論你如何匯入 TensorFlow.js，本書中的程式碼都假定你已將該程式庫整合到一個名為 **tf** 的變數中，該變數將在所有範例中用來表示 TensorFlow.js。

 你可以從頭開始閱讀或編寫程式碼，甚至可以在本書附的原始碼所提供的 /tfjs 解決方案中執行這些基本範例。為了簡單起見，我們將避免重複設定這些範例所需的 `<script>` 或 import 標記，而是簡單地編寫共享程式碼。

為了建立你的第一個張量，我們將把事情簡單化，你將使用 1D JavaScript 陣列來建構它（範例 3-1）。陣列語法和結構會被轉移到張量中。

範例 3-1　建立你的第一組張量

```
// 建立我們的第一個張量
const dataArray = [8, 6, 7, 5, 3, 0, 9]
const first = tf.tensor(dataArray) ❶

// 再做一次
const first_again = tf.tensor1d(dataArray) ❷
```

❶ 如果傳遞 1D 陣列給 **tf.tensor**，則它會建立一個 1D 張量。如果傳遞 2D 陣列給它，它將建立一個 2D 張量。

❷ 如果傳遞 1D 陣列給 **tf.tensor1d**，則它會建立一個 1D 張量。如果傳遞 2D 陣列則會出錯。

此程式碼會在記憶體中建立一個包含七個數值的 1D 張量資料結構。現在這七個數值已經準備好讓我們進行操作、加速運算或者簡單的輸入它們，但相信你已經注意到我們提供了兩種方法來執行相同的動作。

第二種方法提供了額外層級的執行時檢查，因為你已經定義了你所預期的維度。當你希望確保你正在處理的資料的維度時，確定所需的維度是非常有用的。目前我們已經可以使用 `tf.tensor6d` 方法來驗證多達六個維度的張量。

在本書中，我們將主要使用泛型的（generic）`tf.tensor`，但是如果你發現自己正處在一個複雜的專案中，請不要忘記你可以透過明確地識別你所想要的張量維度來避免得到超出預期維度這樣的麻煩。

額外說明一下，雖然範例 3-1 中的張量是自然數的陣列，但儲存數值的預設資料型別是 Float32。浮點數（即帶小數位的數值，例如 2.71828）是非常動態且令人印象深刻的。它們通常可以處理你需要的大多數數值，並可以表達介於兩個數值之間的值。與 JavaScript 陣列不同，張量的資料型別必須是同質的（homogeneous）（都是相同的型別），這些型別只能是 Float32、Int32、bool、complex64 或 string，而且不能混合使用它們。

如果你想強制性的建立特定型別的張量，請隨意使用 `tf.tensor` 函數的第三個參數，該參數可以明確定義張量的型別結構。

```
// 建立一個 'float32' 張量（預設作法）
const first = tf.tensor([1.1, 2.2, 3.3], null, 'float32') ❶

// 'int32' 張量
const first_again = tf.tensor([1, 2, 3], null, 'int32') ❷

// boolean 的推論型別
const the_truth = tf.tensor([true, false, false]) ❸

// 猜猜這在做什麼
const guess = tf.tensor([true, false, false], null, 'int32') ❹

// 這個呢？
const guess_again = tf.tensor([1, 3.141592654, false]) ❺
```

❶ 此張量被建立成 Float32 張量。在這種情況下，第三個參數是多餘的。

❷ 生成的張量是 Int32，如果沒有第三個參數的話，結果會是一個 Float32。

❸ 生成的張量是一個布林（Boolean）張量。

❹ 生成的張量是一個 Int32 張量，其中布林值的假（false）被鑄型（cast）為 0，真（true）被鑄型為 1。因此，變數 guess 包含資料 [1, 0, 0]。

❺ 你可能認為這個萬用陣列會出錯，但其實每個輸入值都會被轉換為其對應的 Float32 型別，並生成張量資料 [1, 3.1415927, 0]。

如何識別所建立的張量類別？就像任何 JavaScript 陣列一樣，張量配備了解釋其屬性的方法。有用的屬性包括長度（size）、維度（rank）和資料型別（dtype）。

讓我們應用我們學到的知識：

```
const second = tf.tensor1d([8, 6, 7, 5, 3, 0, 9]) ❶

// 哎呀！
try {
  const nope = tf.tensor1d([[1],[2]]) ❷
} catch (e) {
  console.log("That's a negative Ghost Rider")
}
console.log("Rank:", second.rank) ❸
console.log("Size:", second.size) ❹
console.log("Data Type:", second.dtype) ❺
```

❶ 這將成功的建立一個張量。你應該知道它的資料型別、維度和大小。

❷ 由於你使用 tensor1d 建立一個二秩張量，這將引發並導致 catch 執行並記錄一條訊息。

❸ 這個簡單陣列的秩為一，因此它將印出 1。

❹ 大小即是陣列的長度，將印出 7。

❺ 來自數值陣列的張量其資料型別將印出 float32。

恭喜你建立了你的前幾個張量！可以肯定地說，掌握張量是 TensorFlow.js 馴服資料的核心。這些結構化的數值儲存桶是讓資料進入和傳出機器學習的基礎。

資料的張量練習

假設你想製作一個 AI 來玩井字遊戲（tic-tac-toe）（我大西洋彼岸的朋友稱為圈叉（noughts & crosses）遊戲）。和我們對資料一直以來所做的事一樣，是喝杯咖啡或茶，並想想將現實世界資料轉換為張量資料的正確方法的時候了。

你可以儲存遊戲影像、教學字串，或者只是遊戲裡的 X 和 O。影像和教學會令人印象深刻，但現在，讓我們只考慮儲存遊戲棋盤狀態的這個想法。只有九個可能的位置可以玩，所以具有九個數值的簡單陣列應該足以代表棋盤的任何給定狀態。

這些數值應該從左到右、從上到下讀取嗎？只要你始終如一，這順序幾乎是無關緊要的。所有的編碼方式都是人定的。但是，請記住張量終究為數值！這意味著雖然你可以儲存字串「X」和「O」，但無論如何它們都必須變成數值。讓我們透過將 X 和 O 映射到某種有意義的數值來儲存它們。這是否意味著你只需將其中一個指定為 0，另一個指定為 42？我相信你可以找到一個恰當地反映遊戲狀態的策略。

讓我們評估一個進行中的遊戲的狀態以進行練習。花點時間查看正在進行的比賽的網格，如圖 3-1 所示。如何將其轉換為張量和數值？

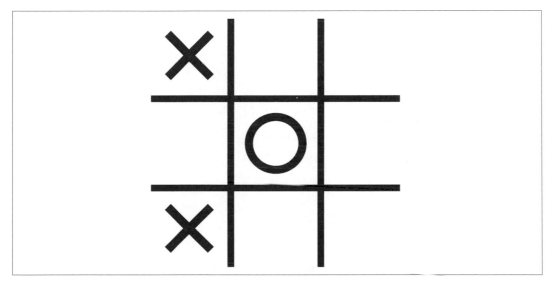

圖 3-1　具有資料的遊戲

也許這裡顯示的棋盤可以被讀取並表示為一維張量。你可以從左到右、從上到下來讀取數值。至於要用的數字，我們選擇 -1、0 和 1 來表示任何方格中的三個可能值。表 3-1 顯示了對每個可能值的查找表。

表 3-1　值和數字對應表

棋盤值	張量值
X	1
O	-1
空白	0

這將建立一個像這樣的張量：[1, 0, 0, 0, -1, 0, 1, 0, 0]。或者，它也可以建立一個 2D 張量，如下所示：[[1, 0, 0],[0, -1, 0],[1, 0, 0]]。

現在你有目標了，讓我們編寫一些程式碼將棋盤轉換為張量。我們甚至還會探索張量建立時的附加參數。

```
// 這段程式碼會建立 1D `Float32` 張量
const a = tf.tensor([1, 0, 0, 0, -1, 0, 1, 0, 0])

// 這段程式碼會建立 2D `Float32` 張量
const b = tf.tensor([[1, 0, 0],[0, -1, 0],[1, 0, 0]])

// 這裡和前面所做的事一樣，不過使用 1D 輸入陣列
// 它將被轉換為 2D `Float32` 張量
const c = tf.tensor([1, 0, 0, 0, -1, 0, 1, 0, 0], [3, 3]) ❶

// 此程式碼將 1D 輸入陣列轉換為 2D Int32 張量
const d = tf.tensor([1, 0, 0, 0, -1, 0, 1, 0, 0], [3, 3], 'int32') ❷
```

❶ 張量的第二個參數可以識別輸入資料的所需形狀。此處，你透過指定你所希望的資料為 3 × 3 的二秩結構，將 1D 陣列轉換為 2D 張量。

❷ 張量的第三個參數標識了你想要用來蓋過預設資料型別的資料型別。由於你儲存的是整數，因此你可以指定 int32 型別。不過預設的 float32 型別的範圍很大，可以輕鬆處理我們的數值。

張量萬歲⋯⋯應該吧

我們知道了如何在建立張量時指定張量的大小和資料型別，當然，你可以編輯程式碼，但是一旦建立了張量，你就會陷入困境。假設一個我們無法管理的程式庫給了我們一個 Float32 型別的張量，而我們真的需要的型別是 Int32；你能怎麼辦呢？苦樂參半的消息是張量是不可變的。雖然你無法修改此張量，但你可以輕鬆建立具有正確型別和資料的新張量。為此，你可以使用 asType。

例如，像這樣轉換張量：

```
const nope = tf.tensor([4], null, 'float32')
const yep = nope.asType('int32') ❶
```

❶ 變數 yep 是一個新的 Int32 張量，其值為 4。nope 張量仍然沒有改變。

重要的是要注意這些轉換是快速而有問題的。如果你有一個值 **3.9999** 並將其轉換為 Int32，則它會變為 3。將值帶到最近的 Int32 的邏輯很簡單。它只是像 JavaScript 的 **Math.floor** 一樣刪除了小數部分。布林張量則會切換為 **0** 和 **1**，而字串張量則會產生錯誤。如果你要轉換張量的資料型別，請確保你已經瞭解可能的結果。

當你建立張量來表達資料時，是由你來決定如何格式化輸入資料，以及生成的張量結構應該是什麼。當你掌握機器學習的概念時，你總是在磨練自己有關哪種資料是最有效的這種直覺。

我們將在本書後面回到這個井字遊戲問題。

張量的巡迴演出

隨著本書的進展，我們將更深入地研究張量，因此有必要花點時間討論一下為什麼它們如此重要。如果不瞭解我們正在利用的計算數量級（magnitude），就很難理解將我們熟悉的 JavaScript 變數和引擎的安全性留給小小的古老數學的好處。

張量提供速度

既然你已經知道可以如何建立張量並將資料表達為張量，那麼執行這種轉換有什麼好處？我們已經提到張量的計算是由 TensorFlow.js 框架進行優化的。當你將 JavaScript 數值陣列轉換為張量時，你可以用極快的速度來執行矩陣運算，但這究竟意味著什麼？

電腦在進行單一計算時表現出色，執行大量群組計算也有好處。張量是為大量平行計算而設計的。如果你曾經親手進行過矩陣和向量計算，就會開始體會到加速計算（accelerated calculation）的好處。

張量提供直接存取

如果沒有機器學習，你仍然可以使用張量來製作 3D 圖形、內容推薦系統和漂亮的迭代函數系統（iterated function system, IFS）（*https://oreil.ly/jjnvk*），如圖 3-2 所示的謝爾賓斯基三角形（Sierpiński triangle）。

圖 3-2　IFS 範例：謝爾賓斯基三角形

有很多用於影像、聲音、3D 模型、視訊等的程式庫，它們都有一個共同點，儘管存在著各種格式，但這些程式庫都以通用格式為你提供資料。張量就像原始的、展開的資料格式，透過這種存取形式，你可以建構、讀取或預測你想要的任何內容。

你甚至可以使用這些進階結構來修改影像資料（你會從第 4 章開始這樣做）。從基礎知識畢業後，你會開始從張量函數中獲得更多樂趣。

張量批次資料

在資料領域中，你可能會發現自己在大量資料中繞圈並擔心文字編輯器當掉。張量針對高速的批次處理進行了優化。為了簡單起見，本章末尾的小專案只有四個使用者，但任何產出環境都需要準備好可以處理數十萬個使用者。

當你要求訓練好的模型在幾毫秒內執行完用來預測類似人類操作的計算時，張量的大部分好處將得到認同。最快在第 5 章時你就會開始看到這樣的例子。我們已經發現張量是令人印象深刻的結構，它為 JavaScript 帶來了很多加速和數學能力，所以你通常會在批次運算中使用這種有益的結構是很合理的。

記憶體中的張量

張量速度伴隨著額外的成本。通常，當我們在 JavaScript 中處理完一個變數時，當對該變數的所有參照都已完成時，它所佔用的記憶體會被乾淨地清除。這稱為**自動垃圾偵測和收集**（*automatic garbage detection and collection, AGDC*），大多數 JavaScript 開發人員都不瞭解或關心它是如何工作的。然而，你的張量不會得到同樣的自動照顧。在使用它們的變數被收集後，它們還會在記憶體中持續存在很長的時間。

釋放張量

由於張量在垃圾收集中倖存下來,所以它們的行為與標準 JavaScript 不同,我們必須手動的計數和釋放它們。即使一個變數在 JavaScript 中被進行垃圾收集,相關的張量也會成為記憶體中的孤兒。你可以使用 tf.memory() 存取目前的計數和大小,此函數會傳回一個帶有使用中張量的報告的物件。

範例 3-2 中的程式碼說明了沒有被收集的張量記憶體。

範例 3-2　張量留在記憶體中

```
/* 檢查記憶體中的張量數量
*  以及足跡大小。
*  這兩筆日誌都應該是零。
*/
console.log(tf.memory().numTensors)
console.log(tf.memory().numBytes)
// 現在配置一個張量
let speedy = tf.tensor([1,2,3])
// 移除 JS 參照
speedy = null

/* 無論我們等多久
*  這個張量還是會在那裡,
*  直到你刷新網頁 / 伺服器。
*/
console.log(tf.memory().numTensors)
console.log(tf.memory().numBytes)
```

範例 3-2 中的程式碼將導致在日誌中列印以下內容:

```
0
0
1
12
```

由於你已經知道張量是用於處理大型加速資料,因此將這些相當大的區塊留在記憶體中的想法會是一個問題。透過一個小迴圈,你可能會用光整台電腦的可用 RAM 和 GPU。

幸運的是,所有張量和模型都有一個 .dispose() 方法可以從記憶體中清除張量。當你對張量呼叫 .dispose() 時,numTensors 將減掉你剛剛釋放的張量數量。

這確實意味著你必須將張量視為以兩種方式管理，可產生四種可能的狀態。表 3-2 顯示了建立和摧毀 JavaScript 變數以及 TensorFlow.js 張量時所有組合會發生的情況。

表 3-2　張量狀態

	張量還活著	張量已捨棄
JavaScript 變數處於活動狀態	這個變量是活的； 你可以讀取張量。	如果你嘗試使用此張量， 則會引發錯誤。
JavaScript 變數沒有參照	這是一個記憶體洩漏。	這是一個正確銷毀的張量。

簡而言之，保持變數和張量處於活動狀態以存取它們，完成後，捨棄張量並且不要試圖存取它。

自動張量清理

幸運的是，張量確實有一個名為 tidy() 的自動清理選項。你可以使用 tidy 建立一個函數封裝（encapsulation），該封裝將清除所有未傳回或未由 keep() 標記為應保留的張量。我們稍後會做一個展示來幫助你掌握 tidy，而我們也將在整本書中使用它。

你很快就會習慣清理張量。請務必研究以下程式碼，這些程式碼將展示 tidy() 和 keep() 的作用：

```
// 從零個張量開始
console.log('start', tf.memory().numTensors)

let keeper, chaser, seeker, beater
// 現在我們將在 tidy 內建立張量
tf.tidy(() => { ❶
  keeper = tf.tensor([1,2,3])
  chaser = tf.tensor([1,2,3])
  seeker = tf.tensor([1,2,3])
  beater = tf.tensor([1,2,3])
  // 現在記憶體中有四個張量 ❷
  console.log('inside tidy', tf.memory().numTensors)

  // 保護某一張量
  tf.keep(keeper)
  // 傳回還活著的張量
  return chaser
})

// 剩下二個 ❸
console.log('after tidy', tf.memory().numTensors)
```

```
keeper.dispose() ❹
chaser.dispose() ❺

// 回到零個
console.log('end', tf.memory().numTensors)
```

❶ tidy 方法採用同步（synchronous）函數並監視在這對括號中建立的張量。你不能在此處使用非同步（async）函數或 promise。如果你需要任何非同步操作，則必須外顯式的呼叫 .dispose。

❷ 所有四個張量都有效的載入到記憶體中。

❸ 即使你沒有明確呼叫 dispose，tidy 也正確地摧毀了兩個建立的張量（沒有被保留或傳回的那兩個）。如果你現在在嘗試存取它們，則會出現錯誤。

❹ 外顯式的摧毀你在 tidy 內部使用 tf.keep 保存的張量。

❺ 外顯式的摧毀從 tidy 傳回的張量。

如果以上這些對你來說都有意義，那麼你已經學會了建立和移除張量在記憶體中的神奇位置的實務。

函數式與物件導向的風格

如果你熟悉物件導向程式設計（object-oriented programming, OOP）和函數式程式設計（functional programming）之間的區別，你可能已經注意到之前的程式碼中的一些混合風格。也就是說，張量是用 tf.tensor 建立的，但用 <tensor variable here>.dispose() 而不是 tf.dispose(<tensor variable here>) 來摧毀。一種是遵循函數範式，另一種則是非常的物件導向。

答案是，這兩種方法都可以。為 TensorFlow.js 設計 API 的傑出人士支援這兩種語法。本書不會嚴格遵循某一種方法論，而是將使用最能說明那一點的語法。程式碼將交替使用 <tensor>.method 或 tf.method(<tensor>) 為每個範例建立最易讀的程式碼。

你可以自由選擇並執行你自己的標準。當涉及到張量時，與大多數框架一樣，你可以使用看起來是明顯不同的程式碼以相同的方式去處理轉換。

張量回家了

值得注意的是,你甚至可以在適用的情況下混合使用張量和 JavaScript。範例 3-3 中的程式碼建立了一個一般的 JavaScript 張量陣列。

範例 3-3 混用 JS 和張量

```
const tensorArray = []
for (let i = 0; i < 10; i++) {
  tensorArray.push(tf.tensor([i, i, i]))
}
```

範例 3-3 的結果是一個包含 10 個張量的陣列,其值從 [0,0,0] 到 [9,9,9]。與建立 2D 張量來保存這些值不同的是,你可以透過檢索陣列中的一般 JavaScript 索引輕鬆存取特定張量。所以如果你想要 [4,4,4],你可以用 tensorArray[4] 得到它。然後,你可以使用簡單的 tf.dispose(tensorArray) 從記憶體中摧毀整個集合。

塵埃落定後,我們已經學會了如何建立和移除張量,但我們錯過了張量將資料傳回給 JavaScript 的關鍵部分。張量對大型計算和速度上是很不錯的,但 JavaScript 也有它的好處。使用 JavaScript,你可以進行迭代、獲取特定索引或執行整個 NPM 程式庫的計算世界,這些計算在張量形式中要麻煩得多。

可以肯定地說,在你掠取了使用張量來計算的好處之後,你始終需要將資料的結果傳回到 JavaScript 中。

檢索張量資料

如果你嘗試將張量列印到控制台上,你可以看到那物件,但看不到底層的資料值。要列印張量的資料,你可以呼叫張量的 .print() 方法,但這會將值直接發送到 console.log 而不是變數中。雖然查看張量的值對開發人員很有幫助,但我們最終需要將這些值放入 JavaScript 變數中以使用它們。

有兩種方法可以檢索張量。其中的每一個都有一個同步方法和一個非同步方法。首先,如果你希望你的資料以相同的多維陣列結構傳送,你可以使用 .array() 獲取非同步結果,或者簡單地使用 .arraySync() 獲取同步值。其次,如果你希望以極高的精確度保持你的值並將其展平為一維型別陣列的話,可以使用同步的 dataSync() 和非同步方法 data()。

以下程式碼使用前面描述的方法探索了轉換、列印和解析張量的作法：

```
const snap = tf.tensor([1,2,3])
const crackle = tf.tensor([3.141592654])
const pop = tf.tensor([[1,2,3],[4,5,6]])

// 這會顯示結構而不是資料
console.log(snap) ❶
// 這會印出資料而不是張量結構
crackle.print() ❷

// 讓我們回到 JavaScript
console.log('Welcome Back Array!', pop.arraySync()) ❸
console.log('Welcome Back Typed!', pop.dataSync()) ❹

// 清除剩餘的張量！
tf.dispose([snap, crackle, pop])
```

❶ 此日誌顯示了用以保存張量及其相關屬性的 JavaScript 結構。你可以看到它的形狀，並且 isDisposedInternal 是 false，因為它沒有被捨棄，而它是用來作為一個指向資料的指標而不是包含資料本身。此日誌會列印以下內容：

```
{
  "kept": false,
  "isDisposedInternal": false,
  "shape": [
    3
  ],
  "dtype": "float32",
  "size": 3,
  "strides": [],
  "dataId": {},
  "id": 4,
  "rankType": "1",
  "scopeId": 4
}
```

❷ 在張量上呼叫 .print 可以將內部值的內容直接列印到控制台。這將列印以下內容：

```
Tensor
    [3.1415927]
```

❸ .arraySync 會將 2D 張量的值以 2D JavaScript 陣列傳回給我們。此日誌會列印以下內容：

```
Welcome Back Array!
[
```

```
    [
      1,
      2,
      3
    ],
    [
      4,
      5,
      6
    ]
  ]
```

❹ .dataSync 會將 2D 張量的值以 1D Float32Array（*https://oreil.ly/ozV2H*）物件提供給我們，這可以有效地將資料扁平化。記錄一個型別陣列看起來像一個把索引作為屬性的物件。此日誌會列印：

```
Welcome Back Typed!
{
  "0": 1,
  "1": 2,
  "2": 3,
  "3": 4,
  "4": 5,
  "5": 6
}
```

現在你知道如何管理張量了。你可以以取得任何 JavaScript 資料並將其帶入 TensorFlow.js 張量進行操作，然後在完成後再將其乾淨地帶回來。

張量操作

是時候來利用把資料移來移去的價值了。你現在知道了要如何將大量資料移入和移出張量，不過先讓我們瞭解完成這個過程的好處。機器學習模型是由數學驅動的。任何仰賴線性代數的數學過程都將從張量中受益。你也會受益，因為你不必撰寫任何複雜的數學運算。

張量與數學

假設你必須將一個陣列的內容乘以另一個陣列。在 JavaScript 中，你必須編寫一些迭代程式碼。此外，如果你熟悉矩陣乘法，就會知道這段程式碼並不會像你最初所想像的那麼簡單。不論是什麼級別的開發人員都不應該去解決用於張量操作的線性代數問題。

還記得如何正確地進行矩陣乘法嗎？我也忘記了。

$$\begin{bmatrix} 91 & 82 & 13 \\ 15 & 23 & 62 \\ 25 & 66 & 63 \end{bmatrix} X \begin{bmatrix} 1 & 23 & 83 \\ 33 & 12 & 5 \\ 7 & 23 & 61 \end{bmatrix} = ?$$

不是把每個數字乘以對應的位置那麼簡單；你們其中的一些人可能還記得，這涉及乘法和加法。左上角的值的計算將會是 91 x 1 + 82 x 33 + 13 x 7 = 2888。現在對新矩陣的每個索引再執行八次同樣的計算。計算這個簡單乘法的 JavaScript 並不完全是微不足道的。

張量可以帶來數學上的益處。我不必編寫任何程式碼來執行前面的計算。雖然編寫客製化程式碼不會很複雜，但它會是未經優化又是冗餘的。有用的、可擴展的數學運算已經內建在裡面了。TensorFlow.js 使線性代數易於使用，並針對張量等結構進行了優化。我可以使用以下程式碼快速得到前面矩陣的解答：

```
const mat1 = [
  [91, 82, 13],
  [15, 23, 62],
  [25, 66, 63]
]
const mat2 = [
  [1, 23, 83],
  [33, 12, 5],
  [7, 23, 61]
]

tf.matMul(mat1, mat2).print()
```

在第 2 章中，Toxicity 偵測器下載了用於每次分類計算的好幾個 MB 的數值。以毫秒為單位來處理這些大型計算的行為是張量背後的威力。雖然我們將繼續擴展張量計算的好處，但使用 TensorFlow.js 的全部原因是，如此大量計算的複雜性是屬於框架的領域，而不是程式設計師的領域。

推薦張量

借助到目前為止所學到的技能，你可以建構一個簡單的範例，說明 TensorFlow.js 要如何處理真實世界情境中的計算。我們選擇以下這個同時適合精英人士和數學恐懼者的範例來說明張量的威力。

本節可能是你最深入接觸數學的地方。如果你想進一步深入研究推動機器學習的線性代數和微積分，我推薦由史丹福大學提供並由吳恩達（Andrew Ng）所教授的精彩免費線上課程（*https://oreil.ly/OhvzW*）。

讓我們用一些張量資料建構一些真實的事物。你將進行一組簡單的計算來找出一些使用者偏好。這類系統通常被稱為**推薦引擎**（*recommendation engine*）。你可能對推薦引擎還蠻熟悉的，因為它們會建議你應該購買的內容和接下來應該觀看的電影等內容。這些演算法是 YouTube、Amazon 和 Netflix 等數位產品巨頭的核心所在。推薦引擎對銷售任何東西的任何企業都非常受歡迎，而且光這個主題就可以寫滿一本書。我們將實作一個簡單的「基於內容（content-based）」的推薦系統。發揮你的想像力，因為在產出系統中，這些張量會大得多。

以下以較高階的敘述方法說明你將要做的事：

1. 要求使用者從 1 到 10 為樂團評分。

2. 不認識的樂團給 0 分。

3. 樂團和音樂類型會是我們的「特徵」。

4. 使用矩陣點積（dot product）來確定每個使用者喜歡什麼風格的音樂！

點積是什麼？

點積可能會讓你陷入困境。不要太擔心它。這只是一種用來識別那些表達為向量的張量間相似性的方法。兩個張量越相似，它們的點積越高。

你的使用者透過評分所建立的張量會被放在一個圖上，當該圖上的兩個向量靠得很近時，它們的點積（TensorFlow.js 中的 matMul）是一個較大的數值。當它們方向相反時，點積為負數。這就是推薦系統在數學上計算兩件事物相似性的方法。圖 3-3 顯示了兩個相似向量的範例，它們會建立一個正值。

你可以相信我的話，或者打開本章所提供的額外程式碼，並玩一下向量 A 和 B 來進行驗證（*https://oreil.ly/vv4rY*）。

無論確定相似性的方法是什麼（是的，還有其他方法），你都可以利用張量來處理推薦系統中計算的繁重工作。

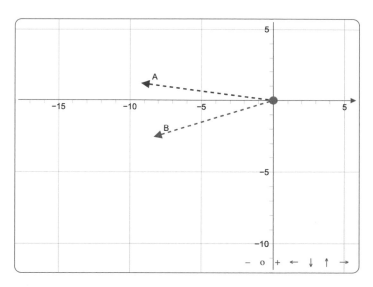

Dot Product = 69.01

圖 3-3　兩個相似的負向量會有一個正的點積

讓我們開始建立推薦系統吧！這個小資料集將作為你所需要的範例。你會注意到，你在程式碼中混合使用了 JavaScript 陣列和張量。將標籤以 JavaScript 表達並使用張量來進行計算是很常見的。這不僅讓張量專注於數值；它還具有將張量結果國際化的好處。標籤是此運算中唯一與語言相關的部分。你會在整本書的幾個例子和實務機器學習的真實世界中繼續看到這個作法。

以下是資料：

```
const users = ['Gant', 'Todd', 'Jed', 'Justin'] ❶
const bands = [ ❷
  'Nirvana',
  'Nine Inch Nails',
  'Backstreet Boys',
  'N Sync',
  'Night Club',
  'Apashe',
  'STP'
]
const features = [ ❸
  'Grunge',
  'Rock',
```

```
  'Industrial',
  'Boy Band',
  'Dance',
  'Techno'
]

// 使用者的投票 ❹
const user_votes = tf.tensor([
  [10, 9, 1, 1, 8, 7, 8],
  [6, 8, 2, 2, 0, 10, 0],
  [0, 2, 10, 9, 3, 7, 0],
  [7, 4, 2, 3, 6, 5, 5]
])

// 音樂風格 ❺
const band_feats = tf.tensor([
  [1, 1, 0, 0, 0, 0],
  [1, 0, 1, 0, 0, 0],
  [0, 0, 0, 1, 1, 0],
  [0, 0, 0, 1, 0, 0],
  [0, 0, 1, 0, 0, 1],
  [0, 0, 1, 0, 0, 1],
  [1, 1, 0, 0, 0, 0]
])
```

❶ 這四個名字標籤只是儲存在一個普通的 JavaScript 陣列中。

❷ 你要求使用者對七個樂團評分。

❸ 一些簡單的音樂流派可以用來描述我們的七個樂團,同樣是放在一個 JavaScript 陣列中。

❹ 這是我們的第一個張量,是對每個使用者從 1 到 10 的投票分數的二秩描述,「我不認識這個樂團」為 0 分。

❺ 此張量也是一個 2D 張量,用於指明和每個給定樂團匹配的流派。每個行索引代表它可以被歸類的流派的真 / 假編碼。

現在你已將所需要的資料表達成張量了。你可以看資訊的組織方式進行快速回顧。透過讀取 user_votes 變數,你可以看到每個使用者的投票結果。例如,你可以看到映射到 Gant 的使用者 0 將 Nirvana 評為 10、Apashe 評為 7,而 Jed 給 Backstreet Boys 評為 10。

band_feats 變數將每個樂團映射到它們滿足的流派。例如，索引為 1 的第二個樂團是「Nine Inch Nails」，而它在 Grunge 和 Industrial 風格的音樂中得分為正。為了簡化這個例子，你將對每個流派使用二進位的 1 和 0 來表達，但在這裡也可以使用正規化的數字尺度。換句話說，[1, 1, 0, 0, 0, 0] 將代表第 0 個樂團（也就是 Nirvana）的風格為 Grunge 和 Rock。

接下來，你將根據每個使用者的投票計算他們最喜歡的流派：

```
// 使用者喜好的風格
const user_feats = tf.matMul(user_votes, band_feats)
// 列印答案
user_feats.print()
```

現在 user_feats 包含使用者的投票和每個樂團特徵的點積。我們的列印結果如下所示：

```
Tensor
    [[27, 18, 24, 2 , 1 , 15],
     [14, 6 , 18, 4 , 2 , 10],
     [2 , 0 , 12, 20, 10, 10],
     [16, 12, 15, 5 , 2 , 11]]
```

此張量顯示了每個使用者的特徵（在本例中為流派）的值。與 Gant 一致的使用者 0，也就是 Gant，在索引 0 之處有最高值為 27，這意味著在調查資料中他們最喜歡的類型是 Grunge。這個資料看起來還不錯。使用此張量，你可以確定每個使用者的偏好品味。

雖然資料是張量形式，但你可以使用一種稱為 topk 的方法來幫助我們確定每個使用者最高的 k 個值。要獲得前 k 個張量或透過識別它們的索引來簡單地確定最高值的位置，你可以使用所需的張量和大小呼叫函數 topk。在本練習中，你將把 k 設定為整個特徵集的大小。

最後，讓我們將這些資料帶回 JavaScript。執行此動作的程式碼可以這樣編寫：

```
// 讓我們把它們變漂亮
const top_user_features = tf.topk(user_feats, features.length)
// 回到 JavaScript
const top_genres = top_user_features.indices.arraySync() ❶
// 列印結果
users.map((u, i) => {
  const rankedCategories = top_genres[i].map(v => features[v]) ❷
  console.log(u, rankedCategories)
})
```

❶ 你將索引張量傳回到結果的二秩 JavaScript 陣列。

❷ 你正在將索引映射回音樂流派。

生成的日誌看來像這樣：

```
Gant
[
  "Grunge",
  "Industrial",
  "Rock",
  "Techno",
  "Boy Band",
  "Dance"
]
Todd
[
  "Industrial",
  "Grunge",
  "Techno",
  "Rock",
  "Boy Band",
  "Dance"
]
Jed
[
  "Boy Band",
  "Industrial",
  "Dance",
  "Techno",
  "Grunge",
  "Rock"
]
Justin
[
  "Grunge",
  "Industrial",
  "Rock",
  "Techno",
  "Boy Band",
  "Dance"
]
```

在結果中，你可以看到 Todd 應該查看更多 Industrial 音樂，而 Jed 應該重溫他的 Boy Bands。兩人都會對給他們的推薦感到滿意。

你剛做了什麼？

你以一種有意義的方式成功地將資料載入到張量中，然後你將數學計算應用於整個集合，而不是對每個人進行迭代的方法。得到答案後，你對整個集合進行排序，並將資料帶回 JavaScript 以獲得推薦！

你可以做更多嗎？

你可以做更多的事情。從這裡開始，你甚至可以使用每個使用者投票中的 0 來確定使用者從未聽過的樂團，並按使用者最喜歡的流派順序推薦它們！有一種非常酷的數學方法可以做到這一點，但這有點超出了我們第一個張量練習的範圍。無論如何，恭喜你實作了線上銷售中最需要和最熱門的功能之一！

本章回顧

在本章中，你所做的不僅僅是觸及張量的表面。你已經深入了解 TensorFlow.js 的基本結構並掌握了根源。你正準備在 JavaScript 中運用機器學習。張量是一個貫穿所有機器學習框架和基礎的概念。

本章挑戰：是什麼讓你如此特別？

現在你不再是張量新手，你可以像專業人士一樣管理張量了，讓我們嘗試一個小練習來鞏固你的技能。在撰寫本文時，JavaScript 還沒有用於清除陣列中重複項的內建方法。雖然 Ruby 等其他語言使用 uniq 方法已有十多年，但 JavaScript 開發人員要麼就是手動推出他們的解決方案，要不然就是匯入 Lodash 等流行的程式庫。為了好玩，讓我們使用 TensorFlow.js 來解決唯一值的問題。作為所學到的課程的練習，思考一下這個問題：

> 給定這個美國電話號碼陣列，刪除其中的重複項。

```
// 清除重複項
const callMeMaybe = tf.tensor([8367677, 4209111, 4209111, 8675309, 8367677])
```

確保你的答案是一個 JavaScript 陣列。如果你在此練習中遇到困難，請查看 TensorFlow.js 線上說明文件（*https://oreil.ly/9thOd*）。在說明文件中搜尋關鍵術語將為你指明正確的方向。

你可以在附錄 B 中找到這個挑戰的解答。

練習題

讓我們回顧一下你從本章編寫的程式碼中學到的課程內容。花點時間回答以下問題：

1. 為何我們要使用張量？

2. 以下何者不是張量的資料型別？

   a. Int32

   b. Float32

   c. Object

   d. Boolean

3. 六維張量的秩是多少？

4. dataSync 方法傳回的陣列的維度是多少？

5. 將 3D 張量傳遞給 tf.tensor1d 會發生什麼？

6. 與張量形狀相關的 rank 和 size 之間有什麼區別？

7. 張量 tf.tensor([1]) 的資料型別是什麼？

8. 張量的輸入陣列維度是否總會是生成的張量維度？

9. 如何識別記憶體中張量的數量？

10. tf.tidy 可以處理非同步函數嗎？

11. 如何在 tf.tidy 內部建立張量？

12. 我可以透過 console.log 查看張量的值嗎？

13. tf.topk 方法有什麼作用？

14. 張量是否針對批次處理或迭代計算進行了優化？

15. 什麼是推薦引擎？

附錄 A 中提供了這些習題的解答。

接下來…

在第 4 章中，你將透過可感知的影像觀看和感受你張量知識的成果。機器學習通常使用影像，即使對於非視覺應用程式也是如此。成為影像張量的專家是一種管理資料的有趣且高報酬的方式。

影像張量

「不敢手握芒刺的人，沒有資格擁有玫瑰。」

—Anne Bronte

在上一章中，你已經建立和摧毀了簡單的張量。然而，我們所用的資料是微不足道的。正如你可能猜到的那樣，列印張量只能在那麼多的維度上帶你走到那麼遠而已。你將需要學習如何處理更常見的大型張量。當然，這在影像世界中是成立的！這是一個激動人心的章節，因為你將開始使用真實資料，而且我們將能夠立即看到張量運算的效果。

我們還將利用一些現有的最佳實務作法。你還記得，在前一章中，你將井字遊戲轉換為張量。在這個使用簡單的 3 x 3 網格之練習中，你認識了一種轉換遊戲狀態的方法，但另一個人可能想出了完全不同的策略。我們需要確定這個過程中的一些常見做法和技巧，因此你不必每次都重新發明輪子。

我們會：

- 確定是什麼讓張量變成影像張量
- 手動建構一些影像
- 使用 fill 方法建立大型張量
- 將現有影像轉換為張量，以及反動作
- 以有用的方式操作影像張量

當你完成本章時，你將對管理真實世界的影像資料充滿信心，並且這些知識中很多將適用於一般的張量管理。

視覺張量

你可能會假設，當影像轉換為張量時，生成的張量將是二秩的。如果你忘記了二秩張量是什麼樣子，請複習第 3 章。將 2D 影像描繪為 2D 張量很容易，只是像素（pixel）顏色通常不能只用一個數值來儲存。二秩張量僅適用於灰階（grayscale）影像。最常用來表達彩色像素的做法是將其表達為三個分別的值。那些和顏料一起長大的人被教導要使用紅色、黃色和藍色，但我們這些書呆子更喜歡使用紅色、綠色、藍色（RGB）系統。

 RGB 系統是藝術模仿生活的另一個例子。人眼使用 RGB，它基於「加色」（additive）顏色系統——也就是一種發光系統，就像電腦螢幕一樣。你的藝術老師可能會用黃色代替綠色來幫忙在「減色」（subtractive）顏色系統中淡化顏色，當你在減色顏色系統中添加更多顏色時，顏色會變暗，比如紙上的顏料。

像素通常由一個位元組可表達範圍內的紅色、綠色和藍色的份量依序著色。這個 0-255 數值陣列以整數來表達時看起來會像是 [255, 255, 255]，對於大多數尋求以十六進位來表達同樣的三個數值的網站來說，它看起來會像 #FFFFFF。當我們的張量的資料型別為 int32 時，這將是被採取的解讀方式。當我們的張量是 float32 時，它的數值被假設落在 0-1 的範圍內。因此，整數 [255, 255, 255] 表示純白色，但在浮點數形式中，它將會是 [1, 1, 1]。這也意味著 [1, 1, 1] 在 float32 張量中是純白色的，但在 int32 張量中則被解釋為靠近黑色。

根據張量的資料型別不同，你可以從被編碼為 [1, 1, 1] 的像素中獲得兩種顏色極值，如圖 4-1 所示。

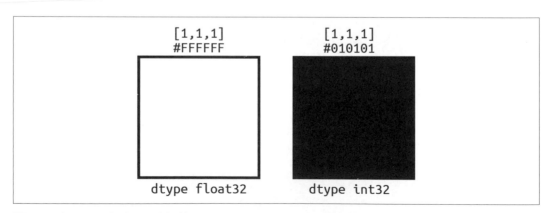

圖 4-1　來自相同資料的顯著色差

這意味著你需要一個 3D 張量來儲存影像。你需要以給定的寬度和高度儲存每個三值像素。正如你在井字遊戲問題中看到的那樣，你必須確認對於這件事的最佳格式為何。在 TensorFlow 和 TensorFlow.js 中，通常的做法是將 RGB 值儲存在張量的最後維度中。也習慣於依高度、寬度、而後顏色維度的順序來儲存這些值。這對於影像來說可能看起來很奇怪，但先參照列（row）然後再參照行（column）是矩陣習以為常的參照順序。

 世人普遍用「寬乘高」來表達影像大小，一個 1024 x 768 的影像是 1024px 寬和 768px 高，但正如我們剛才所說的，TensorFlow 影像張量會首先儲存高度，這可能有點令人困惑。相同的影像會是一個 [768, 1024, 3] 張量，這通常會使不熟悉視覺張量的開發人員感到困惑。

因此，如果你想製作一個 4 x 3 像素的西洋跳棋棋盤，你可以使用形狀為 [3, 4, 3] 的 3D 陣列手動建立該影像。

程式碼如下所示：

```
const checky = tf.tensor([
  [
    [1, 1, 1],
    [0, 0, 0],
    [1, 1, 1],
    [0, 0, 0]
  ],
  [
    [0, 0, 0],
    [1, 1, 1],
    [0, 0, 0],
    [1, 1, 1]
  ],
  [
    [1, 1, 1],
    [0, 0, 0],
    [1, 1, 1],
    [0, 0, 0]
  ],
])
```

一個 4 x 3 像素的影像會非常小，但如果把它放大幾百倍，我們將能夠看到剛剛建立的像素。生成的影像將如圖 4-2 所示。

圖 4-2　西洋跳棋的 4 x 3 TensorFlow.js 影像

正如你所料，你不會受限於只有 RGB；將第四個值添加到張量的 RGB 維度將添加一個 alpha 頻道。與網路上的顏色很像，`#FFFFFF00` 為零不透明度（opacity）下之白色，而具有 `[1, 1, 1, 0]` 的紅色、綠色、藍色、alpha（RGBA）值的張量像素將是透明的白色。具有透明度的 1024 x 768 影像將儲存在形狀為 `[768, 1024, 4]` 的張量中。

作為上述兩個系統的推論，如果最後的頻道只有一個值而不是三個或四個值，則生成的將是灰階的影像。

我們之前的黑白方格圖樣範例可以使用剛提到的知識進行顯著的濃縮。現在我們可以使用張量建構相同的影像，程式碼如下：

```
const checkySmalls = tf.tensor([
  [[1],[0],[1],[0]],
  [[0],[1],[0],[1]],
  [[1],[0],[1],[0]]
])
```

沒錯，如果你簡單地移除那些內括號而讓其成為一個簡單的 2D 張量，那也可以！

快速影像張量

我知道有很多人沈迷於一個像素一個像素地手繪影像，所以你可能會驚訝地發現有些人會覺得寫一堆小小的 1 和 0 很乏味。當然，你可以使用 Array.prototype.fill 來建立陣列，然後再使用它來填充陣列以建立相當大的 3D 張量建構子（constructor）函數，但值得注意的是 TensorFlow.js 內建了該函數。

建立具有已填充值的大型張量是一種常見的需求。事實上，如果你要繼續研究我們從第 3 章開始的推薦系統，你將需要利用這些確切的功能。

現在，你可以使用 tf.ones、tf.zeros 和 tf.fill 方法以手動方式建立大型張量。tf.ones 和 tf.zeros 都接受形狀作為參數，然後它們分別用 1 或 0 來建構該形狀。因此，程式碼 tf.zeros([768, 1024, 1]) 將建立一個 1024 x 768 的黑色影像。它可選的第二個參數是生成的張量的資料型別。

 通常，你可以用模型去執行一張使用 tf.zeros 製作的空白影像來預先配置記憶體。它的結果會被丟棄，然而後續呼叫會變得快多了。這通常稱為*模型預熱*（*model warming*），你可能會看到當開發人員想要配置東西時，會在等待網路攝影機或網路資料時使用這種加速技巧。

正如你想像的那樣，tf.fill 接受一個形狀作為參數，然後第二個參數是填充該形狀所用的值。你可能會想將張量作為第二個參數傳遞，從而提高生成的張量的秩，但重要的是要注意這行不通。有關有效和無效的對比，請參見表 4-1。

表 4-1　fill 參數：純量對向量

可行	不可行
tf.fill([2, 2], 1)	tf.fill([2, 2], [1, 1, 1])

你的第二個參數必須是一個單一的值來填充你給出的形狀的張量。這個非張量值通常稱為*純量*（*scalar*）。回顧一下，程式碼 tf.fill([200, 200, 4], 0.5) 將建立一個 200 x 200 的灰色半透明正方形，如圖 4-3 所示。

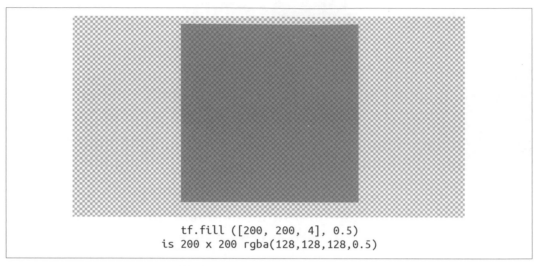

```
tf.fill ([200, 200, 4], 0.5)
is 200 x 200 rgba(128,128,128,0.5)
```

圖 4-3　帶有背景的 Alpha 頻道影像張量

如果你對不能用灰階以外的其他優雅顏色來填充張量感到失望的話，讓我來教你一個技巧！我們建立大型張量的下一種方法不僅可以讓你填充張量，還可以讓你填充圖樣。

讓我們回到你之前製作的 4 x 3 方格影像。你手動編碼了 12 個像素值。如果你想製作 200 x 200 方格影像，那將是 40,000 個簡單灰階的像素值。相反的，我們將使用 .tile 方法來擴展一個簡單的 2 x 2 張量。

```
// 2 x 2 方格圖樣
const lil = tf.tensor([  ❶
  [[1], [0]],
  [[0], [1]]
]);
// 鋪滿它
const big = lil.tile([100, 100, 1]) ❷
```

❶ 棋盤圖樣是一個 2D 黑白張量。這可以是任何優雅的圖樣或顏色。

❷ 瓷磚（tile）的大小是 100 x 100，因為重複的圖樣大小是 2 x 2，這導致生成了一個 200 x 200 的影像張量。

人眼很難看得到方格像素。方格圖樣在不放大的情況下看起來可能像是灰色的。就像印刷點是如何組成雜誌裡的各種顏色一樣，一旦放大之後，你就可以清楚地看到方格圖案，如圖 4-4 所示。

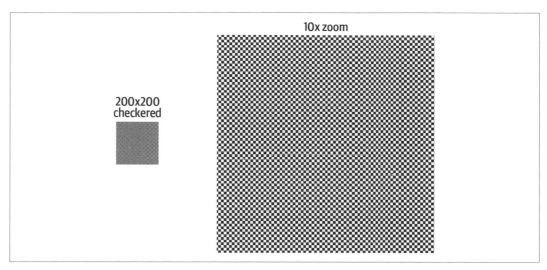

圖 4-4　放大 10 倍的方格狀 200 x 200 張量

最後，如果所有這些方法都過於結構化而不符合你的口味，你可以搞亂一切！雖然 JavaScript 沒有生成隨機值陣列的內建方法，但 TensorFlow.js 有多種方法（*https://oreil. ly/tg46b*）可以精確地做到這一點。

為簡單起見，我最喜歡的是 .randomUniform。此張量方法接受一個形狀參數，還有最小值、最大值和資料型別等參數選項可用。

如果你想建構一個 200 x 200 的隨機灰階顏色影像，你可以使用 tf.randomUniform([200, 200, 1]) 甚至 tf.randomUniform([200, 200, 1], 0, 255, 'int32')。這兩者都會產生相同（同樣隨機）的結果。

圖 4-5 顯示了一些範例輸出。

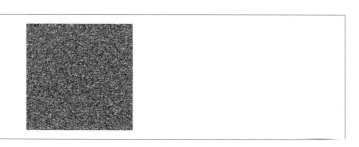

圖 4-5　200 x 200 隨機值填充張量

JPG 和 PNG 和 GIF，天哪！

好的，Gant！你已經談論了一些影像，但我們看不到它們；我們看到的都是張量。張量如何變成實際的可見影像？對於機器學習來說可能更重要的是，現有影像如何變成張量？

正如你的直覺，這將根據 JavaScript 執行的位置而有顯著不同，特別是指客戶端和伺服器。要在瀏覽器上將影像解碼為張量或反過來做，你將受到瀏覽器的沙盒（sandbox）內建功能的限制和賦權。相反的，執行 Node.js 伺服器上的影像不會被沙盒化，但缺乏簡單的視覺回饋。

不要害怕！我們將在本節中介紹這兩個選項，以便你可以自信地將 TensorFlow.js 應用於影像，而不管其媒介為何。

我們將詳細的介紹以下的常見場景：

- 瀏覽器：張量到影像
- 瀏覽器：影像到張量
- Node.js：張量到影像
- Node.js：影像到張量

瀏覽器：張量到影像

你將使用 HTML 元素以及畫布（canvas）來視覺化、修改和儲存影像。讓我們首先提供一種可以視覺化我們所學到的所有圖形課程的方法。我們將在瀏覽器中將張量渲染（render）到畫布上。

首先，建立一個 400 x 400 的隨機雜訊張量，然後將張量轉換為瀏覽器中的影像。為此，你將使用 `tf.browser.toPixels`。此方法接受張量作為第一個參數，並且可以選擇將要進行繪製的畫布作為第二個參數。它傳回一個在渲染完成時解決的 promise。

 乍看之下，將畫布作為可選參數是非常令人困惑的。值得注意的是，promise 以張量的 `Uint8ClampedArray` 作為參數進行解析，因此這是建立「畫布就緒」值的好方法，即使你目前沒有想用的畫布。但隨著 OffscreenCanvas（*https://oreil.ly/gaiVn*）的概念從實驗模式轉變為實際上被支援的 web API，它的實用性可能會降低。

要設定我們有史以來的第一個畫布渲染，你需要在我們的 HTML 中有一個畫布，並且要有一個可以參照的 ID。對於我們這種熟悉 HTML 載入順序複雜性的人來說，在嘗試從我們的 JavaScript 存取它*之前*，畫布必須要存在（或遵循你網站的任何最佳實務作法，例如檢查文件的就緒狀態）：

```
<canvas id="randomness"></canvas>
```

現在你可以透過 ID 來存取此畫布，並將其傳遞給我們的 browser.toPixels 方法。

```
const bigMess = tf.randomUniform([400, 400, 3]); ❶
const myCanvas = document.getElementById("randomness"); ❷
tf.browser.toPixels(bigMess, myCanvas).then(() => { ❸
  // 清理並確保我們得到所有東西並不是壞習慣
  bigMess.dispose();
  console.log("Make sure we cleaned up", tf.memory().numTensors);
});
```

❶ 建立一 RGB 400 x 400 影像張量

❷ 在文件物件模型（Document Object Model, DOM）中獲取對畫布的參照

❸ 用我們的張量和畫布呼叫 browser.toPixels

如果此程式碼在非同步函數中執行的話，你只要等待 browser.toPixels 呼叫完成然後進行清理。如果不使用 promise 或非同步功能，這個捨棄動作一定會贏得可能的競爭條件（race condition）並導致錯誤。

瀏覽器：影像到張量

你可能已經猜到了，browser.toPixels 有一個名為 browser.fromPixels 的另一半。此方法可以接受影像並將其轉換為張量。對我們來說幸運的是，browser.fromPixels 的輸入是非常動態的。你可以傳入各式各樣的元素，從 JavaScript ImageData 到 Image 物件，再到 HTML 元素，如 <img>、<canvas> 甚至 <video>。這使得將任何影像編碼成張量變得非常簡單。

使用第二個參數，你甚至可以指定你想要的影像頻道數（1、3、4），因此你可以針對你關心的資料進行優化。例如，如果你正在識別筆跡，則不需要 RGB。你可以立即從我們的張量轉換中獲得灰階張量！

要設定我們的影像到張量的轉換，你將探索兩個最常見的輸入的用法。你將轉換一個 DOM 元素，你也將轉換一個記憶體內（in-memory）元素。此記憶體內元素將透過 URL 下載影像。

如果到目前為止你一直在本地端開啟 *.html* 檔案，這裡將無法繼續運作。你需要實際使用像是 200 OK! 這樣的 web 伺服器，或其他前面提到的託管解決方案，以存取透過 URL 下載的影像。如果遇到困難，請參閱第 2 章。

要從 DOM 下載影像，你只需要在 DOM 上參照該項目。在本書所附的原始碼中，我設定了一個範例來存取兩張影像。最簡單的方法是閱讀 GitHub（*https://oreil.ly/ZzWPP*）上的第 4 章。

讓我們用一個簡單的 `img` 標記和 `id` 來設定我們的 DOM 影像：

```
<img id="gant" src="/gant.jpg" />
```

是的，這是我決定要用的一張我的奇怪影像。我有幾隻可愛的狗，但它們很害羞，並且拒絕簽署成為本書模特兒的經紀合約。成為愛狗者可能是「粗魯的」^{譯註}。現在你有了一張影像，讓我們編寫簡單的 JavaScript 來參照所需的影像元素。

在嘗試存取影像元素之前，請確保 document 已完成下載。否則，你可能會收到諸如「來源寬度為 0（The source width is 0）」之類的神秘訊息。這種情況最常發生在沒有 JavaScript 前端框架的實作上。在沒有任何東西等待 DOM 下載事件的情況下，我建議在嘗試存取 DOM 之前訂閱 window 的載入（load）事件。

設置好 `img` 並下載 DOM 後，你可以呼叫 `browser.fromPixels` 以獲取結果：

```
// 只需從 DOM 讀取
const gantImage = document.getElementById('gant') ❶
const gantTensor = tf.browser.fromPixels(gantImage) ❷
console.log( ❸
  `Successful conversion from DOM to a ${gantTensor.shape} tensor`
)
```

---

^{譯註}ruff，雙關語，狗叫聲或 rough 的俚語用法。

❶ 獲得對 img 標記的參照。

❷ 從影像建立張量。

❸ 日誌證明我們現在已經有一個張量了！這將列印以下內容：

    Successful conversion from DOM to a 372,500,3 tensor

 如果你收到類似於 Failed to execute 'getImageData' on 'CanvasRenderingContext2D': The canvas has been tainted by cross-origin data. 的錯誤，這意味著你正在嘗試從另一台伺服器而不是本地端下載影像。出於安全原因，瀏覽器會防止這種情況發生。請參閱下一個範例以下載外部影像。

完美！但是如果我們的影像不在網頁上的元素中呢？只要伺服器允許跨域下載（Access-Control-Allow-Origin "*"），你就可以動態的下載和處理外部影像。這就是 JavaScript Image 物件範例（*https://oreil.ly/dSjiI*）的用武之處。我們可以像這樣將影像轉換為張量：

```
// 現在載入 JavaScript 的影像物件
const cake = new Image() ❶
cake.crossOrigin = 'anonymous' ❷
cake.src = '/cake.jpg' ❸
cake.onload = () => { ❹
  const cakeTensor = tf.browser.fromPixels(cake) ❺
  console.log( ❻
    `Successful conversion from Image() to a ${cakeTensor.shape} tensor`
  )
}
```

❶ 建立一個新的 Image web API 物件。

❷ 這裡沒有必要這樣寫，因為檔案目前是在伺服器上，但你通常需要設定它以存取外部網址。

❸ 將路徑傳給影像。

❹ 等待影像完全載入到物件中，然後再嘗試將其轉換為張量。

❺ 將影像轉換為張量。

❻ 列印我們的張量形狀以確保一切按計畫進行。這將列印以下內容：

    Successful conversion from Image() to a 578,500,3 tensor.

透過結合前兩種方法，你可以在一個網頁上顯示一個影像元素，並將兩個張量的值列印到控制台（參見圖 4-6）。

圖 4-6　兩張影像變成張量的控制台日誌

透過影像的日誌，你可以看到它們都是 500 像素寬的 RGB。如果修改第二個參數，則可以輕鬆地將這些影像中的任何一個轉換為灰階或者 RGBA。你將在本章稍後修改我們的影像張量。

Node：張量到影像

在 Node.js 中，沒有用於渲染的畫布，只能有效率的寫入檔案。你將使用 `tfjs-node` 儲存隨機的 400 x 400 RGB。雖然影像張量是逐像素（pixel-by-pixel）的值，但典型的影像格式的大小要小得多。JPG 和 PNG 具有各種壓縮技術、標頭檔、特徵等。生成的檔案內部看起來與我們漂亮的 3D 影像張量完全不同。

一旦張量轉換為其編碼檔案格式，你將使用 Node.js 檔案系統程式庫（fs）將檔案寫出。現在你有了一個計畫了，讓我們探索將張量儲存為 JPG 和 PNG 的功能和設定。

編寫 JPG

要將張量編碼為 JPG，你將使用名為 `node.encodeJpeg` 的方法。此方法接受影像的 Int32 表達和一些選項參數，並傳回帶有結果資料的 promise。

你可能注意到的第一個小問題是輸入張量**必須**是 Int32 編碼，其值為 0-255，然而瀏覽器可以處理浮點數以及整數值。也許這是一個開源貢獻者的絕佳機會！？

 任何值為 0-1 的 Float32 張量都可以透過乘以 255 然後轉換為 int32 而轉換為新的張量，程式碼如下：`myTensor.mul(255).asType('int32')`。

從張量編寫 JPG，就如同從 GitHub（*https://oreil.ly/Nn9nX*）上第 4 章的 *chapter4/node/node-encode* 中所找到的程式碼一樣，可以像這樣簡單：

```
const bigMess = tf.randomUniform([400, 400, 3], 0, 255); ❶
tf.node.encodeJpeg(bigMess).then((f) => { ❷
  fs.writeFileSync("simple.jpg", f); ❸
  console.log("Basic JPG 'simple.jpg' written");
});
```

❶ 你為一 400 x 400 影像張量建立了隨機 RGB 像素。

❷ 使用張量輸入呼叫 `node.encodeJpeg`。

❸ 生成的資料用檔案系統程式庫進行寫入。

由於你正在編寫的檔案是 JPG，因此你可以啟用多種配置選項。讓我們編寫另一張影像並於過程中修改預設值：

```
const bigMess = tf.randomUniform([400, 400, 3], 0, 255);
tf.node
  .encodeJpeg(
    bigMess,
    "rgb",  ❶
    90,     ❷
    true,   ❸
    true,   ❹
    true,   ❺
    "cm",   ❻
    250,    ❼
    250,    ❽
    "Generated by TFJS Node!" ❾
  )
  .then((f) => {
    fs.writeFileSync("advanced.jpg", f);
    console.log("Full featured JPG 'advanced.jpg' written");
  });
```

❶ format：你可以使用 grayscale 或 rgb 覆寫預設的顏色頻道，而不是去匹配輸入張量。

❷ quality：調整 JPG 的品質。較低的數值會降低品質，通常是為了縮減大小。

❸ progressive：JPG 可以由上而下進行載入，或者使用漸進式載入讓影像慢慢的變得清晰。將此設定為 true 會啟用漸進式載入格式。

❹ optimizeSize：花一些額外的週期來在不修改品質的情況下優化影像大小。

❺ chromaDownsampling：這是一個當照明在編碼中比顏色更重要時所用的技巧。它修改了資料的原始分佈，以使人眼可以看得更清楚。

❻ densityUnit：選擇以每英寸或每公分中之像素為單位；有幾個奇怪的人很抗拒公制。

❼ xDensity：設定 x 軸上之每密度單位的像素。

❽ yDensity：設定 y 軸上之每密度單位的像素。

❾ xmpMetadata：這是儲存在影像後設資料（metadata）中的不可見訊息。通常，這是為了授權和尋寶活動保留的。

根據你編寫 JPG 的原因，你可以從 Node.js 中合宜的配置或忽略這些選項！圖 4-7 顯示了你剛剛建立的兩個 JPG 檔案的大小差異。

圖 4-7 我們兩個範例的檔案大小

編寫 PNG

編寫 PNG 的功能明顯比 JPG 限制更多。你可能已經猜到了，會有一個友善的方法來幫助我們，它叫做 node.encodePng。就像我們的朋友 JPG 一樣，這個方法需要我們的張量以整數表示，其值範圍為 0-255。

我們可以使用以下的程式碼輕鬆編寫 PNG：

```
const bigMess = tf.randomUniform([400, 400, 3], 0, 255);
tf.node.encodePng(bigMess).then((f) => {
  fs.writeFileSync("simple.png", f);
  console.log("Basic PNG 'simple.png' written");
});
```

PNG 參數沒有那麼高級。你只有一個新參數，而且是一個神秘的參數！ node.encodePng 的第二個參數是壓縮設定。該值可以是 -1 到 9 之間的任何值。預設值是 1，表示稍微壓縮，而 9 表示最大壓縮。

 你可能認為 -1 表示不壓縮，但從實驗來看，0 才表示不壓縮。實際上，-1 啟動最大壓縮。因此，-1 和 9 實際上是相同的。

由於 PNG 在壓縮隨機性資料這方面很差，你可以將第二個參數設置為 9，並獲得和預設設定的結果大小差不多的檔案：

```
tf.node.encodePng(bigMess, 9).then((f) => {
  fs.writeFileSync("advanced.png", f);
  console.log("Full featured PNG 'advanced.png' written");
});
```

如果你想查看實際的檔案大小差異，請嘗試列印某種易於壓縮的內容，例如 tf.zeros。無論如何，你現在可以輕鬆地從張量產生 PNG 文件了。

 如果你的張量使用 alpha 頻道，則不能使用像 JPG 這類格式；你必須儲存為 PNG 以保留該資料。

Node：影像到張量

Node.js 是用於訓練機器學習模型的絕佳工具，因為它可以直接存取檔案而且解碼影像的速度很快。在 Node.js 上將影像解碼成張量和編碼過程非常相似。

Node 提供了解碼 BMP、JPG、PNG 甚至 GIF 檔案格式的功能（*https://oreil.ly/pRjb5*）。但是就如你所料，還有一個泛型的 node.decodeImage 方法，它能夠自動對這些檔案格式進行簡單的識別查找和轉換。你現在將使用 decodeImage 並暫時捨棄 decodeBMP 等方法，它們將供你在需要進行審閱。

對影像最簡單的解碼方式是將檔案直接傳遞到命令中。為此，你可以使用標準的 Node.js 程式式庫 fs 和 path。

此範例程式碼只使用一個 *cake.jpg* 檔案來載入和解碼為張量。本展示中使用的程式碼和影像資源可在 GitHub（*https://oreil.ly/k8jjE*）第 4 章中的 *chapter4/node/node-decode* 找到。

```
import * as tf from '@tensorflow/tfjs-node'
import * as fs from 'fs'
import * as path from 'path'

const FILE_PATH = 'files'
const cakeImagePath = path.join(FILE_PATH, 'cake.jpg')
const cakeImage = fs.readFileSync(cakeImagePath) ❶

tf.tidy(() => {
  const cakeTensor = tf.node.decodeImage(cakeImage) ❷
  console.log(`Success: local file to a ${cakeTensor.shape} tensor`)

  const cakeBWTensor = tf.node.decodeImage(cakeImage, 1) ❸
  console.log(`Success: local file to a ${cakeBWTensor.shape} tensor`)
})
```

❶ 你可以使用檔案系統程式式庫將指定的檔案載入到記憶體中。

❷ 你將影像解碼為張量，它會匹配匯入影像的顏色頻道數。

❸ 你將此影像解碼為灰階張量。

正如我們前面提到的，解碼程序也可以對 GIF 檔案進行解碼。一個明顯的問題是——「要解碼 GIF 的哪一個圖框（frame）？」為此，你可以為動畫 GIF（animated GIF）選擇所有圖框或第一幀圖框。node.decodeImage 方法有一個旗標，允許你指定你喜歡的作法。

 物理學家經常爭論第四維是否是時間。不管關於 4D Minkowski 時空是否成為現實的爭論，對於動畫 GIF 來說，它是一個已被證明的現實！要在張量中表達動畫 GIF，你可以使用四秩張量。

此範例程式碼會解碼動畫 GIF。你將要使用的 GIF 範例是一個具有 20 幀圖框的 500 x 372 動畫 GIF：

```
const gantCakeTensor = tf.node.decodeImage(gantCake, 3, 'int32', true)
console.log(`Success: local file to a ${gantCakeTensor.shape} tensor`)
```

至於 node.decodeImage 的參數，你提供的是影像資料，其後跟著三個顏色頻道，再設定結果張量為 int32 型別，最後一個參數為 true。

傳遞 true 讓該方法知道要展開動畫 GIF 並傳回一個四維張量，傳遞 false 則會將其裁剪為三維。

正如你所料，我們得到的張量形狀是 [20, 372, 500, 3]。

常見的影像修改

將影像匯入張量用來進行訓練會很有威力，但我們很少直接匯入原始影像。當影像用於機器學習時，它們通常會進行一些常見的修改。

常見的修改包括：

- 被鏡像（mirror）以進行資料擴增（data augmentation）
- 調整到預期的輸入大小
- 裁剪（crop）臉部或其他所需部分

你將在機器學習中執行許多此類運算，並且你將在接下來的兩章中看到這些技能的使用。第 12 章中的總結專案將廣泛依賴於這項技能。讓我們花點時間來實作其中的一些常用運算，以使你對影像張量倍感親切。

鏡像張量

如果你正在嘗試訓練能夠識別貓的模型，你可以透過對現有的貓照片進行鏡像來將資料集大小加倍。稍微調整訓練影像以擴增資料集是一種常見做法。

你有兩個選擇可以翻轉影像的張量資料。一種是以沿著寬度軸翻轉影像的方式修改影像張量的資料。另一種方法是使用 `tf.image.flipLeftRight`，它通常用於批次影像。我們兩個都來做做看。

要翻轉單張影像，你可以使用 `tf.reverse` 並表明你只想翻轉包含影像寬度像素的軸。如你所知，這會是影像的第二個軸，因此你將傳遞的索引應為 1。

在本章所附的原始碼中，你會顯示一張影像，然後在它旁邊的畫布中鏡像這張影像。你可以在 GitHub（*https://oreil.ly/83b9B*）上的 *simple/simple-image-manipulation/mirror.html* 存取此範例。此運算的完整程式碼如下所示：

```
// 簡單張量翻轉
const lemonadeImage = document.getElementById("lemonade");
const lemonadeCanvas = document.getElementById("lemonadeCanvas");
const lemonadeTensor = tf.browser.fromPixels(lemonadeImage);
const flippedLemonadeTensor = tf.reverse(lemonadeTensor, 1) ❶
tf.browser.toPixels(flippedLemonadeTensor, lemonadeCanvas).then(() => {
  lemonadeTensor.dispose();
  flippedLemonadeTensor.dispose();
})
```

❶ reverse 函數依索引 1 之軸翻轉以反轉影像。

因為你瞭解底層的資料，所以將這種轉換應用到你的影像是輕而易舉的事。你可以嘗試沿著高度甚至 RGB 軸進行翻轉。任何資料都可以反轉。

圖 4-8 顯示了 `tf.reverse` 在軸 1 上的結果。

 反轉和其他資料處理方法並非影像獨有。你也可以使用它來擴增非視覺資料集，例如井字遊戲和類似的遊戲。

簡單張量反轉

圖 4-8　tf.reverse 用於將軸設定為 1 的 lemonadeTensor

我們還應該審視一下鏡像影像的另一種方法，因為這種方法可以處理一組影像的鏡像，並且它暴露了一些涉及影像資料時非常重要的概念。畢竟，我們的目標是盡可能依賴張量的優化，而遠離 JavaScript 的迭代循環。

鏡像影像的第二種方法是使用 tf.image.flipLeftRight。這種方法適用於處理批次影像，批次的 3D 張量基本上就是 4D 張量。在我們的展示中，你將拍攝一張影像並將其製作為一批次的影像。

批次增加維度

一維張量是一批次的值，就像 一直線是一批次滿足該直線函數的數值一樣。當你將一堆直線黏在一起時，你會從一維平面移動到二維平面。同樣的，在陣列和張量中，你需要添加另一組括號 [] 以包含一個集合。像這樣：

```
                    [
[1, 2, 3] & [4, 5, 6] =   [1, 2, 3],
                     [4, 5, 6]
                    ]
```

將這兩個形狀為 [3] 的 1D 張量組合後，我們建立了一個形狀為 [2, 3] 的新的 2D 張量。因此，一批次的影像（3D 張量）將建立一個 4D 張量。

要擴展單張 3D 影像的維度，你可以使用 `tf.expandDims`，然後當你想要反轉它時（丟棄不必要的括號），你可以使用 `tf.squeeze`。用這樣，你可以將 3D 影像移動到 4D 以進行批次處理還有反過來做。這對於單張影像而言似乎有點愚蠢，但它是理解批次和改變張量維度這些概念的絕佳練習。

因此，一個 200 x 200 RGB 影像一開始是 [200, 200, 3]，然後你將其展開，基本上使其成為只有一個元素的堆疊。生成的形狀變為 [1, 200, 200, 3]。

你可以使用以下程式碼對單張影像執行 `tf.image.flipLeftRight`：

```
// 批次張量翻轉
const cakeImage = document.getElementById("cake");
const cakeCanvas = document.getElementById("cakeCanvas");
const flipCake = tf.tidy(() => {
  const cakeTensor = tf.expandDims( ❶
    tf
      .browser.fromPixels(cakeImage) ❷
      .asType("float32") ❸
  );
  return tf
    .squeeze(tf.image.flipLeftRight(cakeTensor)) ❹
    .asType("int32"); ❺
})
tf.browser.toPixels(flipCake, cakeCanvas).then(() => {
  flipCake.dispose();
});
```

❶ 張量的維度被擴展。

❷ 將 3D 影像匯入為張量。

❸ 在撰寫本節時，`image.flipLeftRight` 預期影像會是一個 float32 張量。這在未來可能會改變。

❹ 翻轉影像批次，然後在完成後再次將其壓縮為 3D 張量。

❺ `image.flipLeftRight` 會傳回 0-255 的值，因此你需要確保我們發送到 `browser.toPixels` 的張量是 int32，這樣它才可以正確呈現。

這比我們使用 `tf.reverse` 稍微複雜一些，但每種策略都有其自身的優點和缺點。盡可能的充分利用張量的速度和大量計算能力至關重要。

調整影像張量大小

許多 AI 模型會預期接受特定的輸入影像大小。這意味著當你的使用者上傳了 700 x 900 影像時，模型卻正在尋找 256 x 256 的張量。調整影像大小是處理影像輸入的核心。

 為輸入調整影像張量的大小是大多數模型的常見做法。這意味著任何與所需輸入不成比例的影像（如全景（panoramic）照片）在調整為輸入大小時可能會表現得非常糟糕。

TensorFlow.js 有兩種很好的調整影像大小的方法，並且都支援批次影像：`image.resizeNearestNeighbor` 和 `image.resizeBilinear`。建議你使用 `image.resizeBilinear` 進行任何視覺資料的大小調整，並將 `image.resizeNearestNeighbor` 保留在當影像的特定像素值無法被妥協或內插時使用。兩者的速度有一點小差異，`image.resizeNearestNeighbor` 比 `image.resizeBilinear` 快 10 倍左右，但每次調整大小時這樣的差異其實只有幾毫秒而已。

坦白說，當必須外插（extrapolate）新資料時，`resizeBilinear` 會模糊化而 `resizeNearestNeighbor` 則會像素化（pixelate）。讓我們用兩種方法放大影像並進行比較。你可以在 *simple/simple-image-manipulation/resize.html*（*https://oreil.ly/ieQLD*）上存取此範例。

```
// 簡單張量翻轉
const newSize = [768, 560] // 4 倍大 ❶
const littleGantImage = document.getElementById("littleGant");
const nnCanvas = document.getElementById("nnCanvas");
const blCanvas = document.getElementById("blCanvas");
const gantTensor = tf.browser.fromPixels(littleGantImage);

const nnResizeTensor = tf.image.resizeNearestNeighbor( ❷
  gantTensor,
  newSize,
  true ❸
)
tf.browser.toPixels(nnResizeTensor, nnCanvas).then(() => {
  nnResizeTensor.dispose();
})

const blResizeTensor = tf.image.resizeBilinear( ❹
  gantTensor,
  newSize,
  true ❺
```

```
)
const blResizeTensorInt = blResizeTensor.asType('int32') ❻
tf.browser.toPixels(blResizeTensorInt, blCanvas).then(() => {
  blResizeTensor.dispose();
  blResizeTensorInt.dispose();
})

// 完成了
gantTensor.dispose();
```

❶ 將影像大小增加 4 倍，以便你可以看到這兩者之間的差異。

❷ 使用最近鄰（nearest neighbor）演算法調整大小。

❸ 第三個參數是 alignCorners；只需始終將其設定為 true[1]。

❹ 使用雙線性（bilinear）演算法調整大小。

❺ 始終將其設定為 true（請參見 3）。

❻ 在撰寫本文時，resizeBilinear 會傳回一個 float32，你必須對其進行轉換。

如果仔細觀察圖 4-9 中的結果，你會看到最近鄰清晰的像素化呈現，雙線性則有點模糊。

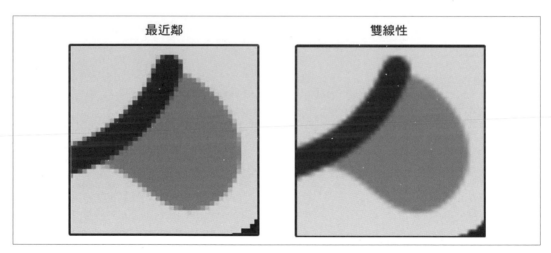

圖 4-9　使用調整大小方法的表情符號（有關影像授權資訊請參閱附錄 C）

---

1 TensorFlow 錯誤地實作了 alignCorners，可能會發生問題（*https://oreil.ly/Ir9Gy*）。

使用最近鄰演算法調整大小可能會被惡意操縱。如果有人知道你影像的最終大小，便可以建構一個只有在那個大小時看起來才會不同的邪惡影像 —— 稱為對抗性前置處理（*adversarial preprocessing*）。有關更多資訊，請參閱 *https://scaling-attacks.net*。

如果你想看到鮮明的對比，應該嘗試使用這兩種方法來調整本章開頭建立的那張 4 x 3 影像的大小。你能否猜出哪種方法會以新的大小建立棋盤格，哪種方法不會？

裁剪影像張量

我們最後一輪的基本影像張量任務是裁剪影像。我想指出，就像我們之前的鏡像練習一樣，也有一個對批次友善的裁剪大量影像的版本，稱為 `image.cropAndResize`。你要知道有這種方法存在，並且你可以利用它來蒐集和正規化影像的部分區段以進行訓練，例如，抓取照片中偵測到的所有臉部，並將它們調整為模型的輸入大小。

現在，你只需做一個從 3D 張量中提取一些張量資料的簡單範例。如果你以鳥瞰的角度想像這件事，那就像從一個較大的長方形蛋糕上切出一塊長方形切片。

給你切片的起始位置和大小之後，你可以在任何軸上切出你所想要的任何部分。你可以在 GitHub（*https://oreil.ly/QDmBD*）上的 *simple/simple-image-manipulation/crop.html* 存取此範例。要裁剪單張影像，請使用以下程式碼：

```
// 簡單張量裁剪
const startingPoint = [0, 40, 0]; ❶
const newSize = [265, 245, 3]; ❷
const lemonadeImage = document.getElementById("lemonade");
const lemonadeCanvas = document.getElementById("lemonadeCanvas");
const lemonadeTensor = tf.browser.fromPixels(lemonadeImage);

const cropped = tf.slice(lemonadeTensor, startingPoint, newSize) ❸
tf.browser.toPixels(cropped, lemonadeCanvas).then(() => {
  cropped.dispose();
})
lemonadeTensor.dispose();
```

❶ 開始時向下 0 個像素，向上 40 個像素，並且是在紅色頻道上。

❷ 抓取接下來的 265 個像素高、245 個像素寬，以及所有三個 RGB 值。

❸ 將所有東西傳遞到 `tf.slice` 方法中。

結果會是原始影像的精確裁剪，如圖 4-10 所示。

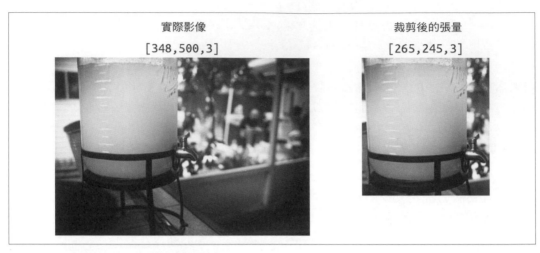

圖 4-10　使用 tf.slice 裁剪單張影像張量

新的影像工具

你剛剛學習了三種最重要的影像處理方法，但這並不應限制你可以做的事。新的 AI 模型會需要新的影像張量功能，因此，TensorFlow.js 和輔助程式庫不斷添加管理和處理影像的方法。現在，你可以更輕鬆地以單一和批次形式使用和依靠這些工具。

本章回顧

從可編輯的張量上進行影像的編碼和解碼使你能夠在很少有人能做到的層次上進行逐像素運算。當然，你已經為我們在 AI/ML 的目標學習了視覺張量，但還有一個顯著的好處是，如果你願意，你可以嘗試各種瘋狂的影像處理想法。如果你願意，可以執行以下任一操作：

- 鋪貼你製作的像素圖樣
- 從另一個影像中減去一個影像以獲得藝術性的設計
- 透過操作像素值將訊息隱藏在影像內
- 編寫碎形（fractal）或其他數學可視化程式碼

- 刪除影像背景顏色，例如綠屏

在本章中，你利用了建立、載入、渲染、修改和儲存包含結構化資料的大型張量的能力。處理影像張量不僅是容易而已；它也是非常有益的。你已經準備好迎接任何挑戰。

本章挑戰：整理混亂

運用你在本章和前幾章中學到的方法，你可以使用張量做一些非常令人興奮和有趣的事情。雖然我還沒想到這個挑戰有任何特定用途，但它是對你所學到內容的有趣探索。作為課程內容的練習，思考這個問題：

如何產生隨機的 *400 x 400* 灰階張量，然後沿著一個軸對隨機像素進行排序？

如果你完成此挑戰，生成的張量影像將如圖 4-11 所示。

圖 4-11　400 x 400 隨機影像在寬度軸上排序

你可以使用本書迄今為止學到的方法來解決這個問題。如果遇到困難，請查看 TensorFlow.js 線上說明文件（*https://js.tensorflow.org/api/latest*）。在說明文件中搜索關鍵術語將為你指明正確的方向。

你可以在附錄 B 中找到這個挑戰的答案。

練習題

讓我們回顧一下你從本章編寫的程式碼中學到的課程內容。花一點時間回答以下問題：

1. 如果一個影像張量包含 0-255 的值，它需要什麼樣的資料型別才能正確的渲染？

2. 轉換成張量形式的 2 x 2 紅色 Float32 會是什麼樣子？

3. `tf.fill([100, 50, 1], 0.2)` 會建立什麼影像張量？

4. 是非題：要儲存 RGBA 影像，必須使用四秩影像張量。

5. 是非題：如果給 `randomUniform` 相同的輸入，將建立相同的輸出。

6. 在瀏覽器中將影像轉換為張量應該使用什麼方法？

7. 在 Node.js 中編碼 PNG 時，你應該在第二個參數中使用什麼數值來獲得最大壓縮率？

8. 如果你想翻轉一個影像張量，你要怎麼做？

9. 哪個比較快？

   a. 以迴圈處理影像集合並調整它們的大小

   b. 將一組影像批次處理為一個四秩張量，並調整整個張量的大小

10. 以下結果的秩和大小是什麼：

    `[.keep-together]#`tf.slice(myTensor, [0,0,0], [20, 20, 3])`?#`

附錄 A 中提供了這些習題的解答。

接下來…

在第 5 章中，你將終於獲得一個不用訓練的模型。你的張量技能將引導你的資料通過轉換、模型並返回 JavaScript。

模型介紹

「他從哪裡弄來那些精美的玩具？」

—Jack Nicholson（蝙蝠俠）

現在你進入大聯盟了。早在第 2 章中，你存取了一個經過完全訓練的模型，而你根本不需要了解張量。在第 5 章中，你將利用你的張量技能直接處理你的模型，無需輔助訓練輪（training wheel）的幫助。

最後，你將深入瞭解如何利用大多數機器學習的大腦。模型可能看起來像一個黑盒子。通常，它們期望你輸入特定形狀的張量，然後會輸出一個特定形狀的張量。例如，假設你已經訓練了一個狗或貓分類器。輸入可能是一個 32 x 32 3D RGB 張量，輸出可能是一個 0 到 1 的單一張量值，用以指示預測結果。即使你不瞭解此類裝置的內部工作原理，至少，消化並使用具有已定義結構的模型應該很簡單。

我們會：

- 利用已訓練的模型來預測各種答案
- 明瞭我們現有張量操作技能的好處
- 了解 Google 的 TFHub.dev 託管
- 了解物件本地化（localization）
- 了解如何疊加（overlay）定界框（bounding box）以識別影像的某些層面

本章將教你直接存取模型。你不會受到那些可愛的包裝器（wrapper）程式庫的悉心呵護。如果你願意，你甚至可以對現有的 TensorFlow.js 模型編寫自己的包裝器程式庫。掌握了本章中的技能，你就可以開始將突破性的機器學習模型應用於任何網站。

載入模型

我們知道需要將我們的模型放入記憶體中，而且最好放入像是張量這種 GPU 加速的記憶體中，但模型是從哪裡來的？是幸也是不幸，答案是「任何地方！」。載入檔案在軟體中很常見，所以對應到 TensorFlow.js 時會有各種答案。

為了解決這個問題，TensorFlow.js 支援兩種不同的模型格式。幸運的是，這些選項並不複雜。你只要知道自己需要什麼樣的模型，以及從哪裡存取它。

目前，TensorFlow.js 中有兩種模型類型，每種都有自己的優勢和成本。最簡單和最可擴展的模型稱為層模型（*Layers model*）。這種模型格式可讓你檢查、修改甚至拆開模型進行調整。該格式非常適合在以後進行重新調整和修改。另一種模型格式是圖模型（*Graph model*）。圖模型通常更優化，計算效率更高。使用圖模型的代價是模型會更加「黑箱作業」，並且由於它的優化，檢查或修改會更加困難。

模型類型很簡單。如果你想載入一個層模型，你需要使用 `loadLayersModel` 方法，如果你想載入一個圖模型，你需要使用 `loadGraphModel` 方法。這兩種模型類型各有利弊，但這超出了本章的範圍。關鍵是載入所需的模型類型並不複雜；只要選擇類型然後使用對應方法就好了。最重要的層面是第一個參數，也就是模型資料的位置。

 讀完本書後，你將對層模型和圖模型之間的關鍵區別有非常紮實的了解。每次提到模型時，請注意是使用了哪個模型型態。

本節解釋了模型位置選項的多樣性，以及綁定它們的簡單統一 URI 語法。

透過公開 URL 載入模型

使用公開 URL 載入模型是在 TensorFlow.js 中存取模型的最常見方法。正如你在第 2 章中所記得的那樣，當你載入 Toxicity 偵測模型時，你是從公開網路以 4 MB 的快取區塊的形式下載了檔案的多個分片。該模型知道要下載的檔案位置。

這是透過每個檔案都有自己的 URL 來達成的。最初請求的模型檔案是一個簡單的 JavaScript Object Notation（JSON）檔案，後續的檔案是從該 JSON 檔案中識別出的神經網路的權重。

從 URL 載入 TensorFlow.js 模型需要主動託管的相鄰模型檔案（同一個相關資料夾）。這意味著一旦你提供了模型的 JSON 檔案的路徑，它通常會參照同一目錄層級的接續檔案中的權重。所需的結構如下所示：

```
Site
├── Example Folder
├── index.html
├── Model Folder
│   ├── model.json
│   └── group1-shard1of3
│   └── group1-shard2of3
│   └── group1-shard3of3
...
```

移動或無法存取這些額外檔案將導致你的模型無法使用和出錯。根據你伺服器環境的安全性和配置，這可能會有點棘手。因此，你應該驗證每個檔案是否具有正確的 URL 存取權限。

到目前為止，我們已經介紹了運行 TensorFlow.js 的三種主要方式。它們是簡單託管的 200 OK!、NPM 打包的 Parcel，以及 Node.js 託管的伺服器。在我們告訴你要如何為這些情況正確的載入模型之前，你是否能確定其中哪些會出現併發症？

200 OK! Web Server for Chrome 範例不會有問題，因為資料夾中的所有內容都在沒有優化或安全性疑慮的情況下被託管。Parcel 為我們提供了一些有關轉換、錯誤日誌、HMR 和捆包的功能。有了這些功能，我們的 JSON 和權重檔案不會在沒有一些指導的情況下傳遞到發行版，也就是 dist 資料夾。

在 Parcel.js 2.0（撰寫本文時尚未正式發布）中，你將有更多靜態檔案選項，但現在，有一個適用於 Parcel 1.x 的簡單解決方案，而我們也將使用它。你可以將名為 parcel-plugin-static-files-copy 的外掛程式以核可模型檔案進行本地端靜態託管。本書附屬檔案庫中的程式碼使用了這個外掛程式。

該外掛程式的工作原理是有效地使放置在 `static` 目錄中的任何檔案都可從根 URL（root URL）公開存取。例如，放置在 *static/model* 中的 *model.json* 檔案可以用 *localhost:1234/model/model.json* 進行存取。

> **手動安裝 Parcel 外掛程式說明**
>
> 本書的範例程式碼中已經實作了 `parcel-plugin-static-files-copy` 外掛程式，但是如果你想在一個單獨的專案中自己實作這個外掛程式的話，你可以這樣做：
>
> 用 `npm` 安裝
>
> ```
> $ npm install -D parcel-plugin-static-files-copy
> ```
>
> 用 `yarn` 安裝
>
> ```
> $ yarn add parcel-plugin-static-files-copy --dev
> ```
>
> 只需在專案根目錄中建立一個 `static` 資料夾並填入你的靜態檔案。模型的 JSON 和 BIN 檔案將按預期方式運作。

無論你使用什麼 web 解決方案，你都需要驗證模型檔案的安全性和捆包是否適合你。對於未受保護的公開資料夾，這就像將所有檔案上傳到 Amazon Web Services（AWS）和 Simple Storage Service（S3）等服務一樣簡單。你需要公開整個儲存桶（bucket），否則就必須明確的公開每個相鄰的檔案。驗證你可以存取的 JSON 和 BIN 檔案很重要。遺失或受限的模型分片所導致的錯誤訊息經常令人困惑。你將看到 `404` 訊息，但錯誤會繼續演變成次要且更神秘的錯誤，如圖 5-1 所示。

```
ⓧ Failed to load resource: the server responded with a status of 404 (Not Found)
ⓧ Uncaught (in promise) Error: Based on the provided shape, [144,64], the tensor should have 9216 values but has 10
      at lv (util_base.js:154)
      at cy (tensor_ops_util.js:48)
      at py (tensor.js:56)
      at my (io_utils.js:225)
      at mF (models.js:334)
      at models.js:316
      at u (runtime.js:45)
      at Generator._invoke (runtime.js:274)
      at Generator.forEach.e.<computed> [as next] (runtime.js:97)
      at Um (runtime.js:728)
```

圖 5-1　錯誤：JSON 存在但沒有 bin 檔案

Create React App 是用於簡單 React 網站的流行工具。如果你使用 Create React App，`public` 資料夾中的檔案將可以開箱即用地從根 URL 存取。把 `public` 想像成我們的 Parcel 解決方案的 `static` 資料夾。兩者都很好用，並且已經過模型託管測試。

從其他位置載入模型

模型不必位於公開 URL 中。TensorFlow 具有允許你從本地端瀏覽器儲存區（*https:// oreil.ly/BHYc1*）、IndexedDB 儲存區（*https://oreil.ly/MHYA4*），以及在 Node.js 環境下之本地端檔案系統載入模型檔案的方法。

這樣做的一個明顯好處是，你可以將從公開 URL 載入的模型快取在本地端，以便你的應用程式可以離線使用。其他原因包括速度、安全性，或者僅僅是因為你可以這樣做。

瀏覽器檔案

本地瀏覽器儲存區和 IndexedDB 儲存區是兩個 web API，用於儲存特定網頁的檔案。與 cookie 不同，cookie 只儲存像是一個變數這樣的一小段資料，`Window.localStorage` 和 `IndexedDB API` 則是客戶端儲存區，能夠處理跨瀏覽器通信期的其他重要結構化資料中的檔案。

公開 URL 具有 `http` 和 `https` 方案（scheme）；但是，這些方法在 URI 中使用不同的方案。要從本地儲存區載入模型，你將使用 `localstorage://model-name` URI，而要從 IndexedDB 載入模型，你將使用 `indexeddb://model-name` URI。

除了所提供的方法之外，你可以用來儲存和檢索 TensorFlow.js 模型的位置並不受限制。歸根究柢，這只是你需要的資料，因此你可以使用任何客製化的 `IOHandler` 來載入模型。例如，甚至有已通過概念驗證作品，可用來將模型完全轉換成權重已編碼的 JSON 檔案（*https://github.com/infinitered/tfjs-runway*），因此你可以根據需求從任何位置呼叫 `require`，甚至是透過捆包器。

檔案系統檔案

要存取檔案系統上的檔案，你需要使用有權取得所需檔案的 Node.js 伺服器。瀏覽器是沙盒化的，目前無法使用此功能。

幸運的是，它類似於之前的 API。使用 file: 方案來指明給定檔案的路徑，如下所示：
file://path/to/model.json。就像在瀏覽器範例中一樣，輔助文件必須位於同一資料夾中並
且可以被存取。

我們第一個使用的模型

現在你已經熟悉了將模型載入到記憶體中的機制，你可以在專案中使用模型了。當你在
第 2 章中使用 Toxicity 模型時，對你來說那是自動化的，但是現在，隨著你對張量和模
型存取的熟悉，你可以在沒有任何保護性封裝程式碼的情況下處理模型。

你需要一個簡單的模型以用於第一個範例。你應該還記得，你在第 3 章中編碼了一個井
字遊戲棋盤作為練習。讓我們以現有知識為基礎，不僅編碼井字遊戲比賽，還將該資訊
傳遞給經過訓練的模型進行分析。然後，經過訓練的模型將預測並返回下一步棋的最佳
走法。

本節的目標是詢問 AI 模型它會為圖 5-2 所顯示的三種棋盤狀態推薦什麼動作。

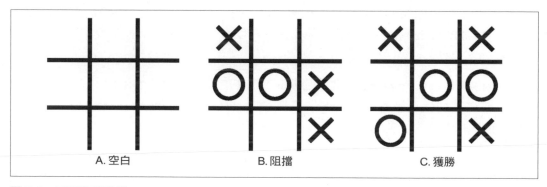

圖 5-2　三種遊戲狀態

這每一個遊戲都處於不同的情況：

場景 *A*

　　這是空白棋盤，允許 AI 先下第一步。

場景 *B*

　　輪到 O 了，我們希望 AI 下在右上角的方塊中來阻止可能的失敗。

場景 C

　　輪到 X 下了，我們希望 AI 移動到中間的上面並取得勝利！

透過對這三個狀態進行編碼並列印模型的輸出，讓我們看看 AI 會推薦什麼。

載入、編碼和詢問模型

你將使用簡單的 URL 來載入模型。這個模型將是一個層模型。這意味著你會使用 tf.loadLayersModel 以及要載入的本地端託管模型檔案的路徑。在此範例中，模型檔案將託管在 *model/ttt_model.json* 中。

你可以在本書的相關 GitHub（*https://github.com/GantMan/learn-tfjs*）中存取此範例的已訓練井字遊戲模型。JSON 檔案大小為 2 KB，權重檔案（*ttt_model.weights.bin*）大小為 22 KB。這個井字遊戲解答器負載大小只有 24KB，真是不差！

要轉譯遊戲棋盤的狀態，編碼會略有不同。你需要告訴 AI 它為哪支隊伍效力。你還需要一個與 X 和 O 無關的 AI。因為場景 B 是向 AI 徵求關於 O 而不是 X 的建議，所以我們需要一個靈活的編碼系統。不是讓 X 總是代表著 1，而是將 AI 指定為 1，將對手指定為 -1。透過這種方式，我們可以讓 AI 玩 X 或 O。表 5-1 顯示了查找表的每個可能值。

表 5-1　方格到數值的轉換

棋盤值	張量值
AI	1
對手	-1
空白	0

這三個遊戲都需要進行編碼，然後堆疊成單個張量以傳遞給 AI 模型。然後，該模型會提供三個答案，每種情況一個。

以下是完整的過程：

1. 載入模型。

2. 對三個獨立的遊戲狀態進行編碼。

3. 將狀態堆疊成單個張量。

4. 要求模型列印結果。

將輸入堆疊到模型中是一種常見做法，它允許你的模型在加速記憶體中處理任意數量的預測任務。

堆疊增加了結果的維度。對 1D 張量執行此操作會建立一個 2D 張量，依此類推。在這種情況下，你有三個以 1D 張量表達的棋盤狀態，因此堆疊它們將建立一個形狀為 [3，9] 的二秩張量。大多數模型支援對其輸入進行堆疊或批次處理，並且和各個輸入索引相匹配的答案也會以類似的方式堆疊成輸出。

可以在 GitHub 檔案庫（*https://oreil.ly/38zZx*）中的 *chapter5/simple/simple-ttt-model* 找到的程式碼如下所示：

```
tf.ready().then(() => {  ❶
  const modelPath = "model/ttt_model.json"  ❷
  tf.tidy(() => {
    tf.loadLayersModel(modelPath).then(model => {  ❸
      // 三種棋盤狀態
      const emptyBoard = tf.zeros([9])  ❹
      const betterBlockMe = tf.tensor([-1, 0, 0, 1, 1, -1, 0, 0, -1])  ❺
      const goForTheKill = tf.tensor([1, 0, 1, 0, -1, -1, -1, 0, 1])  ❻

      // 將狀態堆疊為形狀 [3, 9]
      const matches = tf.stack([emptyBoard, betterBlockMe, goForTheKill])  ❼
      const result = model.predict(matches)  ❽
      // 記錄結果
      result.reshape([3, 3, 3]).print()  ❾
    })
  })
})
```

❶ 使用 tf.ready，它會在 TensorFlow.js 準備好時進行解析。不需要 DOM 存取。

❷ 雖然模型是兩個檔案，但只需要指明 JSON 檔案。它會知道並載入任何其他的模型檔案。

❸ loadLayersModel 模型解析完全載入的模型。

❹ 空棋盤有九個零，代表場景 A。

❺ 對於場景 B，將 X 編碼為 -1。

❻ 對於場景 C，將 X 編碼為 1。

❼ 使用 tf.stack 將三個 1D 張量組合成一個 2D 張量。

❽ 使用 .predict 要求模型確定最佳的下一步動作。

❾ 原始輸出的形狀將是 [3, 9]，但這是一個很好的情況，也就是重塑輸出的形狀使其更具可讀性。將結果列印在三個 3 x 3 的網格中，這樣我們就可以像看遊戲棋盤一樣看它們。

 當使用 loadLayersModel 甚至 loadGraphModel 時，TensorFlow.js 程式庫依賴於 fetch web API 的存在。如果你在 Node.js 中使用此方法，則需要使用 node-fetch（*https://oreil.ly/rwPMW*）之類的套件來實現瀏覽器並不支援的原生 fetch web API。

上述程式碼成功地將三個匹配項轉換為 AI 模型所期望的格式的張量，然後用這些值執行模型的 predict() 方法來進行分析。結果會列印到控制台，如圖 5-3 所示。

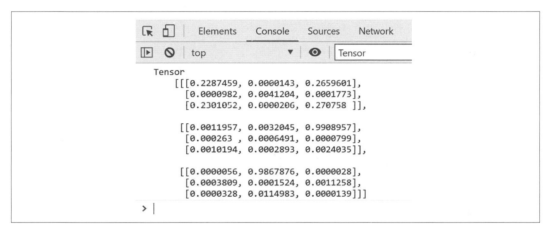

圖 5-3　從我們的程式碼中得到的 [3, 3, 3] 形狀張量

實現所有魔法的方法是模型的 predict() 函數。該函數讓模型知道要為給定的輸入產生輸出預測。

解釋結果

對於某些人來說，這個結果張量是完全合理的，而對於其他人，你可能需要一點語境（context）才能理解其涵義。生成的答案又是下一個最佳動作的機率。數值較高的獲勝。

為了使這個機率成為正確的機率，答案的總和需要達到 100%，而它們確實如此。讓我們來看看此處的場景 1 中顯示的空白井字遊戲棋盤的結果：

```
[
  [0.2287459, 0.0000143, 0.2659601],
  [0.0000982, 0.0041204, 0.0001773],
  [0.2301052, 0.0000206, 0.270758 ]
],
```

如果你像我一樣傻，將這九個值輸入你的計算機（終身只用 TI-84 Plus CE！），它們的總和就是數字 1。這意味著每個對應的值都是該位置的百分比投票。我們可以看到四個角都佔了結果的顯著比例（接近 25%）。這是有道理的，因為戰略性地從角落開始下是井字遊戲可能的最佳下法，其次是中間，它具有次高的價值。

因為右下角有 27% 的選票，這將是 AI 最有可能下的位置。讓我們看看 AI 在另一個場景中的表現。如果你還記得，在圖 5-2 的場景 B 中，AI 需要移動到右上角才能阻止對手獲勝。來自 AI 的結果張量顯示在場景 2 中：

```
[
  [0.0011957, 0.0032045, 0.9908957],
  [0.000263 , 0.0006491, 0.0000799],
  [0.0010194, 0.0002893, 0.0024035],
],
```

右上角的值為 99%，因此模型已正確阻止了這次的威脅。機器學習模型的一個有趣層面是其他的下法仍然有對應的值，包括已經被下過的空格。

最後一個場景是一個經過編碼的張量，以查看模型是否會出擊並贏得井字遊戲。結果顯示在場景 3 中：

```
[
  [0.0000056, 0.9867876, 0.0000028],
  [0.0003809, 0.0001524, 0.0011258],
  [0.0000328, 0.0114983, 0.0000139]
],
```

結果是 99%（四捨五入後）確定中間的上面是最佳下法，這是正確的。甚至沒有其他下法可以接近它的表現。所有三個預測結果似乎不僅是有效的動作，而且是給定狀態下的正確動作。

你已成功載入模型並與其互動以讓它提供結果。憑藉你剛剛獲得的技能，你可以編寫自己的井字遊戲應用程式。我想網際網路上對井字遊戲的需求並不多，但如果能提供一個相同結構的訓練模型，你就可以使用 AI 來製作各種遊戲！

 大多數模型都會有一些相關的說明文件來幫助你確定正確的輸入和輸出，但層模型就具有你在需要幫助時可以存取的屬性。預期的輸入形狀可以在 `model.input.shape` 中看到，輸出形狀可以在 `model.outputShape` 中看到。這些屬性在圖模型上並不存在。

事後清理棋盤

本範例中的 TensorFlow.js 模型被包裝得井井有條，程式完成後將自動釋放記憶體。在大多數情況下，你不會這麼快就結束使用模型。重要的是要注意，你必須在模型上呼叫 `.dispose()`，就像你對張量所做的一樣。模型以相同的方式加速，因此它們具有相同的清理成本。

重新載入網頁往往會清除張量，但長時間運行的 Node.js 伺服器必須監控和驗證張量和模型是否已被捨棄。

我們的第一個 TensorFlow Hub 模型

既然你已經透過客製化模型來正確的編碼、載入和處理了少量資料，你應該花點時間挑戰一下極限。在本節中，你將從 TensorFlow Hub 載入一個明顯更大的模型，並且處理一張影像。井字遊戲是九個值的輸入，而大多數影像是具有數千個值的張量。

你將載入的模型將是最大又最令人印象深刻的模型之一──Inception v3。Inception 模型是 2015 年首次建立的令人印象深刻的網路。令人印象深刻的是，第三個版本已經在數十萬張影像上進行了訓練。該模型的權重大小高達 91.02 MB，可以對 1,001 種不同的物件進行分類。來自第 2 章「本章挑戰」的以 MobileNet 包裝的 NPM 套件是很棒，但不如你即將要使用的這個模型功能強大。

探索 TFHub

Google 已經開始在自己的 CDN 上免費託管像 Inception v3 這樣的模型。在這種大型模型的情況下，為模型提供可靠且令人印象深刻的版本化 CDN 非常有用，就像我們經常為 JavaScript 所做的那樣。你可以在 *https://tfhub.dev* 這一個位置存取數百個用於 TensorFlow 和 TensorFlow.js 的已訓練且隨時可用的模型。TensorFlow.js 有一種特殊的方式來指明你的模型是託管在 TFHub 上的；在指明模型 URL 後，我們只需將 { fromTFHub: true } 添加到我們的配置中即可。

當你細讀 TFHub 時，你可以看到各種發布者以及每個模型的解釋。這些解釋至關重要，因為正如我們已經指明的那樣，模型非常具體地說明了它們所期望的輸入以及它們將提供什麼輸出。我們可以在其相關的 TFHub 網頁（*https://oreil.ly/Utstp*）上瞭解有關 Inception v3 的更多資訊。這個模型是由 Google 建構的，它提供的版本已經過廣泛的訓練。如果你渴望瞭解更多資訊，瀏覽已發表的模型論文（*https://arxiv.org/abs/1512.00567*）是不錯的想法。

在 TFHub 網頁上，你可以獲得使用模型的兩個關鍵洞察。首先，預期的輸入影像大小應該是 299 x 299、具有 0-1 的值、並且就像我們在前面的井字遊戲範例中所做的那樣進行批次處理。其次，模型傳回的結果是一個具有 1,001 個值的單維張量，其中最大的值最有可能（類似於井字遊戲傳回的九個值）。聽起來可能令人困惑，但該網頁使用了一些統計學的術語來表達這一點：

> 輸出是一批次的 *logits* 向量。*logits* 中的索引是原始訓練中 *num_classes = 1001* 個分類的類別。

傳回數值結果很有用，但與往常一樣，我們必須將其映射回有用的標籤。在井字遊戲中，我們將索引映射到棋盤上的某個位置，在這種情況下，我們將一個值的索引映射到此索引所對應的標籤。TFHub 網頁分享了一個包含了以正確順序排列的必要標籤的 TXT 文件（*https://oreil.ly/bzUeD*），你將使用該檔案建立一個陣列來解釋預測結果。

連接 Inception v3

現在你知道 Inception v3 模型會對照片進行分類，並且你也有了輸入和輸出的規範。這就像井字遊戲問題的更大版本。然而，將會有新的障礙出現。例如，列印 1,001 個數值不會是有用的資訊。你需要使用 topk 將巨型張量解析回有用的語境。

GitHub 檔案庫（*https://oreil.ly/X7TpN*）資料夾中的 *chapter5/simple/simple-tfhub* 提供了以下程式碼。該程式碼依賴於具有 id mystery 的神秘影像。理想情況下，AI 可以為我們解開謎團：

```
tf.ready().then(() => {
  const modelPath =
    "https://tfhub.dev/google/tfjs-model/imagenet/inception_v3/classification/3
    /default/1"; ❶
  tf.tidy(() => {
    tf.loadGraphModel(modelPath, { fromTFHub: true }).then((model) => { ❷
      const mysteryImage = document.getElementById("mystery");
      const myTensor = tf.browser.fromPixels(mysteryImage);
      // Inception v3 期望影像的大小是 299x299
      const readyfied = tf.image
        .resizeBilinear(myTensor, [299, 299], true) ❸
        .div(255) ❹
        .reshape([1, 299, 299, 3]); ❺

      const result = model.predict(readyfied); ❻
      result.print();  ❼

      const { values, indices } = tf.topk(result, 3); ❽
      indices.print(); ❾
      // 讓我們看看那些贏家吧
      const winners = indices.dataSync();
      console.log(` ❿
        🥇 First place ${INCEPTION_CLASSES[winners[0]]},
        🥈 Second place ${INCEPTION_CLASSES[winners[1]]},
        🥉 Third place ${INCEPTION_CLASSES[winners[2]]}
      `);
    });
  });
});
```

❶ 這是 Inception 模型在 TFHub 的 URL。

❷ 載入圖模型並將 fromTFHub 設置為 true。

❸ 調整影像的大小為 299 x 299。

❹ 將 fromPixels 的結果轉換為 0 到 1 之間的值（將資料正規化）。

❺ 將 3D 張量轉換為模型所預期的單一批次 4D 張量。

❻ 對影像進行預測。

❼ 要列印的東西太多了所以修剪一下。

❽ 找出前三個值作為我們的猜測。

❾ 列印前三個預測的索引。

❿ 將索引映射到它們的標籤並列印它們。`INCEPTION_CLASSES` 是映射到模型輸出的標籤
陣列。

在本章的所附的程式碼中,你將找到三個可以設定為本節神秘影像的影像。Inception v3
令人印象深刻地正確識別了這三張影像。查看圖 5-4 中抓到的結果。

圖 5-4　來自 Inception v3 的影像分類結果

從照片中可以看出,Inception 的第一選擇是「錄音帶播放器(tape player)」,我會說這
是非常準確的。其次,它看到了一個的「卡式錄音帶播放器(cassette player)」,老實說
我不知道這與「錄音帶播放器」有什麼不同,但我不是像它一樣的超級模型。最後,第
三高的值是「收音機」,而這就是我會想說的。

你通常不需要這樣的大型模型,但隨著新模型添加到 TFHub,你知道你有了更多的選
擇。經常細讀現有模型的話,你會看到很多關於影像分類的模型。對影像進行分類是開
始使用 AI 時最令人印象深刻的任務之一,但為什麼要止步於此呢?

我們的第一個疊加模型

到目前為止，你使用的模型只具有簡單的輸出。井字遊戲確定了你的下一步棋，Inception 對照片進行了分類，而為了完善這些內容，你將實作在 AI 電影中經典的視覺效果，即識別照片中物件的定界框。AI 不是對整張照片進行分類，而是突顯（highlight）照片中特定的定界框，如圖 5-5 所示。

圖 5-5　定界框疊加

通常，模型要能輸出定界框是相當複雜的事，因為它必須處理各種不同的類別以及重疊的框。通常，模型會讓你使用一些數學運算來適當的清理結果。與其處理這類問題，不如讓我們專注於在 TensorFlow.js 的預測輸出上繪製一個矩形。這有時稱為**物件本地化**（*object localization*）。

這個最終練習的模型將是一個寵物臉部偵測器。該模型將盡最大努力為我們提供它認為寵物臉部所在位置的定界坐標集合。說服人們看可愛的狗和貓通常並不難，但這種模型可以有各種應用。獲得寵物臉部的位置後，你可以使用該資料來訓練其他模型，例如識別寵物或檢查它們可愛的鼻子是否需要隆起。你知道的……科學嘛！

本地化模型

此模型使用了名為 Oxford-IIIT Pet Dataset（*https://oreil.ly/Pz0D9*）的公開資料集進行訓練。這個大約 2MB 的小型模型需要輸入寵物的 256 x 256 Float32 RGB 影像，並輸出四個數值來指明寵物臉部周圍的定界框。這個一維張量中的四個數值是左上點和右下點的坐標。

這些點被表達為 0 到 1 之間的值，以影像的百分比表示。你可以用模型的結果資訊定義一個矩形，如圖 5-6 所示。

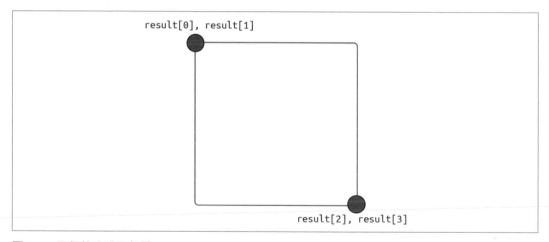

圖 5-6　四個值分成兩個點

程式碼的開頭將與之前的程式碼類似。你將首先將影像轉換為張量並在模型中運行它。以下程式碼可以在 GitHub 檔案庫（*https://oreil.ly/zkSfM*）的 *chapter5/simple/simple-object-localization* 中找到。

```
const petImage = document.getElementById("pet");
const myTensor = tf.browser.fromPixels(petImage);
// 模型期望 256x256 值在 0-1 間的 3D 張量
const readyfied = tf.image
  .resizeNearestNeighbor(myTensor, [256, 256], true)
  .div(255)
```

```
    .reshape([1, 256, 256, 3]);

const result = model.predict(readyfied);
// 模型傳回左上和右下
result.print();
```

標記偵測結果

現在你可以將結果坐標繪製為影像上的矩形。繪製偵測結果是 TensorFlow.js 中的一項
常見任務。在影像上繪製張量結果的基礎知識要求你將影像放置在容器中，然後在該影
像上放置一個絕對（absolute）畫布。現在，當你在畫布上繪製時，你也會在影像上繪
製 [1]。從側面看的話，佈局將類似於圖 5-7。

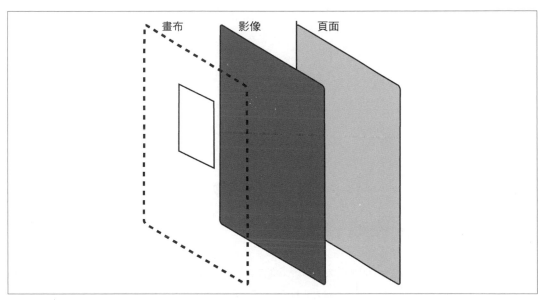

圖 5-7　畫布的堆疊視圖

在本課中，為了方便起見，CSS 已直接嵌入到 HTML 中。影像和畫布佈局如下所示：

```
<div style="position: relative; height: 80vh"> ❶
  <img id="pet" src="/dog1.jpg" height="100%" />
  <canvas
    id="detection"
```

1　你不一定要使用畫布；如果你願意，你可以移動 DOM 物件，但畫布以顯著的速度提供簡單和複雜的
　　動畫。

```
      style="position: absolute; left: 0;"
  ><canvas/> ❷
</div>
```

❶ 用來包含影像的 div 是相對定位的，而且它的高度被鎖定為網頁高度的 80%。

❷ 畫布以絕對位置放置在影像上。

對於簡單的矩形，你可以使用畫布語境（context）的 strokeRect 方法。strokeRect 方法並不是接受像是之前模型所傳回的那兩個點作為參數。它需要一個起點，然後是寬度和高度。要將模型傳回的點轉換為寬度和高度，你只需把兩個頂點相減即可獲得距離。圖 5-8 顯示了此計算的視覺表達。

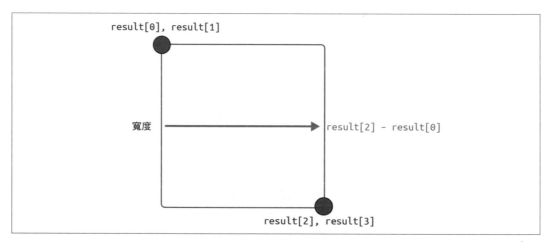

圖 5-8　寬度和高度的計算方式即為 X 和 Y 之間的差

有了起點，以及疊加矩形的寬度和高度，你可以使用幾行程式碼縮放它以繪製在畫布上。請記住，張量輸出是一個百分比，你需要在每個維度上進行縮放。

```
// 在畫布上繪製定界框
const detection = document.getElementById("detection");
const imgWidth = petImage.width;
const imgHeight = petImage.height;
detection.width = imgWidth; ❶
detection.height = imgHeight;
const box = result.dataSync(); ❷
const startX = box[0] * imgWidth; ❸
const startY = box[1] * imgHeight;
const width = (box[2] - box[0]) * imgWidth; ❹
const height = (box[3] - box[1]) * imgHeight;
```

```
const ctx = detection.getContext("2d");
ctx.strokeStyle = "#0F0";
ctx.lineWidth = 4;
ctx.strokeRect(startX, startY, width, height); ❺
```

❶ 使偵測結果畫布與它覆蓋的影像大小相同。

❷ 獲取定界框結果。

❸ 將起點的 X 和 Y 縮放成影像大小。

❹ 將 X_2 減掉 X_1，然後再依影像寬度對其進行縮放來找到框的寬度。Y_1 和 Y_2 也是如此。

❺ 現在使用畫布的 2D 語境繪製所需的矩形。

結果會是在所給定的點所在的位置上完美放置的定界框。你自己看看圖 5-9。

圖 5-9　寵物臉部定位

執行這個專案時的一個可能誤解是你體驗到的偵測和繪圖過程會很慢。這是錯誤的。很明顯的，當網頁載入時，定界框出現之前會有延遲，但是你遇到的延遲包括要載入模型並將其載入到某種類型的加速記憶體中（有時稱為**模型預熱**（*model warmup*））的時間。儘管這樣做有點超出本章的目標，但如果你呼叫 model.predict 並再次繪製，你將在幾微秒內看到結果。你在這最後一節中建立的畫布 + TensorFlow.js 結構可以在桌上型電腦上輕鬆地每秒處理 60 多幀圖框。

具有大量定界框和標籤的模型使用類似的 strokeRect 呼叫來勾勒已識別物件的位置。有各式各樣的模型，每個模型都可以識別影像的各個層面。修改畫布以在影像上繪製資訊的做法在 TensorFlow.js 世界中很好用。

本章回顧

瞭解模型的輸入和輸出很關鍵。在本章中，你終於看見了資料。你轉換了輸入、將其傳遞到經過訓練的模型中，並解釋了結果。模型可以接受多種輸入並提供同樣多樣的輸出。現在，無論模型需要什麼，你都有一些令人印象深刻的經驗可以借鑒。

本章挑戰：可愛臉龐

想像一下，我們的寵物臉部定位是某個更大程序的第一步。讓我們假設你正在識別寵物的臉，然後將寵物的臉傳遞給另一個模型，該模型會尋找舌頭來查看寵物是否氣喘吁吁。像這樣在生產線中組織多個模型是很常見的，每個模型都根據自己的特定目的進行調整。

給定前面程式碼中寵物的臉部位置，編寫額外的程式碼來萃取寵物的臉部，並為需要 96 x 96 影像作為輸入的模型做好準備。你的答案將是如圖 5-10 所示的單批次裁剪影像。

雖然這個練習是為第二個模型裁剪寵物的臉，但它也可以很容易成為一個「寵物匿名器」，讓你可以模糊寵物的臉。AI 在瀏覽器中的應用是無限的。

你可以在附錄 B 中找到這個挑戰的答案。

圖 5-10　只有臉部的 [1, 96, 96, 3] 目標張量

練習題

讓我們回顧一下你從本章編寫的程式碼中學到的課程內容。花點時間回答以下問題：

1. 你可以在 TensorFlow.js 中載入哪些類型的模型？

2. 你需要知道一個模型被分成的分片數量嗎？

3. 除了公開 URL 之外，指出另一個可以載入模型的位置。

4. loadLayersModel 會傳回什麼？

5. 如何清理載入模型的記憶體？

6. Inception v3 模型預期的輸入形狀是什麼？

7. 你應該使用什麼畫布語境方法來繪製一個空矩形？

8. 當從 TFHub 載入模型時，你必須傳遞什麼參數給你的載入方法？

附錄 A 中提供了這些習題的解答。

接下來…

在第 6 章中，你將繼續精進你消化和使用 TensorFlow.js 模型的知識。將 AI 與 web 相結合是 TensorFlow.js 的亮點，下一章旨在讓你了解一些你需要的最重要工具。

進階模型與使用者介面

> 「在完成之前，事情似乎總是不可能的。」
>
> —Nelson Mandela

你已經對模型有基本的理解了。你已經消化並使用了模型，甚至在疊加層中顯示了結果。似乎一切都是可能的。但是，你已經看到模型傾向於以各種複雜的方式傳回資訊。對於井字遊戲模型，你只想要一個下法，但它仍然傳回所有九個可能的方格，這讓你必須在使用模型的輸出之前先進行一些清理工作。隨著模型變得越來越複雜，這個問題也會變得更加複雜。在本章中，我們將選擇一個廣被使用而且複雜的物件偵測模型類型，並透過使用者介面和概念讓你全面瞭解什麼樣的任務可能會落在你身上。

讓我們回顧一下你當前的工作流程。首先，你會選擇一個模型，並確認它是層模型還是圖模型。即使你沒有這些資訊，你也可以透過嘗試以這兩種方式載入它來弄清楚。

接下來，你需要確定模型的輸入和輸出——不僅僅是形狀，還有資料實際上代表了什麼。你對資料進行批次處理，在模型上呼叫 predict，然後輸出就可以了，對嗎？

不幸的是，這比你瞭解的還要多更多。一些最新和最偉大的模型與你所期望的模型存在著顯著的差異，它們在許多方面要優越得多，而在其他方面則是更加的繁瑣。但不用擔心，因為你已經在上一章的張量和畫布疊加方面打下了堅實的基礎。透過一些指導，你可以處理這個進階模型的新世界。

我們會：

- 深入瞭解理論會如何挑戰你的張量技能

- 瞭解進階模型的特性

- 學習許多新的影像和機器學習術語

- 確認如何繪製多個定界框以進行物件偵測的最佳方法

- 瞭解如何在畫布上為偵測結果繪製標籤

完成本章後，你將對實作進階 TensorFlow.js 模型的理論需求有深刻的理解。本章是你對目前可用的最強大模型之一的認知演練，隨之而來的是大量的學習。這並不難，但要加緊學習，不要害怕複雜性。如果你遵循本章中所解釋的邏輯，你將對機器學習的核心理論和實踐有深刻的理解和掌握。

又見 MobileNet

當你瀏覽 TFHub.dev（*https://tfhub.dev*）時，你可能已經看到我們的老朋友 MobileNet 在很多層面和版本中被提及。其中一個版本有一個簡單的名稱 `ssd_mobilenet_v2`，用於影像物件偵測（參見圖 6-1 中突顯的選項）。

多麼令人興奮啊！你好像可以使用之前的 TensorFlow Hub 範例並且更改裡面的模型來查看定界框及其關聯之類別，對嗎？

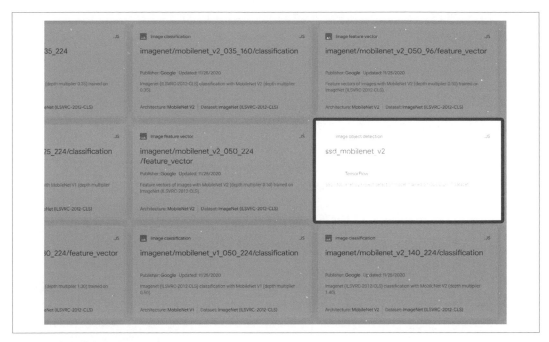

圖 6-1　用在物件偵測的 MobileNet

如果這樣做，你會立即得到錯誤訊息，要求你使用 `model.executeAsync` 而不是 `model.predict`（見圖 6-2）。

```
⊗ ▶ Uncaught (in promise) Error: This execution    graph_executor.js:162
   contains the node 'Preprocessor/map/while/Exit_1', which has the
   dynamic op 'Exit'. Please use model.executeAsync() instead.
   Alternatively, to avoid the dynamic ops, specify the inputs
   [Preprocessor/map/TensorArrayStack/TensorArrayGatherV3]
       at e.t.compile (graph_executor.js:162)
       at e.t.execute (graph_executor.js:212)
       at e.t.execute (graph_model.js:323)
       at e.t.predict (graph_model.js:276)
       at (index):25
```

圖 6-2　無法預測

那麼出了什麼問題呢？到現在為止，你可能會有一連串的問題。

- 模型想要的 executeAsync 是什麼？
- 為什麼要用這個 MobileNet 模型來做物件偵測？
- 為什麼這個模型的規範不關心輸入的大小？
- 名稱中的「SSD」部分和機器學習的關係是什麼？

 在 Parcel 中，你可能會收到有關 regeneratorRuntime 尚未定義的錯誤，這是因為 Babel 這種用於實現瀏覽器並不支援的原生 API 的程式碼（polyfill）已被棄用。如果出現此錯誤，你可以添加套件 core-js 和 regenerator-runtime 並將它們匯入到主檔案中。如果你遇到此問題，請參閱本章所附的 GitHub 程式碼（*https://oreil.ly/LKc8v*）。

這是需要更多資訊、理論和歷史才能理解的進階模型的完美範例。這也是學習一些我們為了方便而隱藏的概念的好時機。在本章結束時，你將準備好處理複雜模型的一些新術語、最佳實務以及功能。

SSD MobileNet

到目前為止，這本書已經提到了兩個模型的名字，但沒有詳細說明。MobileNet 和 Inception 是由 Google AI 團隊建立並發布的模型架構。你將在下一章中建構自己的模型，但可以說它們不會像這兩個知名模型那樣先進。每個模型都有一些特定的優點和缺陷，準確度並不總是模型的唯一指標。

MobileNet 是一種用於低延遲、低功耗模型的特定架構，這使得它非常適合用於裝置和 web。雖然基於 Inception 的模型會更準確，但 MobileNet 的速度和大小使其成為邊緣裝置上進行分類和物件偵測的標準工具。

查看一下 Google 所發布的用來比較裝置上各種模型版本的性能和延遲的圖表（*https://oreil.ly/dHEKZ*），你可以看到 Inception v2 的大小多了幾倍，並且需要進行更多的計算才能進行一次預測，而 MobileNetV2 的速度要快得多，雖然不那麼準確，不過也很接近。MobileNetV3 甚至有望在大小只有略微增加的情況下變得更加準確。這些模型的核心研究和進步使它們成為在現有權衡下經過實戰考驗的優秀資源。正是出於這些原因，你會看到相同的模型架構被反覆用於新的問題上。

上述兩種架構都由 Google 用數百萬張影像進行過訓練。MobileNet 和 Inception 可以識別的那經典的 1,001 個來自於名為 ImageNet（*https://image-net.org/about.php*）的著名資料集的類別。因此，在雲端的多台電腦上經過長時間的訓練後，這些模型經過調整後便可以立即使用。雖然這些模型是分類模型，但它們也可以被重設目標為偵測物件。

就像建築物一樣，我們可以稍微修改模型以處理不同的目標。例如，劇院用來舉辦現場表演的最初目的可以被進行修改，以方便播放 3D 影片。是的，需要進行一些小的更改，但整體架構還是具有顯著的可重用性。將模型從分類改成物件偵測也是如此。

有幾種不同的方法可以執行物件偵測。一種方法稱為**基於區域的卷積神經網路**（*region-based convolutional neural network, R-CNN*）。不要將 R-CNN 與 RNN 混淆，它們在機器學習中完全不同並且都是真實存在的。基於區域的卷積神經網路可能聽起來像是**哈利波特**中的咒語，但它們只是透過使用滑動視窗（window）查看影像區塊來偵測物件的一種流行方式（也就是，重複的對小部份的影像進行採樣，直到你已經涵蓋了整個影像）。R-CNN 通常很慢，但非常準確。速度慢這個層面使得它不適用於網站和移動裝置。

偵測物件的第二種流行方法是使用另一個流行詞，即「完全卷積」（fully convolutional）方法（第 10 章將詳細介紹卷積）。這些方法不使用深度神經網路，這就是它們不需要特定輸入大小的原因。沒錯，你不需要為完全卷積的方法而調整影像大小，而且它們也很快。

這就是 SSD MobileNet 中的「SSD」的重要性所在。它代表**單次偵測器**（*single-shot detector*）。是的，你和我可能都以為是代表固態硬碟（solid-state drive），但命名本來就是一件很困難的事，所以我們會給資料科學一個通行證。SSD 模型類型被架構成完全卷積模型，可以一次性的識別整個影像的特徵。這種「單次」使 SSD 比 R-CNN 快多了。在不深入探討細節的情況下，SSD 模型有兩個主要元件，一個用來瞭解如何識別物件的**骨幹模型**（*backbone model*），以及一個用於定位物件的 *SSD 頭端*（*SSD head*）。在目前的情況下，這個骨幹是快速且友善的 MobileNet。

結合 MobileNet 和 SSD 需要一種稱為**控制流**（*control flow*）的魔法，它允許你有條件的在模型中執行運算。這就是讓我們從直接呼叫 `predict` 方法變成需要非同步呼叫 `executeAsync` 的原因。當模型實作控制流時，同步的 `predict` 方法無法運作。

條件邏輯通常用原生語言處理，但這會顯著的減慢速度。雖然大多數 TensorFlow.js 可以透過利用 GPU 或 web assembly（WASM）後端來進行優化，但 JavaScript 中的條件敘述需要卸載（unload）優化的張量並重新載入它們。SSD MobileNet 模型以低廉的成本為你隱藏了使用控制流操作的麻煩。雖然實作控制流超出了本書的範圍，但運用那些使用了這些進階功能的模型卻不是。

由於這個模型的現代性本質，因此它不是用來處理多批次影像的。這意味著輸入的唯一限制並不是影像大小，而是批次大小。但是，它確實期待一個批次的輸入，因此一張 1,024 × 768 RGB 影像將以 [1, 768, 1024, 3] 的形狀進入此模型，其中 1 是批次的堆疊大小，768 是影像高度，1024 是影像寬度，3 是每個像素的 RGB 值。

深入瞭解你將要處理的輸入和輸出類型總是很重要的。值得注意的是，與寵物臉部偵測器不同，模型的輸出定界框會遵循輸入的那種先高度後寬度的經典架構。這意味著定界框將是 [y1, x1, y2, x2] 而不是 [x1, y1, x2, y2]。如果沒有被抓出來，像這樣的小問題可能會非常令人沮喪。你的定界框看起來會是完全錯的。每當你實作新模型時，從所有可用文件說明中驗證它的規範是非常重要的。

在深入研究程式碼之前，我還要給你最後一個警告。根據我的經驗，產出系統中的物件偵測很少用於識別數千個不同的類別，如同你在 MobileNet 和 Inception 中看到的那樣。這有很多很好的理由，因此我們通常只在幾個類別上測試和訓練物件偵測。人們用於物件偵測訓練的一組常見標記資料是 Microsoft Common Objects in Context（COCO）（*https://cocodataset.org/#home*）資料集。這個 SSD MobileNet 使用該資料集來教導模型查看 80 個不同的類別。雖然 80 比 1,001 明顯少很多，但它仍然是一個令人印象深刻的集合。

現在你比大多數使用它的人更瞭解 SSD MobileNet 了。你知道這是一個物件偵測模型，它使用控制流將 MobileNet 的速度鏈結到 80 個類別的 SSD 結果。這些知識將有助你稍後解釋模型的結果。

定界輸出

現在你瞭解了模型，你可以接收結果了。這個模型中的 executeAsync 所傳回的值是一個普通的 JavaScript 陣列，其中包含兩個張量堆疊。第一個張量堆疊是偵測到的物件，第二個張量堆疊是每個偵測物件的定界框堆疊——換句話說，就是分數以及它們的定界框。

讀取模型輸出

你可以使用幾行程式碼來查看影像的結果。以下就是這樣做的，這也可以在本章的原始碼（*https://oreil.ly/JLo5C*）中找到：

```
tf.ready().then(() => {
  const modelPath =
    "https://tfhub.dev/tensorflow/tfjs-model/ssd_mobilenet_v2/1/default/1"; ❶
  tf.tidy(() => {
    tf.loadGraphModel(modelPath, { fromTFHub: true }).then((model) => {
      const mysteryImage = document.getElementById("mystery");
      const myTensor = tf.browser.fromPixels(mysteryImage);
      // SSD Mobilenet 一筆資料之批次
      const singleBatch = tf.expandDims(myTensor, 0); ❷

      model.executeAsync(singleBatch).then((result) => {
        console.log("First", result[0].shape); ❸
        result[0].print();
        console.log("Second", result[1].shape); ❹
        result[1].print();
      });
    });
  });
});
```

❶ 這是 JavaScript 模型的 TFHub URL。

❷ 輸入按秩的大小擴展為批次，形狀為 [1, 高度 , 寬度 , 3]。

❸ 生成的張量是 [1, 1917, 90]，它傳回了 1,917 個偵測物件，每一列中的 90 個機率值加起來為 1。

❹ 張量的形狀為 [1, 1917, 4]，提供了這 1,917 個偵測物件的定界框。

圖 6-3 顯示了模型的輸出。

First ▸ (3) [1, 1917, 90]
Tensor
    [[[0.0230096, 0.0003819, 0.0007623, ..., 0.0002638, 0.0000085, 0.0000074],
      [0.004114 , 0.0004037, 0.0016906, ..., 0.0001153, 0.0000455, 0.0000252],
      [0.0116911, 0.0005433, 0.0011841, ..., 0.0001006, 0.0000333, 0.0000163],
      ...,
      [0.0012812, 0.0008974, 0.0001875, ..., 0.0006837, 0.0001718, 0.0002101],
      [0.0043151, 0.0010476, 0.0003092, ..., 0.0005164, 0.0002645, 0.0002765],
      [0.0007621, 0.0004402, 0.0000632, ..., 0.0000411, 0.000026 , 0.0000132]]]

result[0]

偵測到什麼

Second ▸ (4) [1, 1917, 1, 4]
Tensor
    [[[[0.0039316 , 0.0013918 , 0.0769979, 0.0318021],],

       [[-0.0189542, -0.0644913, 0.0894241, 0.1619795],],

       [[-0.0616106, -0.0086603, 0.2044928, 0.0833407],],

       ...

       [[0.1865435 , -0.0313459, 0.8078899, 1.0304561],],

       [[0.0166454 , 0.1987028 , 1.0247493, 0.8006016],],

       [[0.4163814 , -0.0010632, 0.9893992, 1.0029891],]]]

result[1]

偵測區域的四個框點

圖 6-3　前面程式碼的輸出

> 你可能會驚訝地看到有 90 個值而不是 80 個可能的類別。它仍然只有 80
> 個可能的類別，這個模型中有 10 個結果索引並未被使用。

雖然看起來你已經完成了，但還是有一些危險信號。正如你可能認為的那樣，繪製所有的 1,917 個方框並不會太有用或有效，但還是請嘗試一下並看看結果。

顯示所有輸出

是時候編寫程式碼來繪製多個定界框了。我們的直覺反應是 1,917 個偵測結果太多了。是時候編寫一些程式碼來驗證這一點了。由於程式碼變得有點 promise 過重，現在是切換到 async/await 的好時機。這將讓程式碼不要有太多的縮格並提高可讀性。如果你不熟悉 promise 和 async/await 之間的切換，請查看 JavaScript 的這一方面說明。

繪製模型偵測結果的完整程式碼可以在本書原始碼檔案 *too_many.html*（*https://oreil.ly/bMPVa*）中找到。這段程式碼使用了上一章物件定位部分中所提到的同樣技術，但調整了參數順序以符合模型的預期輸出。

```
const results = await model.executeAsync(readyfied);
const boxes = await results[1].squeeze().array();

// 準備畫布
const detection = document.getElementById("detection");
```

```
const ctx = detection.getContext("2d");
const imgWidth = mysteryImage.width;
const imgHeight = mysteryImage.height;
detection.width = imgWidth;
detection.height = imgHeight;

boxes.forEach((box, idx) => {
  ctx.strokeStyle = "#0F0";
  ctx.lineWidth = 1;
  const startY = box[0] * imgHeight;
  const startX = box[1] * imgWidth;
  const height = (box[2] - box[0]) * imgHeight;
  const width = (box[3] - box[1]) * imgWidth;
  ctx.strokeRect(startX, startY, width, height);
});
```

不管模型的信賴度（confidence）如何，繪製每一個偵測結果並不難，但輸出的結果完全無法使用，如圖 6-4 所示。

圖 6-4　1,917 個定界框，使影像毫無用處

你在圖 6-4 中看到的一團混亂指出有很多偵測結果，但並不清楚。你能猜出是什麼導致了這種雜訊嗎？你所看到的雜訊有兩個因素。

偵測結果清理

對生成的定界框的第一個批評是沒有進行品質或數量檢查。該程式碼不會檢查偵測值的機率或過濾出最有信心的值,因為你要知道,模型可能對某一偵測結果只有 0.001% 的確定性,而這種無窮小的偵測結果並不值得為它畫一個框。清理這些的第一步是為偵測分數和最大框數設置最小閾值。

其次,經過仔細檢查後,正在繪製的框似乎一遍又一遍地偵測出相同的物件,只是略有不同。稍後將對此進行驗證。當它們識別出相同的類別時,最好限制他們的重疊程度。如果有兩個重疊的框偵測到同一個人,就取偵測分數最高的那個。

模型在尋找照片中的東西這方面做得(或沒有做得)很好,所以現在應用清理程序是你的工作了。

品質檢查

你會想要排名最高的那個預測結果。你可以透過抑制低於給定分數的定界框來做到這一點。透過呼叫一次 topk 來確定整個偵測系列的最高分,如下所示:

```
const prominentDetection = tf.topk(results[0]);
// 列印以確認
prominentDetection.indices.print()
prominentDetection.values.print()
```

對所有偵測結果呼叫 topk 會傳回一個只包含最佳結果的陣列,因為 k 預設為 1。每個偵測結果的索引會與類別相對應,而其值則為偵測的信賴度。輸出將類似於圖 6-5。

如果偵測結果低於給定的閾值,你可以拒絕繪製它的定界框。然後你也可以限制只繪製前 N 名預測結果的定界框。我們將把這個練習的程式碼留給本章挑戰,因為它並沒有解決第二個問題。只進行品質檢查會導致你所預測的最佳結果的周圍會有一堆定界框群聚,而不是只有單一預測結果。生成的框看起來會像是你的偵測系統喝了太多咖啡一樣(見圖 6-6)。

```
Tensor
    [[[0 ],
     [23],
     [0 ],
     ...,
     [66],
     [66],
     [66]]]
Tensor
    [[[0.0228675],
     [0.0052536],
     [0.0116207],
     ...,
     [0.0405289],
     [0.0128959],
     [0.64118  ]]]
```

索引 0 是人

2.2% 確定

圖 6-5　topk 呼叫適用於整個批次

圖 6-6　繪製前 20 名預測結果建立了模糊的框

幸運的是，有一種內建的方法可以解決這些模糊的框，它為你的晚宴提供了一些可當作話題的新術語。

IoU 與 NMS

到現在為止，你可能認為 IoU 只是一種由 Lloyd Christmas 支持的經批准的法定貨幣，但在物件偵測和訓練的世界中，它們代表**交聯比**（*intersection over union*）。交聯比是用於識別物件偵測器的準確度和重疊性的評估指標。準確度部分非常適用於訓練，重疊性部分則非常適用於清理重疊的輸出。

IoU 是用於確定兩個框在它們的重疊區域中共享了多少比例的公式。如果兩個框完全重疊的話，則 IoU 為 1，它們重疊得越少，數字越接近於 0。標題「IoU」來自這個計算的公式。框的交集面積除以框的聯集面積，如圖 6-7 所示。

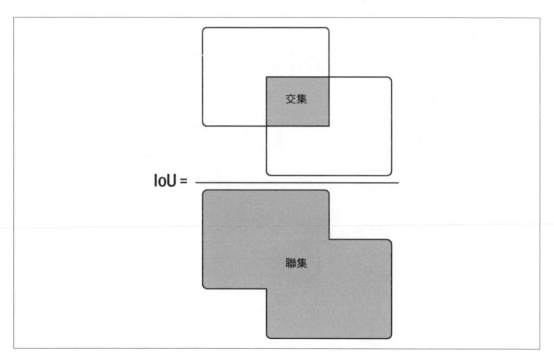

圖 6-7　交聯比

現在你有一個快速公式來檢查定界框的相似性。使用 IoU 公式，你可以制定一種稱為**非最大抑制**（*nonmaximum suppression*, NMS）的演算法來刪除重複項。NMS 會自動抓取得分最高的框，並消除任何 IoU 超過指定等級的類似框。圖 6-8 為顯示了三個帶有分數的框的簡單範例。

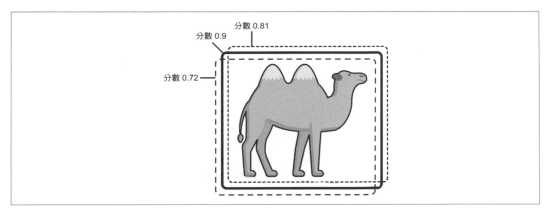

圖 6-8　只有最大值可以存活；其他得分較低的框被刪除

如果你將 NMS 的 IoU 設定為 0.5，那麼任何與得分較高的框共享 50% 以上區域的框都將被刪除。這對於消除和同一物件重疊的框非常有效。但是，對於兩個互相重疊而且應該有兩個定界框的物件來說，這可能是一個問題。對於用不幸的角度相互重疊的真實物件來說，這會是一個問題，因為它們的定界框會相互抵消，因此你只能對兩個實際物體偵測到其中一個物件。對於這種情況，你可以啟用稱為 Soft-NMS（*https://arxiv.org/pdf/1704.04503.pdf*）的 NMS 進階版本，它只會衰減重疊框的分數而不是刪除它們。如果它們的分數在衰減後仍然足夠高，即使 IoU 非常高，偵測結果也會存活下來並獲得自己的定界框。圖 6-9 正確的用 Soft-NMS 識別了兩個有極端交集的物件。

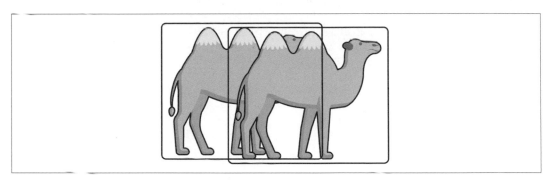

圖 6-9　使用 Soft-NMS 仍然可以偵測到真實世界的重疊物件

Soft-NMS 最好的部分是它內建在 TensorFlow.js 中。我建議你使用這個 TensorFlow. js 函數來滿足你所有的物件偵測需求。在本練習中，你將使用名為 `tf.image.nonMaxSuppressionWithScoreAsync` 的內建方法。TensorFlow.js 內建了很多 NMS 演算法，但 `tf.image.nonMaxSuppressionWithScoreAsync` 有兩個特性使其非常適合使用：

- `WithScore` 提供 Soft-NMS 支援。

- `Async` 阻止 GPU 鎖定 UI 執行緒。

使用非同步（nonasync）進階方法時要小心，因為它們可以鎖定整個 UI。如果你出於任何原因想刪除 Soft-NMS 層面，你可以將最後一個參數（Soft-NMS Sigma）設定為零，然後你就擁有一個傳統的 NMS 了。

```
const nmsDetections = await tf.image.nonMaxSuppressionWithScoreAsync(
  justBoxes, // 形狀為 [numBoxes, 4]
  justValues, // 形狀為 [numBoxes]
  maxBoxes, // 到達此數值時停止建立新的框
  iouThreshold, // 重疊率的允許範圍為 0 到 1
  detectionThreshold, // 允許的最低偵測分數
  1 // 0 是一般的 NMS，1 是最大的 Soft-NMS
);
```

在短短幾行程式碼中，你已將 SSD 結果清理為幾個不模糊的偵測結果。

結果將是一個具有兩個屬性的物件。`selectedIndices` 屬性將是定界框的索引的張量，而 `selectedScores` 將是它們對應的分數。你可以拜訪所有選出來的結果並繪製它們定界框。

```
const chosen = await nmsDetections.selectedIndices.data(); ❶
chosen.forEach((detection) => {
  ctx.strokeStyle = "#0F0";
  ctx.lineWidth = 4;
  const detectedIndex = maxIndices[detection]; ❷
  const detectedClass = CLASSES[detectedIndex]; ❸
  const detectedScore = scores[detection];
  const dBox = boxes[detection];
  console.log(detectedClass, detectedScore); ❹

  // 開始位置沒有負值
  const startY = dBox[0] > 0 ? dBox[0] * imgHeight : 0; ❺
  const startX = dBox[1] > 0 ? dBox[1] * imgWidth : 0;
  const height = (dBox[2] - dBox[0]) * imgHeight;
  const width = (dBox[3] - dBox[1]) * imgWidth;
  ctx.strokeRect(startX, startY, width, height);
});
```

❶ 根據生成的高分數定界框的索引建立一個普通的 JavaScript 陣列。

❷ 從之前的 topk 呼叫中獲取得分最高的索引。

❸ 這些類別匯入為陣列以匹配給定的結果索引。這種結構就像上一章 Inception 範例中的程式碼一樣。

❹ 記錄畫布中所畫的框，以便你驗證結果。

❺ 禁止負數，所以框至少會從圖框內部開始。否則，一些框會從左上角被切掉。

傳回的偵測數量各不相同，但會受限於 NMS 中所設定的規範。範例程式碼導致了五個正確的偵測結果，如圖 6-10 所示。

圖 6-10　乾淨的 Soft-NMS 偵測結果

迴圈中的控制台日誌所列印的五個偵測結果是三個「人」、一個「酒杯」和一個「餐桌」。比較一下圖 6-11 中的五個日誌與圖 6-10 中的五個定界框。

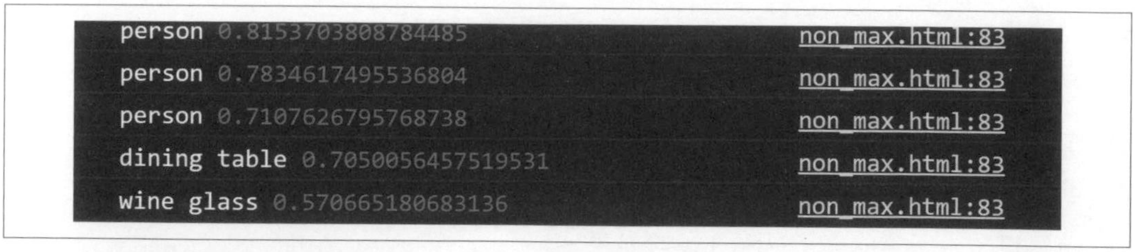

圖 6-11　結果類別和信賴度等級日誌

到目前為止，使用者介面已經出現。只有疊加的定界框能夠指出偵測結果及其信賴度百分比時才有意義。一般使用者不會去查看控制台日誌。

添加文字疊加

有各種奇特的方式可以將文字添加到畫布上並讓它指明關聯的定界框。對於這個展示，我們將審視最簡單的方法，並將更美觀的佈局留給讀者。

可以使用畫布的 2D 語境的 fillText 方法將文字繪製到畫布上。你可以透過重複使用用來繪製定界框的 X、Y 坐標將文字定位在每個框的左上角。

繪製文字有兩個需要注意的問題：

- 文字與背景很容易形成低對比度。
- 與框同時繪製的文字可能會被隨後繪製的框覆蓋。

幸運的是，這兩個問題都很容易解決。

解決低對比度

建立可讀標籤的典型方法是繪製背景框，然後再放置文字。如你所知，strokeRect 建立了一個沒有填充顏色的框，因此 fillRect 繪製一個帶有填充顏色的框也就不足為奇了。

矩形應該有多大？一個簡單的答案是以偵測框的寬度來繪製矩形，但不能保證框足夠寬，而當框非常寬時，這會在你的結果中產生大的條塊。唯一有效的解決方案是測量文字大小並繪製相應的框。你可以使用語境的 font 屬性設置文字高度，還可以使用 measureText 來決定寬度。

最後，你可能會考慮必須將繪圖位置減去字體高度，以便是在框內而不是在框頂繪製文字，但是語境中已經有一個屬性可以進行設定來簡化這個問題。context.textBaseline 屬性具有各種選項。圖 6-12 顯示了每個可能的屬性選項的起點。

圖 6-12　將 textBaseline 設置為 top 將文字保持在 X 和 Y 坐標內

現在你知道如何將填充的矩形繪製成合適的大小並將標籤放入其中。你可以在你的 forEach 迴圈中結合這些方法，在那裡你將繪製偵測結果。標籤繪製在每個偵測結果的左上角，如圖 6-13 所示。

圖 6-13　標籤繪製在每個框中

在繪製背景框之後繪製文字是很重要的；否則，框將繪製在文字之上。基於我們的目的考量，標籤將使用與定界框略有不同的綠色進行繪製。

```
// 繪製標籤背景。
ctx.fillStyle = "#0B0";
ctx.font = "16px sans-serif"; ❶
ctx.textBaseline = "top"; ❷
const textHeight = 16;
const textPad = 4; ❸
const label = `${detectedClass} ${Math.round(detectedScore * 100)}%`;
const textWidth = ctx.measureText(label).width;
ctx.fillRect( ❹
  startX,
  startY,
  textWidth + textPad,
```

```
    textHeight + textPad
);
// 最後繪製文字以確保它在最上面。
ctx.fillStyle = "#000000";    ❺
ctx.fillText(label, startX, startY);    ❻
```

❶ 設定要在標籤上使用的字體和大小。

❷ 如前所述設定 textBaseline。

❸ 添加一點水平填充（padding）以用於 fillRect 渲染。

❹ 使用與繪製定界框相同的 startX 和 startY 繪製矩形。

❺ 將渲染文字的 fillStyle 更改為黑色。

❻ 最後，繪製文字。這裡可能也應該要做一點填充。

現在每個偵測結果都有一個幾乎可讀的標籤。但是，在你的影像上，你可能已經注意到
我們現在將解決的一些問題。

解決繪圖順序

儘管標籤被繪製在框的頂部，但這些框是在不同的時間繪製的，並且很容易與一些現有
的標籤文字重疊，會使它們難以閱讀甚至無法閱讀。正如你在圖 6-14 中看到的，由於重
疊的偵測結果，餐桌的百分比很難讀取。

圖 6-14　語境繪製順序重疊問題

解決此問題的一種方法是對偵測結果進行迭代處理並先繪製定界框，然後再進行第二輪並繪製文字。這將確保文字最後會被繪製，代價是要在兩個接續迴圈中對偵測結果進行迭代處理。

作為替代方案，你可以使用程式碼處理此問題。你可以設置語境 globalCompositeOperation 來做各種令人驚奇的事情。一個簡單的運算是告訴語境在現有內容的上方或下方渲染，有效地設定 z 軸順序。

可以將 globalCompositeOperation 設為 destination-over 來設定 strokeRect 呼叫。這意味著目的地中存在的任何像素都將獲勝並放置在添加的內容之上。這有效地在任何現有內容之下進行繪製。

然後，當你繪製標籤時，將 globalCompositionOperation 返回到其預設行為，也就是 source-over。這會在任何現有繪圖之上繪製新的來源像素。如果你在這兩個運算之間來回切換，可以確保你的標籤具有最高優先權並處理主迴圈內的所有內容。

總而言之，繪製定界框、標籤框和標籤的單一迴圈看起來像這樣：

```
chosen.forEach((detection) => {
  ctx.strokeStyle = "#0F0";
  ctx.lineWidth = 4;
  ctx.globalCompositeOperation='destination-over'; ❶
  const detectedIndex = maxIndices[detection];
  const detectedClass = CLASSES[detectedIndex];
  const detectedScore = scores[detection];
  const dBox = boxes[detection];

  // 開始位置沒有負值。
  const startY = dBox[0] > 0 ? dBox[0] * imgHeight : 0;
  const startX = dBox[1] > 0 ? dBox[1] * imgWidth : 0;
  const height = (dBox[2] - dBox[0]) * imgHeight;
  const width = (dBox[3] - dBox[1]) * imgWidth;
  ctx.strokeRect(startX, startY, width, height);
  // 繪製標籤背景。
  ctx.globalCompositeOperation='source-over'; ❷
  ctx.fillStyle = "#0B0";
  const textHeight = 16;
  const textPad = 4;
  const label = `${detectedClass} ${Math.round(detectedScore * 100)}%`;
  const textWidth = ctx.measureText(label).width;
  ctx.fillRect(
    startX,
    startY,
```

```
      textWidth + textPad,
      textHeight + textPad
    );
    // 最後才繪製文字以確保它在最上面。
    ctx.fillStyle = "#000000";
    ctx.fillText(label, startX, startY);
  });
```

❶ 在任何現有內容下繪製。

❷ 在任何現有內容上繪製。

結果是一個動態的人類可讀的結果，你可以拿來與你的朋友分享（見圖 6-15）。

圖 6-15　使用 destination-over 修復重疊問題

連接至網路攝影機

速度到底有什麼好處？如前所述，我們可以選擇 SSD 而非 R-CNN、選擇 MobileNet 而非 Inception，並且只繪製一次畫布而不是兩次。當你載入網頁時，它看起來很慢。光載入和渲染好像就至少需要四秒鐘。

是的，讓一切就緒需要一點時間，但是在配置記憶體並下載模型之後，你可以看到非常顯著的速度提升。是的，夠在你的網路攝影機上執行即時偵測了。

加快流程的關鍵是先執行一次設定程式碼，然後再繼續執行偵測迴圈。這確實意味著你需要拆解本課中的程式碼庫；否則，你會得到一個無法使用的介面。為簡單起見，你可以將專案進行拆解，如範例 6-1 所示。

範例 *6-1　拆解程式碼庫*

```
async function doStuff() {
  try {
    const model = await loadModel()  ❶
    const mysteryVideo = document.getElementById('mystery')  ❷
    const camDetails = await setupWebcam(mysteryVideo)  ❸
    performDetections(model, mysteryVideo, camDetails)  ❹
  } catch (e) {
    console.error(e)  ❺
  }
}
```

❶ 最長的延遲是發生在載入模型時；這應該最先發生並且只發生一次。

❷ 為了效率，你可以擷取視訊元素一次，並將該參照傳遞到需要它的地方。

❸ 網路攝影機的設定應該只發生一次。

❹ 在偵測網路攝影機中的內容並繪製框時，performDetections 方法可以是無窮迴圈。

❺ 不要讓錯誤被這些 awaits 吞沒。

從影像移動到視訊

從靜止的影像移到視訊實際上並不複雜，因為將你所看到的東西變成張量這個困難的部分是由 tf.fromPixels 處理的。tf.fromPixels 方法可以讀取畫布、影像甚至視訊元素，因此，複雜之處在於將 img 標籤更改為 video 標籤。

你首先要切換標籤。原始的 img 標籤：

```
<img id="mystery" src="/dinner.jpg" height="100%" />
```

變成如下：

```
<video id="mystery" height="100%" autoplay></video>
```

值得注意的是，視訊元素的寬度 / 高度屬性有點複雜，因為同時存在著輸入視訊的寬度 / 高度和實際客戶端的寬度 / 高度。出於這個原因，所有使用 width 的計算都需要使用 clientWidth，同樣的，height 必須是 clientHeight。如果你使用了錯誤的屬性，這些框將不會對齊，甚至可能根本不顯示。

啟動網路攝影機

基於我們的目的考量，我們將只設定預設的網路攝影機。這對應到範例 6-1 中的第四點。如果你不熟悉 getUserMedia，請花點時間分析視訊元素如何連接到網路攝影機。這也是你可以移動你的畫布語境設定以適用於視訊元素的時機。

```
async function setupWebcam(videoRef) {
  if (navigator.mediaDevices && navigator.mediaDevices.getUserMedia) {
    const webcamStream = await navigator.mediaDevices.getUserMedia({ ❶
      audio: false,
      video: {
        facingMode: 'user',
      },
    })

    if ('srcObject' in videoRef) { ❷
      videoRef.srcObject = webcamStream
    } else {
      videoRef.src = window.URL.createObjectURL(webcamStream)
    }

    return new Promise((resolve, _) => { ❸
      videoRef.onloadedmetadata = () => { ❹
        // 準備畫布
        const detection = document.getElementById('detection')
        const ctx = detection.getContext('2d')
        const imgWidth = videoRef.clientWidth ❺
        const imgHeight = videoRef.clientHeight
        detection.width = imgWidth
        detection.height = imgHeight
        ctx.font = '16px sans-serif'
        ctx.textBaseline = 'top'
```

```
            resolve([ctx, imgHeight, imgWidth]) ❻
      }
    })
  } else {
    alert('No webcam - sorry!')
  }
}
```

❶ 這些是網路攝影機使用者媒體配置限制。你可以在此處套用多個選項（*https://oreil. ly/MkWml*），但為簡單起見，在此只進行簡單配置。

❷ 這個條件檢查是為了支援那些不支援新的 `srcObject` 配置的舊瀏覽器。根據你的支援需求，這可能會被棄用。

❸ 在載入視訊之前，你無法存取該視訊，因此該事件被包裝在一個 promise 中，以便可以等待它。

❹ 這是你在將視訊元素傳遞給 `tf.fromPixels` 之前所需等待的事件。

❺ 藉此機會設定畫布時，請注意使用 `clientWidth` 而不是 `width`。

❻ promise 會解析你需要傳遞給偵測和繪製迴圈的資訊。

繪製偵測結果

最後，你可以像處理影像一樣執行偵測和繪圖。在每次呼叫的開始，你需要刪除上一次呼叫中的所有偵測結果；否則，你的畫布會慢慢的被舊的偵測結果填滿。清除畫布很簡單，你可以使用 `clearRect` 從指定坐標中刪除任何內容，傳遞整個畫布的寬度和高度會將畫布清乾淨。

```
ctx.clearRect(0, 0, ctx.canvas.width, ctx.canvas.height)
```

在每個偵測結果繪製結束時，**不要**在清理過程中捨棄模型，因為每次偵測都需要它。然而，其他的東西都可以而且應該被捨棄掉。

範例 6-1 中指明的 `performDetections` 函數應該在無窮迴圈中遞迴式的呼叫自己。該函數在迴圈中執行的速度比畫布繪製的速度還快。為了確保它不會浪費計算週期，請使用瀏覽器的 `requestAnimationFrame` 來限制它：

```
// 無窮迴圈
requestAnimationFrame(() => {
  performDetections(model, videoRef, camDetails)
})
```

就是這樣。你已經透過一些邏輯上的調整從靜止影像轉移到即時視訊輸入。在我的電腦上，我看到大約每秒處理 16 幀圖框。在 AI 世界中，這足以處理大多數使用案例。我用它來證明我至少有 97% 是人，如圖 6-16 所示。

圖 6-16　帶有 SSD MobileNet 的全功能網路攝影機

本章回顧

恭喜你克服了 TensorFlow Hub 上最有用但最複雜的模型之一。雖然用 JavaScript 來隱藏這個模型的複雜性很簡單，但你現在已經熟悉了物件偵測和清晰化中一些最令人印象深刻的概念。機器學習背負的概念是能夠快速解決問題，然後再提供後續程式碼解決方案以將 AI 的強大屬性附加到給定領域。你可以期待會有大量伴隨著先進模型以及領域的研究出現。

本章挑戰：頂尖偵探

NMS 簡化了排序和消除偵測結果的工作。假設你想指出最高分的預測結果，然後將它們從高到低進行排序，以建立如圖 6-6 所示的圖形。你需要自己解決最高值的問題，而不是依靠 NMS 來找到最可行和最高的值。把這個雖小但卻相似的群組作為整個偵測資料集，想像一下這個 [1, 6, 5] 張量偵測集合是你的 result[0]，而且你只需要某一類別內具有最高信賴度值的前三個偵測結果。你要怎麼解決這個問題？

```
const t = tf.tensor([[
  [1, 2, 3, 4, 5],
  [1.1, 2.1, 3.1, 4.1, 5.1],
  [1.2, 2.2, 3.2, 4.2, 5.2],
  [1.2, 12.2, 3.2, 4.2, 5.2],
  [1.3, 2.3, 3.3, 4.3, 5.3],
  [1, 1, 1, 1, 1]
]])
```

```
// 取得信賴度前三名的預測結果。
```

你生成的解決方案應列印 [3, 4, 2]，因為張量在索引 3 的值在其所有值中為最大值（12.2），其次是索引 4（5.3），然後是索引 2（5.2）。

你可以在附錄 B 中找到這個挑戰的答案。

練習題

讓我們回顧一下你從本章編寫的程式碼中學到的課程內容。花點時間回答以下問題：

1. SSD 在物件偵測機器學習領域代表什麼意思？

2. 你需要使用什麼方法來預測使用動態控制流運算的模型？

3. SSD MobileNet 會預測多少個類別和多少個值？

4. 對同一物件的偵測結果進行去重複的方法是什麼？

5. 使用大型同步 TensorFlow.js 呼叫的缺點是什麼？

6. 應該用什麼方法來識別標籤的寬度？

7. 哪一個 globalCompositeOperation 會覆蓋畫布上的現有內容？

附錄 A 中提供了這些習題的解答。

接下來…

在第 7 章中，你將開始學習訓練自己的模型的一些關鍵層面和術語。本章將為你提供轉換、訓練和管理資料的資源。

模型製作資源

「透過尋找和犯錯，我們學到了東西。」

—Johann Wolfgang von Goethe

你不應受限於來自 TensorFlow Hub 的模型。每天都有新的和令人興奮的模型在社群矚目下被推文、發布和突顯出來，這些模型和想法在 Google 核准的模型中心（hub）之外被分享，有時它們甚至是在 TensorFlow.js 的領域之外。

你開始越過花園圍牆並在野外使用模型和資料。本章專門為你提供了從現有模型製作模型的新方法，並幫助你面對蒐集和理解資料的挑戰。

我們會：

- 介紹模型轉換

- 介紹 Teachable Machine

- 訓練電腦視覺模型

- 查看訓練資料的來源

- 涵蓋訓練的一些關鍵概念

完成本章後，你將掌握一些製作模型的方法，並且更能理解使用資料來製作機器學習解決方案的過程。

網外模型採購

TensorFlow.js 出現的時間並不長。因此，可用模型的數量是有限的，或者至少比其他框架還少。這並不意味著你運氣不佳。你通常可以把在其他框架上訓練的模型轉換為 TensorFlow.js。轉換現有模型以製作能在新環境中工作的新模型，是找尋最近開發的資源並建立令人興奮的現代模型的好方法。

模型動物園

機器學習領域出現的一個有點可愛的術語是，模型的集合有時被稱為*動物園*（*zoo*）。這些模型動物園是模型的寶庫，可以為給定的框架執行各種任務，很像 TensorFlow Hub。

模型動物園是可以找到能激發或滿足你需求的獨特模型的絕佳地方。動物園通常將你鏈接到已發表的作品，這些作品闡明了它們為了模型架構和用來建立模型的資料這兩者所做的選擇。

真正的好處來自這樣一個原則，就是一旦你學會了如何將其中一個模型轉換為 TensorFlow.js，那你應該就可以轉換其他很多模型。

值得花點時間審視模型的轉換，以便你瞭解每個模型動物園或已發布模型對 TensorFlow. js 的可存取性有多高。

轉換模型

許多用 Python 編寫的 TensorFlow 模型是以稱為 Keras HDF5 的格式儲存。HDF5 代表階層式資料格式（Hierarchical Data Format）v5，但最常被稱為 Keras 或僅稱為 h5 檔案，這種檔案格式可以作為一個帶有 h5 副檔名的檔案進行可攜。Keras 檔案格式包含了大量資料：

- 指明模型層的架構
- 一組權重值，類似於 bin 檔案
- 模型的優化器（optimizer）和損失量度（loss metric）

這是一種流行的模型格式，更重要的是，即使它們是用 Python 訓練的，也很容易轉換為 TensorFlow.js。

有了能夠轉換 TensorFlow Keras 模型的知識，這意味著你找到的任何 TensorFlow 訓練課程都可以當作是把最終產品用在 TensorFlow.js 上的課程來閱讀。

執行轉換命令

要將 h5 轉換為 TensorFlow.js 的 *model.json* 和 bin 檔案，你需要 tfjs-converter（*https://oreil.ly/g46CE*）。tfjs-converter 還可以轉換 TensorFlow HDF5 之外的模型類型，因此它是將任何 TensorFlow 處理為 TensorFlow.js 格式的絕佳工具。

轉換器要求你的電腦使用 Python 進行設定。使用 pip 來安裝轉換器。pip 命令是 Python 的套件安裝程式，類似於 JavaScript 中的 npm。如果你的電腦還沒有準備好，有很多關於安裝 Python 和 pip 的訓練課程。一旦安裝了 pip 和 Python，你就可以執行 tfjs-converter。

這是轉換器的安裝命令：

```
$ pip install tensorflowjs[wizard]
```

這會安裝兩個東西：一個可以自動化使用的高效能轉換器（tensorflowjs_converter），和一個可以透過鍵入 **tensorflowjs_wizard** 來執行的步驟演練（walk-through）轉換器。考量我們的目的，我建議使用精靈（wizard）介面進行轉換，以便你可以在新功能可用時利用它們。

你可以透過從命令行呼叫新安裝的 tensorflowjs_wizard 命令來執行精靈，系統會提示你回答如圖 7-1 所示的問題。

```
PS C:\Users\Owner\Desktop\Code\ML\converting> tensorflowjs_wizard
2020-12-08 15:23:54.145672: I tensorflow/stream_executor/platform/default/dso_loader.cc:48]
Successfully opened dynamic library cudart64_101.dll
Welcome to TensorFlow.js Converter.
? Please provide the path of model file or the directory that contains model files.
If you are converting TFHub module please provide the URL.
```

圖 7-1 精靈開始提問

該精靈將詢問你的輸入模型格式以及所需的輸出模型格式。它還會根據你的回答提出很多問題。雖然精靈將持續更新，但在選擇你所需的設定時，你應該記住以下一些概念：

在圖／層模型之間進行選擇時

請記住，圖模型速度更快，但缺少層模型提供的一些內省和客製化屬性。

壓縮（透過量化）

這將你的模型儲存的權重值從 32 位元精確度降低到 16 位元甚至 8 位元。使用更少的位元意味著你的模型可能會小得多，但可能會犧牲準確度。你應該在量化（quantization）後重新測試你的模型。大多數情況下，這種壓縮對於客戶端模型來說是值得的。

分片大小

建議的分片大小是為了優化你的模型在客戶端瀏覽器快取的表現。除非你不在客戶端瀏覽器中使用該模型，否則這應該保持它推薦的大小。

 量化僅會影響磁碟上的模型大小。這為網站提供了顯著的網路傳輸優勢，但是當模型載入到 RAM 中時，這些值將返回到目前 TensorFlow.js 中的 32 位元變數。

特徵會繼續顯示在精靈介面中。如果出現讓你感到困惑的新特徵，請記住轉換模型的文件說明將在 tfjs-converter README 原始碼（*https://oreil.ly/ldAPf*）中提供。你的體驗將類似於圖 7-2。

```
Welcome to TensorFlow.js Converter.
? Please provide the path of model file or the directory that contains model files.
If you are converting TFHub module please provide the URL.  ./mnist.h5
? What is your input model format? (auto-detected format is marked with *)  Keras (HDF5) *
? What is your output format?  TensorFlow.js Layers Model
? Do you want to compress the model? (this will decrease the model precision.)  float16 quantization (2x smaller, Mi
? Please enter the layers to apply float16 quantization (2x smaller, minimal accuracy tradeoff).
Supports wildcard expansion with *, e.g., conv/*/weights  *
? Please enter shard size (in bytes) of the weight files?  4194304
```

圖 7-2　Windows 上的範例精靈步驟演練

生成的資料夾中包含一個轉換後的 TensorFlow.js 模型，已經可供使用了。h5 檔案現在是一個 *model.json* 和分成區塊（chunk）的可快取 bin 檔案。你可以在圖 7-3 中看到轉換的結果。

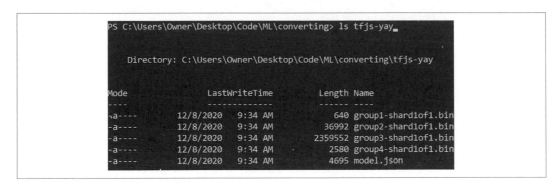

圖 7-3　TensorFlow.js 模型結果

中間模型

如果你找到了想要轉換為 TensorFlow.js 的模型，你現在可以檢查是否有轉換器可將該模型轉換為 Keras HDF5 格式，然後你就會知道可以將其轉換為 TensorFlow.js。值得注意的是，產業界在標準化模型與稱為開放神經網路交換（Open Neural Network Exchange, ONNX）（*https://onnx.ai*）的格式之間進行轉換這方面已經付出了巨大的努力。目前 Microsoft 和許多其他合作夥伴正致力於在模型和 ONNX 格式間進行正確轉換，這將允許與框架無關的模型格式存在。

如果你發現一個已發布的模型並且想要在 TensorFlow.js 中使用，但它不是在 TensorFlow 中訓練的，請不要放棄希望。你應該檢查該模型類型是否有支援 ONNX。

某些模型無法直接轉換為 TensorFlow，因此，你可能需要採取透過其他轉換服務的迂迴路線。在 TensorFlow 之外，大多數機器學習愛好者使用的另一個流行框架程式庫稱為 PyTorch。雖然 ONNX 越來越靠近我們，但目前從 PyTorch 轉換到 TensorFlow.js 的最佳方法是透過一系列工具進行轉換，如圖 7-4 所示。

圖 7-4　轉換模型

雖然進行模型轉換似乎是一項繁重的工作，但將模型從現有格式轉換為 TensorFlow.js 可以為你節省數天甚至數週用來根據已發布的資料重新建立和重新訓練模型的時間。

你的第一個客製化模型

如果你只需要下載現有模型的話，那你已經大功告成了。但是我們不能等待 Google 發布可以用來分類我們需要的事物的模型。你可能有一個想法，需要 AI 對糕點有深入的瞭解。如果你需要瞭解某個領域中不同項目之間的差異，即使是 Google 的 Inception v3 也可能不夠強大。

對你來說幸運的是，有一個技巧可以讓我們利用現有模型的優勢。有些模型可以稍作調整，以便對新事物進行分類！我們不用重新訓練整個模型，而是只訓練最後幾層以尋找不同的特徵。這使我們能夠採用像 Inception 或 MobileNet 這樣的進階模型，並將其轉換為識別我們想要的東西的模型。額外的好處是，這種方法允許我們使用極少量的資料重新訓練模型。這稱為**遷移學習**（*transfer learning*），它是在新類別上（重新）訓練模型的最常用方法之一。

我們將在第 11 章中介紹遷移學習的程式碼，但你現在沒有理由不先體驗它。Google 有一個完整的遷移學習使用者介面，供人們嘗試訓練模型。

認識 Teachable Machine

首先，你將使用 Google 提供的名為 Teachable Machine 的工具。這個工具是一個由 TensorFlow.js 提供支援的簡單網站，它允許你上傳影像、音訊，甚至可以使用網路攝影機進行訓練、抓取資料和建立 TensorFlow.js 模型。這些模型會直接在你的瀏覽器中進行訓練，然後進行託管以讓你可以立即嘗試你的程式碼。你生成的模型是 MobileNet、PoseNet 或其他適合你需求的實用模型的遷移學習版本。因為它使用遷移學習，所以你根本不需要太多資料。

 使用少量資料建立的模型應該會運作良好，但也可能會產生明顯的偏差。這意味著它們在接受訓練的原始情況下會工作良好，不過它們也會因為背景、光線或位置的變化而出錯。

訓練模型的網站位於 *teachablemachine.withgoogle.com*（*https://oreil.ly/CAy4H*）。當你存取該網站時，你可以開始各種專案，例如音訊、影像，甚至是身體姿勢。雖然你可以並且應該嘗試其中的每一個，但本書將介紹 Image Project（影像專案）選項。這是圖 7-5 中顯示的第一個選項。

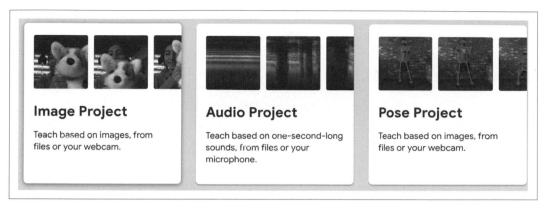

圖 7-5　很棒的 Teachable Machine 選項

在生成的網頁上，你可以選擇上傳或使用網路攝影機為每個類別蒐集範例影像。

以下是你可以用來建立第一個分類器的一些想法：

- 豎起大拇指還是倒豎大拇指？

- 我在喝水嗎？

- 這是哪隻貓？

- 解鎖某些東西的秘密手勢？

- 書還是香蕉！？

發揮你的創意吧！你建立的任何模型都可以很容易的向朋友和社交媒體炫耀，或者可以變成能夠幫助你的網頁。例如，「我在喝水嗎？」分類器可以連接到你的自我水份補給專案的計時器。只要用幾個樣本訓練模型，你就可以想出各種有趣的專案。

就個人而言，我將訓練一個「爸爸在工作嗎？」分類器。你們當中的許多人可能在遠端工作環境中遇到過與家人相處的困難。如果我坐在辦公桌前而且門是關著的，你會認為這會讓人們以為我在工作，對吧？但如果門是開著的，那就「進來吧！」。我會要求 Teachable Machine 使用我的網路攝影機對我工作時的樣子和不工作時的樣子進行分類。

很酷的部分是，由於偵測器將綁定到一個網站，「爸爸在工作嗎？」可以被擴展成做各種很棒的事情。它可以發送簡訊，打開「忙碌中」的燈，甚至在被問到我是否在工作時告訴我的 Amazon Echo 裝置要回答「是」。只要我能做出一個可靠的快速 AI 影像分類器，就會有無窮的機會。

從頭開始訓練是一種可擴展的解決方案，但手頭上的任務是要訓練我在辦公室的出現與否，為此，我們將使用 Teachable Machine。

使用 Teachable Machine

讓我們快速瀏覽一下使用 Teachable Machine 建立模型的使用者介面。使用者介面被設定成像網路圖一樣，其中資訊從左到右自上而下填入。使用該網站很容易。隨著我們一起審視圖 7-6。

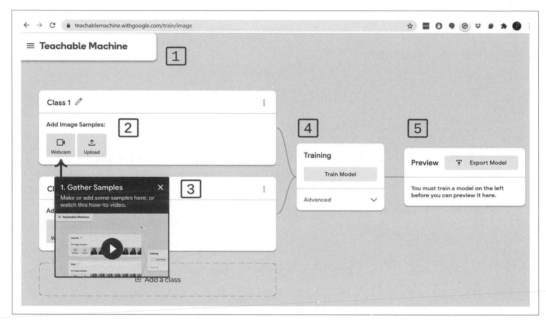

圖 7-6　影像專案使用者介面導覽

1. 上面的標題故意做得很小，並且不會在較大的螢幕上擋住其他的部份。從標題中，你可以使用 Google 雲端硬碟來管理你的資料和結果，這樣你就可以從上次中斷的地方繼續學習或與他人分享你訓練的模型。

2. 最上面的項目稱為「Class 1」（類別 1），指出你的分類的類別之一。當然，你可以重新命名它！我已將我的類別重新命名為「工作中」。在這張工作流卡片中，你可以存取網路攝影機或上傳符合此類別的影像文件。

3. 這第二張工作流卡片是任何的第二種類別。在我嘗試建立的範例中，這可能是「有空」或「沒在工作」。此處你要提供適合你的第二種類別的資料。

4. 所有類別都進入訓練工作流程。當你有想要建構的範例時，你可以單擊 Train Model 按鈕以主動訓練模型。我們將在使用 Advanced 頁籤時更深入地了解它的作用。

5. Preview 區段會立即顯示模型的即時分類結果。

蒐集資料和訓練

你可以按住網路攝影機的「Hold to Record」按鈕並立即提供數百張影像作為範例資料。很重要的是要在資料集中盡可能地多評估和包含各種變化。例如，如果你在做「豎起大拇指或倒豎大拇指」專案，重要的是你要在螢幕上移動你的手，抓取不同的角度，以及把你的手放在你的臉、襯衫和任何其他複雜背景的前面。

對我來說，我調整了我的燈光，因為有時我有一個相機主燈，有時我有背光。在幾秒鐘內，我有了在辦公室門打開和關閉時出現的數百種不同的情況。我甚至拍了一些我的門是關著的，但我沒有坐在我的辦公桌前的照片。

Teachable Machine 的一大優點是它可以在瀏覽器中快速為你提供結果，因此如果模型需要更多資料，你可以隨時返回並立即添加更多資料。

一旦你有了幾百張照片，你可以點擊 Train Model 按鈕，你會看到一個「Training...」進度圖（見圖 7-7）。

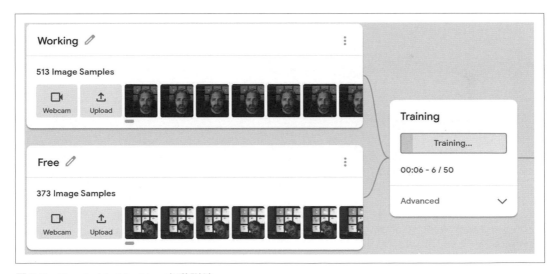

圖 7-7　Teachable Machine 主動訓練

那麼現在發生了什麼事？簡而言之，Teachable Machine 正在使用你的影像執行遷移學習以重新訓練 MobileNet 模型。隨機選擇的 85% 的資料被用於訓練模型，另外的 15% 則保留給測試模型的性能使用。

單擊 Advanced 頁籤可查看此特定配置的詳細資訊。這將暴露一些在機器學習訓練中通常被稱為**超參數**（*hyperparameter*）的東西（見圖 7-8）。這些超參數是可以針對模型訓練進行調整的參數。

圖 7-8　Teachable Machine 超參數

在這裡，你會看到一些新術語。雖然現在學習這些術語對你來說並不重要，但你最終還是需要學習它們，因此我們將快速複習一遍。當你在第 8 章編寫自己的模型時，這些概念中的每一個都會出現。

週期（*epoch*）

如果你來自程式設計界，尤其是 JavaScript 程式，那麼 epoch 是 1970 年 1 月 1 日。但這**不是** epoch 在此領域的涵義。機器學習訓練的一個週期是對訓練資料的一次完整傳遞。在一個週期結束時，AI 至少看過一次所有的訓練資料。50 個週期意味著模型必須查看資料 50 次。一個很好的比喻是閃示卡（flashcard），這個數字是你要讓模型瀏覽整疊閃示卡的次數，以讓它學習。

批次大小（*batch size*）

模型是分批載入到記憶體中的。如果只使用幾百張照片，你可以輕鬆地處理一起放在記憶體中的所有影像，但以合理的增量進行批次處理會更好。

學習率（*learning rate*）

學習率影響機器學習模型在每個預測中應該調整的程度。你可能認為學習率越高越好，但你錯了。有時，尤其是在微調遷移學習模型時，關鍵在於細節（如第 11 章所述）。

卡片底部還有一個按鈕，上面寫著「Under the hood」，它會給你很多關於訓練模型進度的詳細資訊。請隨意查看這個報告。稍後你將實作這類的量度。

驗證模型

Teachable Machine 完成後，它會立即將模型連接到你的網路攝影機，並向你顯示模型的預測結果。這是你測試模型結果的絕佳機會。

對我來說，當我在辦公桌前關上門時，模型預測我正在工作。好哇！我有一個可以使用的模型了。如圖 7-9 所示，兩個類別的表現都非常好。

理想情況下，你的訓練也會同樣順利。現在必須擷取經過訓練的模型，以便可以在你更廣泛的專案中實作。如果你想與朋友分享你的模型，你可以單擊預覽中的 Export Model 按鈕，在那裡你可以看到多種選項。新的模態視窗提供了在 TensorFlow、TensorFlow Lite 和 TensorFlow.js 中應用你的模型的路徑。甚至可以選擇免費託管經過訓練的模型，而不是自己下載和託管模型。我們為你提供了所有這些友善的選項和一些漂亮的複製 - 貼上（copy-and-paste）程式碼，以便你可以快速實作這些模型。匯出程式碼畫面應該類似於圖 7-10。

圖 7-9 模型可用

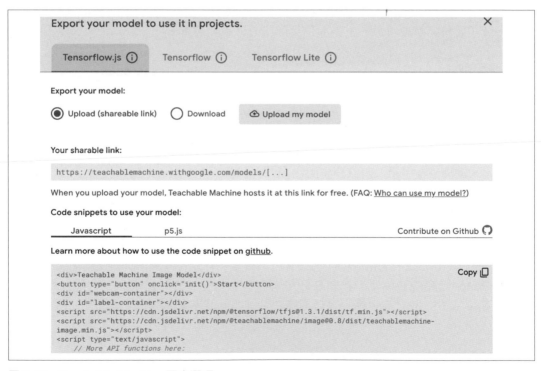

圖 7-10 Teachable Machine 匯出選項

當你的模型被下載或發佈時，你的資料不會隨之發布。要儲存資料集，你必須將專案儲存在 Google Drive 中。如果你計劃隨著時間而改進模型或增加資料集時，請記住這一點。識別和處理邊緣案例是資料科學流程的一部分。

Teachable Machine 的 複 製 - 貼 上 部 分 中 所 免 費 提 供 的 程 式 碼 使 用 了 名 為 @teachablemachine/image（*https://oreil.ly/kY7YJ*）的 NPM 套件來隱藏網路攝影機和張量的細節，雖然這對於不瞭解網路攝影機和張量的人來說非常有用，但對於最終產品來說卻毫無用處。你在第 6 章中學到的進階使用者介面技能使你的創造潛力遠遠優於複製 - 貼上程式碼選項。

 每個 Teachable Machine 模型都會有所不同；你剛剛訓練的視覺模型建構在我們的老朋友 MobileNet 分類器之上。因此，當你實作模型時，請將輸入的大小調整為 224 x 224。

你剛剛訓練了你的第一個模型。但是，我們盡可能地截彎取直。透過使用者介面訓練模型將成為機器學習的重要部分，它可以幫助每個機器學習新手獲得良好的開始。但是像你這樣的張量魔法師應該可以訓練一個更加動態的模型，你顯然希望使用程式碼等外顯式指令來命令你的機器，因此，讓我們開始透過編寫一些 JavaScript 來訓練模型。

機器學習陷阱

在寫程式時，任何開發人員都可能不得不面對各式各樣的問題。即使程式語言各不相同，但每個基礎設施都有一組同樣的坑洞。機器學習也不例外。雖然有些問題可能只適用於任何選定的類型和問題，但儘早識別這些問題很重要，這樣你就可以發現資料驅動（data-driven）演算法的一些最常見的併發症。

現在我們將快速的闡述一些概念，但是當它們應用於本書其餘部分的工作時，我們會對它們重新審視：

• 少量資料

• 資料不佳

• 資料偏差（bias）

- 過度擬合（overfitting）

- 擬合不足（underfitting）

讓我們審視一下這些概念，以便在接下來的章節中找出它們。

少量資料

我讓人們帶著一個關於機器學習解決方案的好主意來找我，而他們只有三個標記過的樣本。這個世界上很少有事情可以從這麼小的訓練集中受益。當資料是你訓練演算法的方式時，你將需要相當數量的資料。要多少呢？從來沒有適合所有問題的答案，但你應該傾向於使用較多的資料而不是較少的資料。

資料不佳

有些人的生活乾淨、有條理、井井有條，但在現實世界中，資料不會剛好以這種方式出現。如果你的資料有漏失、標記錯誤或極端令人無法接受的資料，則可能會導致你的訓練出現問題。很多時候，資料需要清理，而且異常值需要刪除。準備好資料是一個重要而關鍵的步驟。

資料偏差

你的資料可以被清楚地標記，每個細節都在正確的位置，但可能缺少使其在實際案例中發揮作用的資訊。在某些情況下，這可能會導致嚴重的道德問題，而在其他情況下，這可能會導致你的模型在各種條件下表現不佳。例如，我之前訓練的「爸爸在工作嗎？」模型（圖 7-9）可能不適用於其他人的辦公室配置，因為資料僅適用於我的辦公室。

過度擬合

有時，模型被訓練到只能在訓練集資料上運行良好的程度。在某些情況下，更直接但較低的準確度的模型會更能夠泛化以適應新的資料點。

看看圖 7-11 中的這個分離圖是如何過度擬合資料的？雖然它完美地解決了給定的問題，但添加了從未見過的新點後，它可能會變慢並失敗。

有時你會聽到稱為**高變異數**（*high variance*）的過度擬合，這意味著你在訓練資料中的波動會導致模型在新資料上隨機的失敗。

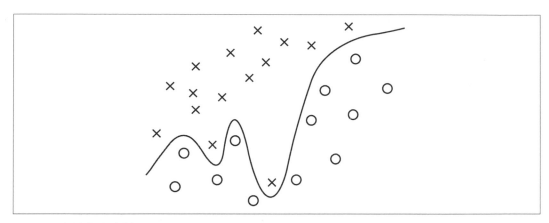

圖 7-11　過度擬合資料

如果你的目標是讓你的模型處理新的、前所未見的資料，那麼過度擬合可能會是一個真正的問題。幸運的是，我們有測試和驗證集可以提供幫助。

擬合不足

如果你的模型沒有經過足夠的訓練，或者它的結構方式無法適應資料，則解決方案可能會失敗，甚至與任何外插（extrapolated）或額外的資料完全背道而馳。這與過度擬合相反，但在同樣的意義上，它也會建立一個糟糕的模型。

看到圖 7-12 中的分離圖如何對資料的細微曲線擬合不足了嗎？

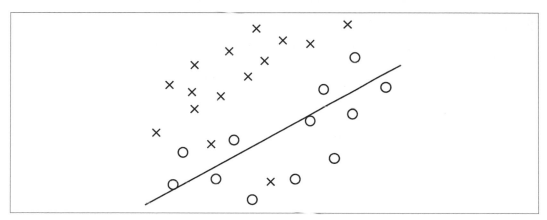

圖 7-12　資料擬合不足

當模型擬合不足時，我們會說該模型具有**高偏差**（*high bias*），因為對資料的大假設實際上是錯誤的。雖然看來相似，但請不要將此術語與前面介紹的資料偏差混淆。

資料集選購

現在你明白為什麼擁有不同的資料是必不可少的了。雖然 Teachable Machine 中的「爸爸在工作嗎？」模型對我很有用，它的多樣性還不夠用來讓其他辦公室一起使用。令人高興的是，機器學習社群最令人印象深刻的方面之一是每個人都對他們得來不易的資料集十分慷慨。

在蒐集你的資料之前，先研究一下其他人是否已經發布了可用和已標記的資料會很有幫助。瞭解專家級機器學習資料集的組織方式也很有幫助。

資料集很像 JavaScript 程式庫：它們一開始看起來很獨特，但過了一段時間，你會開始看到相同的程式庫一遍又一遍地被引用。世界各地的大學都擁有出色的有用資料集目錄（*https://oreil.ly/lbvkW*），甚至 Google 也有類似於 TensorFlow Hub 的資料集託管服務（*https://oreil.ly/BnddO*），但都不如稱為 Kaggle 的資料集聚集地。

Kaggle（*https://www.kaggle.com*）擁有大量適用於所有類型資料的資料集。從鳥鳴到 IMDb 的評論，你可以使用來自 Kaggle 的各種資料來訓練各種模型。圖 7-13 顯示了一個友善且可搜尋的資料集介面。

無論你是在研究用於訓練模型的資料，還是在尋找可以透過機器學習做出什麼瘋狂新事物的想法，Kaggle 都能滿足你的需求。

 Kaggle 不僅僅提供資料集，它也是一個可以分享、競賽和獲獎的社群。

如果你對 Kaggle 的課外活動層面不感興趣，你通常可以使用 Google 的資料集搜尋網站，並且很可能會找到你的 Kaggle 資料集和其他資料集：*https://datasetsearch.research.google.com*。

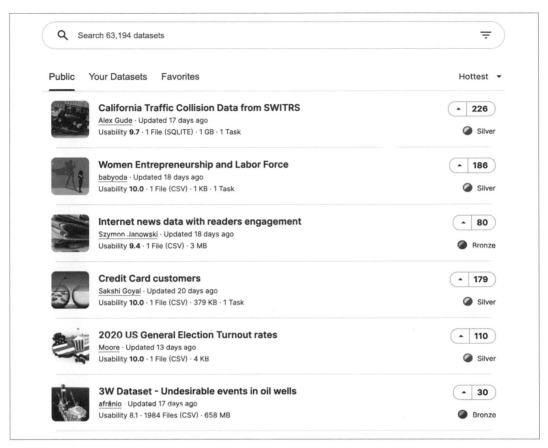

圖 7-13　Kaggle 提供超過 60,000 個免費資料集

流行資料集

雖然資料集列表每天都在增長，但在很長一段時間內，其實可以選擇的資料並不多。已發布的資料集很少見，因此其中一些就成為了訓練範例的基礎資料。有些資料集是同類資料的首次發布，並在不知不覺中成為某種機器學習類型的品牌大使。像秘密密碼一樣，這些流行的資料集在演講和文件說明中被隨意使用。知道一些最常見和最著名的資料集會很棒：

ImageNet（*https://oreil.ly/Et6TH*）

ImageNet 被用來訓練一些最流行的電腦視覺模型。學術研究人員一直使用這個大型影像資料集來對模型進行基準測試（benchmark）。

MNIST（*https://oreil.ly/Rb9Ru*）

這是一個包含 28 x 28 灰階手寫數字的集合，用於訓練可以閱讀數字的模型。它通常是電腦視覺模型的「Hello World」。這個名字來自它的來源，一個來自美國國家標準與技術研究所（National Institute of Standards and Technology）的修改後的資料集。

Iris（*https://oreil.ly/EWvgs*）

1936 年，Ronald Fisher 發現可以透過三種物理測量來識別鳶尾花（iris）的屬和種。該資料集是非視覺分類的經典之作。

Boston Housing Prices（*https://oreil.ly/RHD65*）

該資料集包含房屋的價值及其相關屬性，用於求解最佳擬合（best fit）（線性迴歸（linear regression））模型的線。

The Titanic（*https://oreil.ly/RtzuS*）

這是從 1912 年 4 月 15 日沉沒的「永不沉沒的」鐵達尼號所蒐集的乘客日誌。我們將在第 9 章中使用此資料集建立模型。

Wine Quality（*https://oreil.ly/K1ekn*）

對於釀酒師和精釀師來說，使用機器學習來識別出美味飲料的製作方法的想法令人振奮。該資料集包含了每種葡萄酒的理化特性及其分數。

Pima Indians Diabetics（*https://oreil.ly/AZh6O*）

相當多的資料集可用於醫療保健。這是一個基於患者病史的小型且易於使用的糖尿病資料集。

CIFAR（*https://oreil.ly/JgIsD*）

雖然 ImageNet 是黃金標準（gold standard），但它有點難以接近而且複雜。CIFAR 資料集是用於分類任務的低解析度且友善的影像集合。

Amazon Reviews（ *https://oreil.ly/cM80L* ）

這是 Amazon.com 多年來的產品評論集。由於擁有使用者的評論及其評分，此資料集已被用於訓練文本的情緒情感。緊追其後的是 IMDb 評論資料集。

COCO（ *https://oreil.ly/qSn9z* ）

這是一個大規模的物件偵測、分割（segmentation）和圖說（caption）資料集。

這 10 個資料集是標準參考資料集的好起點。機器學習愛好者會在推文、演講和部落格文章中隨意引用這些內容。

本章回顧

當然，你沒有蒐集到各種金星上火山的照片集。你怎麼做得到？這並不意味著你不能用它來訓練模型並將模型移動到你的新瀏覽器遊戲中。只需從 Kaggle 下載資料集並將影像上傳到 Teachable Machine 即可建立一個像樣的「火山與否」天文模型。與 TensorFlow.js 將你帶入機器學習軌道的方式相同，這些現有模型和資料集為你掌握應用程式奠定了基礎。

與 web 開發一樣，機器學習包含各種專業。機器學習依賴於跨資料、模型、訓練和張量的各種技能。

本章挑戰：R.I.P. 你將成為 MNIST

輪到你將模型從 Keras HDF5 移動到 TensorFlow.js 了。在本書所附的程式碼中，你將找到一個 *mnist.h5* 檔案，其中包含用來識別手寫數字的模型。

1. 建立一個 TensorFlow.js 圖模型。

2. 用 uint8 對模型進行量化，使其變小。

3. 使用萬用字元（wild card）存取模型中的所有權重。

4. 將分片大小設置為 12,000。

5. 儲存到資料夾 *./minist*（ *min* 是因為它被量化了，明白了嗎！？）。

回答這些問題：

1. 產生了多少個 bin 檔案和群組？

2. 最終輸出的大小是多少？

3. 如果使用預設分片大小，會產生多少個 bin 檔案？

你可以在附錄 B 中找到這個挑戰的答案。

練習題

讓我們回顧一下你從本章編寫的程式碼中學到的課程內容。花點時間回答以下問題：

1. 如果給你一份特定任務的資料，你在訓練前會有什麼顧慮和想法？

2. 如果一個模型經過訓練並獲得 99% 的準確度，但是當你在現場使用它時，它的表現非常糟糕，你說是發生了什麼事呢？

3. Google 為了幫助你訓練自己的模型而建立的網站名稱是什麼？

4. 使用 Google 網站的缺點是什麼？

5. 用於訓練 MobileNet 和其他流行機器學習模型的影像資料集是什麼？

附錄 A 中提供了這些習題的解答。

接下來…

在第 8 章中，你將學習開始建構自己的模型。從頭開始建立模型對於教導 AI 去應對新挑戰至關重要。最後，你可以享受訓練的世界。雖然這會很快變得複雜，但你將可以親自動手來成功地完成這個冒險。

訓練模型

「不要要求更輕的負擔，而是要更寬的肩膀。」

—猶太諺語

雖然令人印象深刻的模型和資料的供應將繼續增長和滿溢，但你不會只想要使用 TensorFlow.js 模型也是合理的。或許你會想到一個前所未有的想法，而那天可能並不會有現成的選項可用。是時候訓練自己的模型了。

沒錯，這是世界上最優秀的頭腦爭相進行的任務。雖然可以編寫關於訓練模型的數學、策略和方法的程式庫，但核心的理解仍然至關重要。你必須熟悉使用 TensorFlow.js 訓練模型的基本概念和好處，以充分利用此框架。

我們會：

- 用 JavaScript 程式碼訓練你的第一個模型
- 加深你對模型架構的理解
- 回顧如何在訓練期間追蹤狀態
- 涵蓋一些基本的訓練概念

完成本章後，你將掌握幾種訓練模型的方法，並更清楚的理解使用資料來完成機器學習解決方案的過程。

訓練基本知識

是時候剝離魔法並使用 JavaScript 訓練模型了。雖然 Teachable Machine 是一個很好的工具，但它的能力還是有限的。要真正增強機器學習的能力，你必須確定要解決的問題，然後教導機器找到解決方案的樣式。為了要這樣做，我們將透過資料的視野來看待問題。

看一下這個資訊的範例，而且在你寫程式碼之前，看看是否能識別這些數值之間的相關性。你有一個函數 f，它接受一個數值並傳回一個數值。資料如下：

- 給定 –1，結果為 –4。

- 給定 0，結果為 –2。

- 給定 1，結果為 0。

- 給定 2，結果為 2。

- 給定 3，結果為 4。

- 給定 4，結果為 6。

你能指明 5 的答案是什麼嗎？你能推斷出 10 的解嗎？在繼續之前花點時間評估資料。有一些人可能已經找到了解：答案 = 2x – 2。

函數 f 是一條簡單的直線，如圖 8-1 所示。知道了這一點，你可以快速的求出輸入 10 的解並發現它會產生 18。

從給定的資料中解決這個問題正是機器學習可以做的。讓我們準備並訓練一個 TensorFlow.js 模型來解決這個簡單的問題。

要應用監督式學習，你需要執行以下操作：

1. 蒐集你的資料（輸入和想要的解答兩者都要）。

2. 建立和設計模型架構。

3. 指明模型應該如何學習和測量錯誤。

4. 訓練模型並決定訓練多長時間。

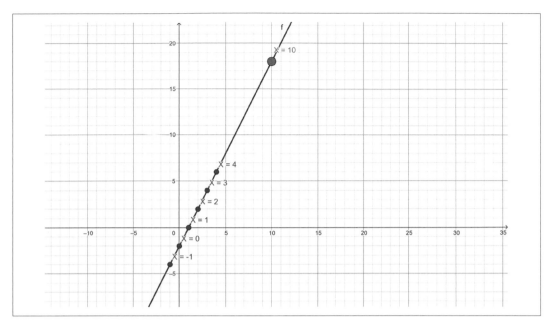

圖 8-1　X = 10 表示 Y = 18

資料準備

要為一台機器做準備，你要編寫程式碼來提供輸入張量，也就是值 [-1, 0, 1, 2, 3, 4] 及其相對應的答案 [-4, -2, 0, 2, 4, 6]。問題的索引必須與預期答案的索引相匹配，你想一下就會覺得本該如此。因為我們為模型提供了所有值的答案，而這正是它成為監督式學習問題的原因。

在目前情況下，訓練集包含六個範例。我們很少會在如此少量的資料上進行機器學習，但問題會相對較小而且簡單。如你所見，我們並沒有保留任何訓練資料用來測試模型。幸運的是，你還是可以嘗試這個模型，因為你已經先知道用於建立資料的公式了。如果你不熟悉訓練和測試資料集的定義，請查看第 1 章第 19 頁的「常用 AI/ML 術語」。

設計模型

設計模型這個想法可能聽起來很乏味，但老實說它是理論、試驗和錯誤的混合體。在模型的設計者瞭解所設計的架構的效能之前，可能要對模型進行數小時甚至數週的訓練。有一整個研究領域致力於模型設計。你為本書建立的層模型將為你提供良好的基礎。

設計模型的最簡單方法是使用 TensorFlow.js Layers API，這是一個進階 API，允許你按照順序定義每個網路層。事實上，要開始設計你的模型，你將從程式碼 `tf.sequential();` 開始。根據這種模型定義風格的來源，你可能會聽到這被稱為「Keras API」。

你為了解決你目前想要解決的簡單問題而建立的模型將只有一層和一個神經元。當你所考慮的是一條直線的公式時，這是有道理的；那不是一個非常複雜的方程式。

 當你熟悉密集（dense）網路的基本方程式時，為什麼單個神經元可以用在這種情況下就變得非常明顯了，因為一條直線的公式是 y = mx + b，而人工神經元的公式是 y = Wx + b。

要為模型添加網路層，你要使用 `model.add` 然後定義你的網路層。使用 Layers API，添加的每個網路層都會定義自己並根據呼叫 `model.add` 的順序自動連結，就像推入到陣列一樣。你將在第一層定義模型的預期輸入，你添加的最後一層將定義模型的輸出（參見範例 8-1）。

範例 8-1　建立假想模型

```
model.add(ALayer)
model.add(BLayer)
model.add(CLayer)

// 目前的模型為 [ALayer, BLayer, CLayer]
```

範例 8-1 中的模型將具有三層。`ALayer` 的任務是指明預期的模型輸入及其本身。`BLayer` 不需要指明它的輸入，因為它推斷輸入將是來自 `ALayer`。因此，`BLayer` 只需要定義自己。`CLayer` 會指明自己，因為它是最後一層，所以它也會指明模型的輸出。

讓我們回到你嘗試編寫程式碼來建立的模型。目前問題所架構的模型目標只有一層和一個神經元。當你對這一層撰寫程式時，你要定義你的輸入和輸出。

```
// 模型的整個內部運作
model.add(
  tf.layers.dense({
    inputShape: 1, // 單一值的 1D 張量
    units: 1 // 一個神經元 - 輸出張量
  })
);
```

結果是一個簡單明瞭的神經網路。繪製成圖形時，網路有兩個節點（見圖 8-2）。

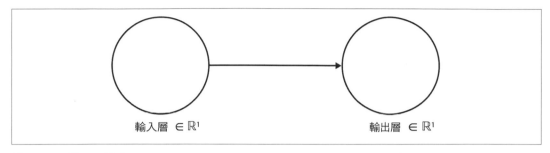

輸入層 $\in \mathbb{R}^1$　　　　　　　　　輸出層 $\in \mathbb{R}^1$

圖 8-2　一輸入一輸出

一般來說，網路層會有更多的人工神經元（圖節點），但也更複雜，還有其他屬性也要配置。

確定學習度量（metric）

接下來，你需要告訴你的模型如何指明進度以及如何改進。這些概念並不陌生。只是它們在軟體中看起來很奇怪。

每次我嘗試用雷射筆瞄準某物時，我通常都會瞄不準。不過，我可以看到我是有點偏左或偏右，然後我會進行調整。機器學習也做同樣的事情。它可能隨機開始，但演算法會自行糾正，它需要知道你希望它如何做。最適合我那個雷射筆範例的方法是*梯度下降*（*gradient descent*）。優化雷射筆的最平滑迭代方法是一種稱為*隨機梯度下降*（*stochastic gradient descent*）的方法，這就是我們目前將使用的，因為它運作良好，而且在你的下一次晚宴上談到它時聽起來會很酷。

至於測量誤差，你可能認為簡單的「正確」和「錯誤」是可行的，但是只差幾個位數的小數和差好幾千這兩者之間存在著明顯的差異。出於這個原因，你通常依靠損失函數來幫助你確定 AI 猜測的錯誤程度。有很多方法可以測量誤差，但在這種情況下，均方誤差（mean squared error, MSE）是一種很好的測量方法。對於那些需要瞭解數學的人來說，MSE 是估計值（y）與實際值（帶小帽子的 y）之間的平均平方差。你可以忽略下面所說的，因為框架會為你計算它，但是如果你熟悉常見的數學符號的話，它的公式可以這樣表示：

$$\mathrm{MSE} = \frac{1}{n}\Sigma_{i-1}^{n}\left(Y_i - \widehat{Y_i}\right)^2$$

為什麼你會喜歡這個公式，而不是像與原始答案間的距離這樣簡單的東西？MSE 有一些數學優勢，有助於將變異數和偏差整合成正的誤差分數。在不深入研究統計學的情況下，它是求解擬合資料線的最常見損失函數之一。

 隨機梯度下降和均方誤差明顯來自數學，這幾乎無助於務實的開發人員瞭解它們的目的。在這種情況下，最好能理解這些術語的涵義，而且如果你喜歡冒險，可以觀看大量能更詳細解釋它們的影片。

當你準備好告訴模型要使用特定的學習度量並為模型添加完網路層時，這一切都包裝在 .compile 呼叫中。TensorFlow.js 酷到可以瞭解所有關於梯度下降和均方誤差的知識。你可以使用經核可的字串等效項（equivalent）來指明它們，而不是撰寫這些函數的程式碼：

```
model.compile({
  optimizer: "sgd",
  loss: "meanSquaredError"
});
```

使用框架的一大好處是，隨著機器學習世界發明了像「Adagrad」和「Adamax」這樣的新優化器，它們可以透過簡單地更改模型架構中的字串[1]來進行嘗試和呼叫。將「sgd」切換到「adamax」（*https://arxiv.org/abs/1412.6980*）對於開發人員來說相對不需要太多時間，而且它可能會顯著改善你的模型訓練時間，而且你無需閱讀有關隨機優化的論文。

在不瞭解函數細節的情況下指明函數這件事提供了一種苦樂參半的好處，類似不需要瞭解每種檔案類型的完整結構就可以更改檔案的類型。稍微瞭解每種方法的優缺點會大有幫助，但你無需記住它們的規範。當你進行架構設計時，花一點時間閱讀可用的內容是值得的。

別擔心。你會看到相同的名稱被重複使用，因此很容易掌握它們。

至此，模型建立完畢。如果你要求它來預測任何東西，它會失敗，因為它沒有完成任何訓練。架構中的權重完全是隨機的，但你可以透過呼叫 model.summary() 來查看網路層。它會直接輸出到控制台，看起來有點像範例 8-2。

---

[1] tfjs-core 的優化器資料夾（*https://oreil.ly/vnmcI*）中列出了支援的優化器。

範例 8-2　在層模型上呼叫 model.summary() 會列印網路層

```
Layer (type)              Output shape            Param #
=================================================================
dense_Dense6 (Dense)      [null,1]                2
=================================================================
Total params: 2
Trainable params: 2
Non-trainable params: 0
```

網路層 dense_Dense6 是一個自動 ID，用於在 TensorFlow.js 後端參照該層。你的 ID 可能會有所不同。這個模型有兩個可訓練的參數，這是有道理的，因為一條直線就是 y = mx + b，對吧？一個有趣的直觀想法是回顧圖 8-2 並且計算直線和節點的數量。一條線和一個節點表示兩個可訓練的參數。該層的所有參數都是可訓練的。稍後我們將介紹不可訓練的參數。這個單層模型已經準備就緒。

讓模型進行訓練

訓練模型的最後一步是將輸入結合到架構中並指定應該訓練多長時間。如前所述，這通常以週期為單位來衡量，即模型將檢查包含正確答案的閃示卡的次數，然後在達到時停止訓練。你應該使用的週期數取決於問題的大小、模型以及所謂的「足夠好」的正確程度。在某些模型中，多獲得 0.5% 的準確度值得多花數小時的訓練，而在我們的例子中，模型在幾秒鐘內就已經足夠準確了。

訓練集是一個具有六個值的 1D 張量。如果將週期設定為 1,000，該模型實際上將訓練 6,000 次迭代，在任何現代電腦上這最多需要幾秒鐘。將直線擬合到點的這種微不足道的問題對電腦來說非常簡單。

全部放在一起

現在你已經熟悉了高階概念，你可能渴望用程式碼解決這個問題。下面的程式碼用於使用資料來訓練模型，然後立即向模型詢問 10 這個值的答案，如上所述。

```
// 輸入
const xs = tf.tensor([-1, 0, 1, 2, 3, 4]); ❶
// 我們要的輸入的答案
const ys = tf.tensor([-4, -2, 0, 2, 4, 6]);

// 建立模型
const model = tf.sequential(); ❷
```

```
model.add( ❸
  tf.layers.dense({
    inputShape: 1,
    units: 1
  })
);

model.compile({ ❹
  optimizer: "sgd",
  loss: "meanSquaredError"
});

// 印出模型結構
model.summary();

// 訓練
model.fit(xs, ys, { epochs: 300 }).then(history => { ❺
  const inputTensor = tf.tensor([10]);
  const answer = model.predict(inputTensor); ❻
  console.log(`10 results in ${Math.round(answer.dataSync())}`);
  // 清理
  tf.dispose([xs, ys, model, answer, inputTensor]); ❼
});
```

❶ 將資料準備成具有輸入和預期輸出的張量。

❷ 建立了一個循序模型。

❸ 如上所述,添加具有一個輸入和一個輸出的唯一網路層。

❹ 使用給定的優化器和損失函數完成循序模型。

❺ 模型被告知要訓練 300 個週期的 fit。這是一段微不足道的時間,當 fit 完成時,它傳回的 promise 就被解決了。

❻ 要求訓練後的模型為輸入張量 10 提供答案。你需要對答案進行四捨五入以強制得到整數結果。

❼ 得到答案後捨棄掉所有東西。

恭喜!你已經在程式碼中從頭開始訓練了一個模型。你剛剛解決的問題稱為**線性迴歸**(*linear regression*)問題。它有各種用途,是預測房價、消費者行為、銷售預測等事情的常用工具。通常,資料點在現實世界中不會完美地落在一條直線上,但現在你可以將散布的線性資料轉化為預測模型。因此,當你的資料如圖 8-3 所示時,你可以按照圖 8-4 所示進行求解。

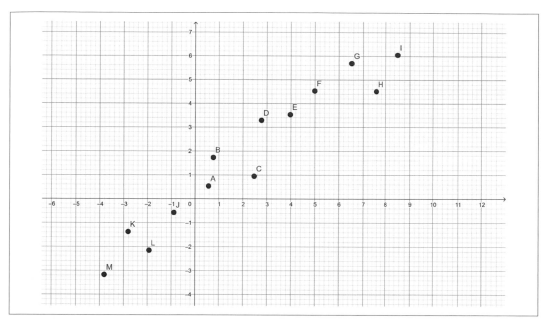

圖 8-3　散布的線性資料

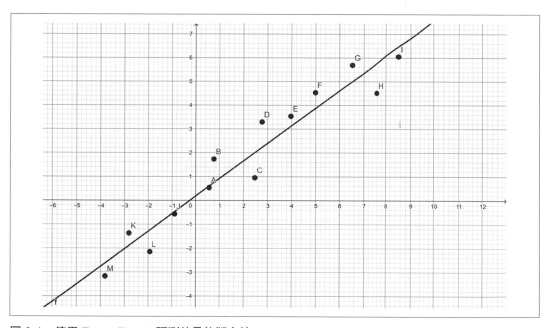

圖 8-4　使用 TensorFlow.js 預測的最佳擬合線

現在你已經熟悉了訓練的基礎知識，你可以擴展你的程序以瞭解要解決更複雜模型所需要的條件。模型的訓練在很大程度上與架構以及資料的品質和數量有關。

非線性訓練基本知識

如果每個問題都可以表達成直線的話，那就不需要機器學習了。自 1800 年代初以來，統計學家一直在解決線性迴歸問題。不幸的是，一旦你的資料是非線性的，這就會失敗。如果你讓 AI 求解 $Y = X^2$ 呢？

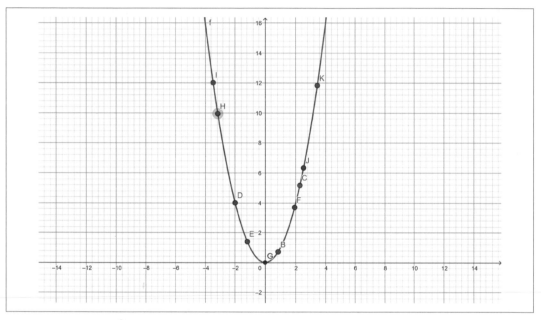

圖 8-5　簡單的 $Y = X^2$

更複雜的問題需要更複雜的模型架構。在本節中，你將學習到基於網路層的模型的新屬性和特徵，並處理資料的非線性分組。

你可以對神經網路增加更多節點，但它們仍然存在於一組線性函數中。為了打破線性，是時候添加**激發函數**（*activation function*）了。

激發函數的工作方式類似於大腦中的神經元。是的，又是這個比喻。當神經元以電化學方式接收信號時，它並不總是被激發的。在神經元激發其動作電位之前需要一個閾值。

同樣地，神經網路具有一定程度的偏差和類似的開 / 關動作電位，當它們由於傳入信號（類似於去極化電流）而達到閾值時會發生。簡而言之，激發函數使神經網路能夠進行非線性預測 [2]。

 如果你知道你想要的解是二次函數的話，那麼有更聰明的方法來求解二次函數。本節中求解 X^2 的作法是故意編排以讓你瞭解有關 TensorFlow.js 的更多資訊，而不是用來求解簡單的數學函數。

是的，這個練習不用 AI 也能輕鬆解決，但那有什麼樂趣呢？

蒐集資料

指數函數（exponential function）可以傳回一些非常大的數值，加速模型訓練的技巧之一是讓數值還有它們之間的距離都很小。你會一遍又一遍地看到這句話。基於我們的目的考量，模型的訓練資料將是 0 到 10 之間的數值。

```
const jsxs = [];
const jsys = [];

const dataSize = 10;
const stepSize = 0.001;
for (let i = 0; i < dataSize; i = i + stepSize) {
  jsxs.push(i);
  jsys.push(i * i);
}
// 輸入
const xs = tf.tensor(jsxs);
// 對於輸入我們想要的輸出
const ys = tf.tensor(jsys);
```

這段程式碼準備了兩個張量。xs 張量是 10,000 個值的群組，ys 則是這些值的平方。

向神經元添加激發

為給定層中的神經元選擇激發函數以及模型大小本身就是一門科學。這取決於你的目標、資料和知識。就像程式碼一樣，你可以想出幾種解決方案，它們的效果幾乎都一樣。經驗和練習可以幫助你找到合適的解決方案。

2　從吳恩達那裡了解有關激發函數的更多資訊（*https://youtu.be/Xvg00QnyaIY*）。

添加激發時，需要注意的是，TensorFlow.js 中內建了很多激發函數。最流行的激發函數之一稱為 ReLU，它代表線性整流函數（Rectified Linear Unit）。正如你可能從名稱中瞭解到的那樣，它來自科學術語的核心，而不是好笑的 NPM 套件名稱。有各種關於在某些模型上使用 ReLU 會優於其他激發函數的文獻。你必須知道 ReLU 是激發函數的一個流行選擇，你可能用它就會得到很好的結果。隨著你對模型架構的瞭解更多，你應該可以隨意嘗試其他的激發函數。與許多替代方案相比，ReLU 可以幫助模型訓練得更快。

在先前的模型中，你只有一個節點和一個輸出。現在擴大網路規模是很重要的事。沒有要使用哪種大小比較好的公式存在，所以每個問題的第一階段通常需要一些實驗。基於我們的目的考量，我們將使用一個由 20 個神經元組成的密集層來增大模型。密集層意味著該層中的每個節點都與其前後各層中的每個節點相連。生成的模型如圖 8-6 所示。

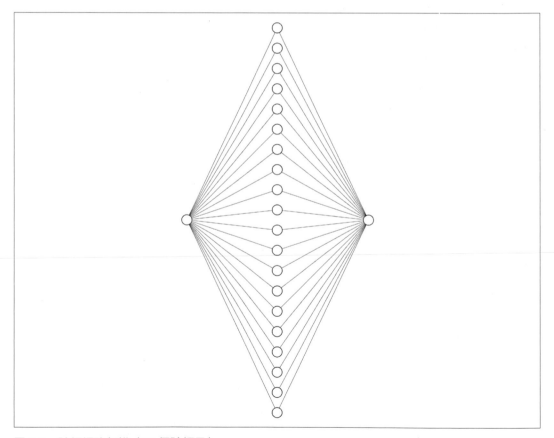

圖 8-6　神經網路架構（20 個神經元）

我們從左到右來瀏覽圖 8-6 中所顯示的架構，一個數值進入網路，20 個神經元的網路層稱為隱藏（*hidden*）層，結果值在最後一層輸出。隱藏層是輸入和輸出之間的層。這些隱藏層添加了可訓練的神經元，使模型能夠處理更複雜的樣式。

要添加此層並為其提供激發函數，你將在序列中指定一個新的密集層：

```
model.add(
  tf.layers.dense({
    inputShape: 1, ❶
    units: 20, ❷
    activation: "relu" ❸
  })
);

model.add(
  tf.layers.dense({
    units: 1 ❹
  })
);
```

❶ 第一層將輸入張量定義為單個數值。

❷ 指定本層應為 20 個節點。

❸ 為此層指定一個花俏的激發函數。

❹ 為輸出值添加最終的單神經元網路層。

如果編譯模型並列印摘要資訊，你將看到類似於範例 8-3 的輸出。

範例 8-3　為當前結構呼叫 model.summary()

Layer (type)	Output shape	Param #
dense_Dense1 (Dense)	[null,20]	40
dense_Dense2 (Dense)	[null,1]	21

Total params: 61
Trainable params: 61
Non-trainable params: 0

這個模型架構有兩層，這和前面的網路層建立程式碼相匹配。null 部分代表批次大小，因為那可以是任何數值，所以它被留白。例如，第一層被表達為 [null,20]，因此一組四個值的批次將為模型提供 [4, 20] 的輸入。

你會注意到該模型共有 61 個可調參數。如果查看圖 8-6 中的圖表，你可以透過線條和節點來取得參數。第一層有 20 個節點和 20 條線，這就是為什麼它有 40 個參數。第二層有 20 條線都通向同一個節點，這就是為什麼它只有 21 個參數。你的模型已準備好進行訓練了，但這次會大得多。

如果你進行這些更改並開始訓練，你可能會聽到你的 CPU/GPU 風扇開始運轉但看不到任何東西輸出。聽起來電腦可能正在訓練，但如果能看到某種進展肯定會更好。

觀看訓練

TensorFlow.js 擁有各種出色的工具，可幫助你確定訓練進度。最特別的是，有一個 fit 配置的屬性稱為 callbacks。在 callbacks 物件中，你可以繫結訓練模型的某些生命週期並執行你喜歡的任何程式碼。

由於你已經熟悉了什麼叫一個週期（用完一次完整的訓練資料），這就是你將在本範例中使用它的時刻。這是獲取某種控制台訊息的簡潔但有效的方法。

```
const printCallback = { ❶
  onEpochEnd: (epoch, log) => { ❷
    console.log(epoch, log); ❸
  }
};
```

❶ 建立回呼（callback）物件，其中包含你想要綁定的所有生命週期方法。

❷ onEpochEnd 是訓練所支援的眾多已識別的生命週期回呼之一。其他在框架（*https://oreil.ly/NoVqS*）文件說明的 fit 部分中有列出。

❸ 列印值以供查看。通常，你會做一些與此資訊相關的事情。

 可以透過在 fit 配置中設定 stepsPerEpoch 數值來重新定義週期。使用這個變數，一個週期可以變成包含任意數量的訓練資料。預設情況下，這被設定為 null，因此一個週期被設定為訓練集中不重複樣本的數量除以批次大小。

剩下要做的就是將你的物件與你的週期一起傳遞給模型的 `fit` 配置，並且你應該在模型訓練時看看日誌。

```
await model.fit(xs, ys, {
  epochs: 100,
  callbacks: printCallback
});
```

`onEpochEnd` 回呼會列印到你的控制台，表明訓練正在運行。在圖 8-7 中，你可以看到你的週期和你的日誌物件。

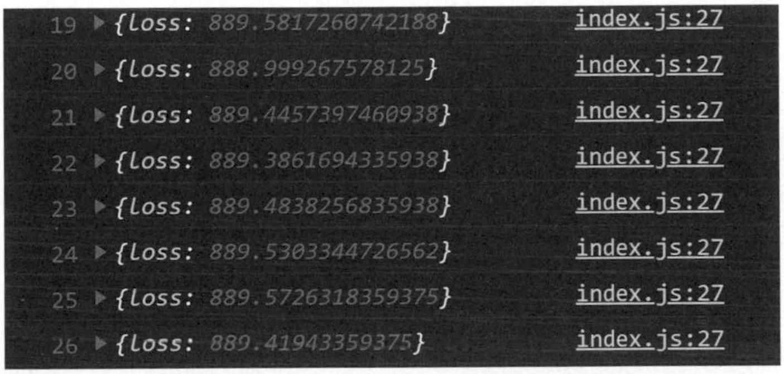

19	▶ {loss: 889.5817260742188}	index.js:27
20	▶ {loss: 888.999267578125}	index.js:27
21	▶ {loss: 889.4457397460938}	index.js:27
22	▶ {loss: 889.3861694335938}	index.js:27
23	▶ {loss: 889.4838256835938}	index.js:27
24	▶ {loss: 889.5303344726562}	index.js:27
25	▶ {loss: 889.5726318359375}	index.js:27
26	▶ {loss: 889.41943359375}	index.js:27

圖 8-7　週期 19 到 26 的 onEpochEnd 日誌

能夠看到模型實際上正在訓練，甚至可以分辨出它處於哪個週期，這真是令人耳目一新。但是，日誌的值是怎麼回事？

模型日誌

模型被告知使用損失函數來定義損失為何。你希望會在每個週期中看到損失是下降的。損失不僅僅是「這是對還是錯？」的問題。而是有關模型的錯誤程度，以便它可以學習。在每個週期之後，模型都會報告損失，而在良好的模型架構中，這個數字會迅速下降。

你可能對準確度（accuracy）感興趣。大多數時候，準確度是一個很好的度量，我們可以在日誌中啟用準確度。然而，對於像現在這樣的模型，用準確度作為一個度量並不是很合適。例如，如果你問模型 [7] 的預測輸出應該是什麼，而模型回答 49.0676842 而不是 49，那麼它的準確度會是零，因為它並不正確。雖然這個近似結果的損失很低，而且四捨五入**之後**會得到正確的結果，但技術上它還是錯的，所以模型的準確度得分會很差。讓我們稍後在它可以更有效地工作時再來啟用準確度。

改善訓練

損失值很高。不過什麼是高損失值？具體來說，這取決於問題為何。然而，當你看到超過 800 的誤差值時，通常可以肯定地說它沒有完成訓練。

Adam 優化器

幸運的是，你不必讓電腦訓練幾個星期才發現這件事。目前，優化器被設定為預設的隨機梯度下降（sgd）。你可以修改 sgd 預設值，甚至可以選擇不同的優化器。最流行的優化器之一稱為 Adam。如果你有興趣嘗試 Adam，不必閱讀 2015 年發表的關於 Adam 的論文（*https://arxiv.org/pdf/1412.6980.pdf*），你只需將 sgd 的值更改為 adam，然後就可以開始了。這是你可以享受框架帶來的好處的地方。只需更改一個小字串，你的整個模型架構就已更改。Adam 對解決某些類型的問題有很大的好處。

更新後的編譯程式碼如下所示：

```
model.compile({
  optimizer: "adam",
  loss: "meanSquaredError"
});
```

使用新的優化器，損失在幾個週期內便降至 800 以下，甚至降至 1 以下，如圖 8-8 所示。

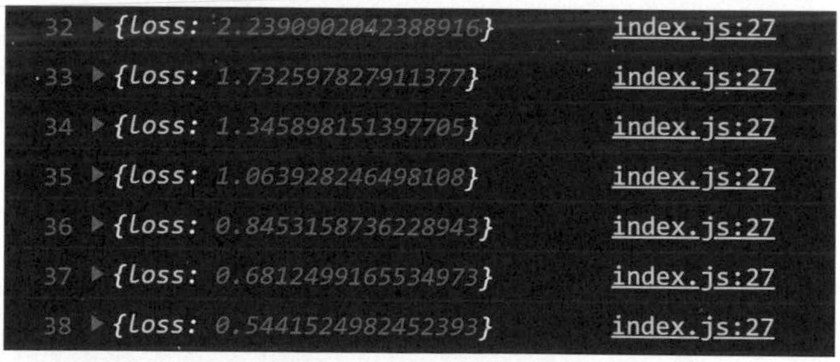

32	▶ {loss: 2.2390902042388916}	index.js:27
33	▶ {loss: 1.732597827911377}	index.js:27
34	▶ {loss: 1.345898151397705}	index.js:27
35	▶ {loss: 1.063928246498108}	index.js:27
36	▶ {loss: 0.8453158736228943}	index.js:27
37	▶ {loss: 0.6812499165534973}	index.js:27
38	▶ {loss: 0.5441524982452393}	index.js:27

圖 8-8　週期 19 到 26 的 onEpochEnd 日誌

在 100 個週期之後，該模型仍在為我取得進展，但在損失值 0.03833026438951492 處停止。每次執行都會有所不同，但只要損失很小，模型就可以運作。

針對特定問題來修改和調整模型架構以能更快地訓練或收斂的做法，是經驗和實驗的結合。

事情看起來還不錯，但我們還應該添加一個功能，有時那可以顯著減少訓練時間。在相當不錯的機器上，這 100 個週期大約需要執行 100 秒。你可以透過寫一行程式碼對資料進行批次處理來加快訓練速度。當你指定 fit 配置的 batchSize 屬性時，訓練速度會大大加快。嘗試將批次大小添加到你的 fit 呼叫中：

```
await model.fit(xs, ys, {
  epochs: 100,
  callbacks: printCallback,
  batchSize: 64   ❶
});
```

❶ 這個大小 64 的 batchSize 將我機器的訓練時間從 100 秒減少到 50 秒。

批次大小是記憶體效率的權衡取捨。如果批次太大，會限制哪些機器能夠執行訓練。

你有一個模型，可以在幾乎沒有大小成本下在合理的時間內進行訓練。但是，增加批次大小是你可以並且應該查看的選項。

更多節點和層

一直以來，目前的模型的形狀和大小都是相同的：一個由 20 個節點組成的「隱藏」層。不要忘記，你可以隨時添加更多網路層。為了實驗，我們再添加一個具有 20 個節點的網路層，因此你的模型架構會如圖 8-9 所示。

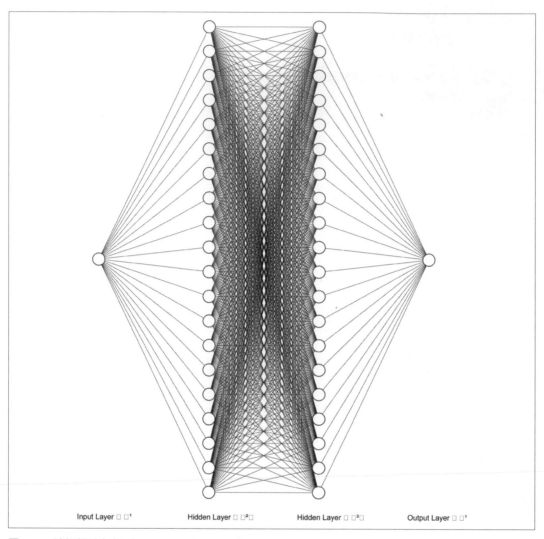

Input Layer ⬚ ⬚¹   Hidden Layer ⬚ ⬚²⬚   Hidden Layer ⬚ ⬚²⬚   Output Layer ⬚ ⬚¹

圖 8-9　神經網路架構（20 × 20 隱藏節點）

使用層模型架構，你可以透過添加新層來建構此模型。請參閱以下程式碼：

```
model.add(
  tf.layers.dense({
    inputShape: 1,
    units: 20,
    activation: "relu"
  })
```

```
    );

    model.add(
      tf.layers.dense({
        units: 20,
        activation: "relu"
      })
    );

    model.add(
      tf.layers.dense({
        units: 1
      })
    );
```

由此產生的模型訓練速度較慢,這是有道理的,但收斂速度也較快,這也是有道理的。
這個更大的模型在 20 秒的訓練時間內僅用 30 個週期就為輸入 [7] 生成了正確的值。

將它們全放在一起,你生成的程式碼會執行以下操作:

- 建立重要的資料集

- 建立幾個利用 ReLU 激發的深度連結層

- 將模型設定為使用進階的 Adam 優化

- 使用大小為 64 的批次資料訓練模型並列印過程中的進度

完整的原始碼如下所示:

```
const jsxs = [];((("improving training", "adding more neurons and layers")))
const jsys = [];

// 建立資料集
const dataSize = 10;
const stepSize = 0.001;
for (let i = 0; i < dataSize; i = i + stepSize) {
  jsxs.push(i);
  jsys.push(i * i);
}
// 輸入
const xs = tf.tensor(jsxs);
// 對輸入而言我們所想要的輸出
const ys = tf.tensor(jsys);


// 列印每個週期的進度
```

```
const printCallback = {
  onEpochEnd: (epoch, log) => {
    console.log(epoch, log);
  }
};

// 建立模型
const model = tf.sequential();
model.add(
  tf.layers.dense({
    inputShape: 1,
    units: 20,
    activation: "relu"
  })
);
model.add(
  tf.layers.dense({
    units: 20,
    activation: "relu"
  })
);
model.add(
  tf.layers.dense({
    units: 1
  })
);

// 編譯以訓練
model.compile({
  optimizer: "adam",
  loss: "meanSquaredError"
});

// 訓練並列印時間
console.time("Training");
await model.fit(xs, ys, {
  epochs: 30,
  callbacks: printCallback,
  batchSize: 64
});
console.timeEnd("Training");

// 評估模型
const next = tf.tensor([7]);
const answer = model.predict(next);
answer.print();
```

```
// 清理！
answer.dispose();
xs.dispose();
ys.dispose();
model.dispose();
```

印出的結果張量十分接近 49。訓練是有效的。雖然這段冒險有點奇怪，但它突顯了一部分的模型建立和驗證過程。當你嘗試各種資料以及其相關解決方案時，建構模型是你隨著時間的推移將獲得的技能之一。

在後續章節中，你將解決更複雜但有益的問題，例如分類。你在此處學到的一切都將成為你工作檯上的工具。

本章回顧

你已經進入了訓練模型的世界。層模型結構不但是一種易於理解的視覺效果而已，也是你現在可以理解並按需求進行建構的東西。機器學習與正常的軟體開發非常不同，但你正在逐步瞭解 TensorFlow.js 所提供的差異和優勢。

本章挑戰：模型建築師

現在輪到你透過規格來建構層模型了。這個模型有什麼作用呢？沒人知道！它根本不會用任何資料進行訓練。在這個挑戰中，你的任務是建構一個具有你可能不瞭解的各種屬性的模型，但你至少應該知道要如何設定模型。此模型將是你建立的最大模型。你的模型將會有五個輸入和四個輸出，它們之間會有兩層，看起來就像圖 8-10 一樣。

在你的模型中執行以下操作：

- 輸入層應該有 5 個單元。

- 下一層應該有 10 個單元並使用 *sigmoid* 進行激發。

- 下一層應該有 7 個單元並使用 ReLU 進行激發。

- 最後一層應該有 4 個單元並使用 *softmax* 進行激發。

- 模型應使用 Adam 優化。

- 模型應使用損失函數 categoricalCrossentropy。

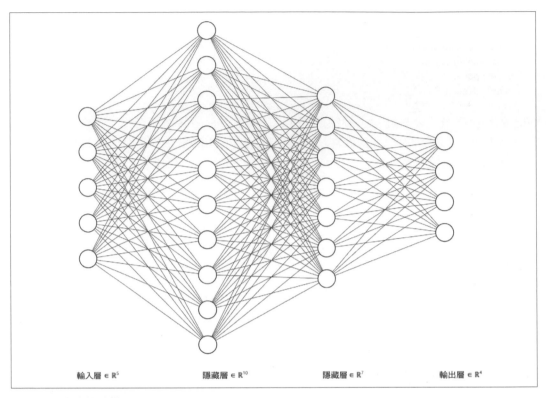

圖 8-10　本章挑戰模型

在建構此模型並查看摘要資訊之前，你能計算出最終模型會具有多少個可訓練參數嗎？
這就是圖 8-10 中線和圓的總數，不包括輸入。

你可以在附錄 B 中找到這個挑戰的答案。

練習題

讓我們回顧一下你從本章編寫的程式碼中學到的課程內容。花點時間回答以下問題：

1. 為什麼本章挑戰中的模型不適用於本章的訓練資料？

2. 你可以呼叫模型的什麼方法來記錄和查看其結構？

3. 為什麼要在網路層中加入激發函數？

4. 如何為層模型指定輸入形狀？

5. sgd 代表什麼？

6. 什麼是週期？

7. 如果一個模型有一個輸入，然後是一個有兩個節點的層，然後是一個有兩個節點的輸出，這樣會有多少個隱藏層？

附錄 A 中提供了這些習題的解答。

接下來…

在第 9 章中，你將使用流行的 *Titanic* 資料集來訓練模型。這將是你第一次涉足大量資料以及在該資料上訓練模型的過程。

第九章

分類模型與資料分析

> 「事先深思以免事後後悔。」
>
> —Amelia Barr

你不是只將資料倒入模型就好是有原因的。神經網路以極快的速度運作並執行複雜的計算，就像人類可以做出瞬間反應一樣。然而，對於人類和機器學習模型來說，這些反應很少包含合理的語境。處理骯髒和混亂的資料會建立低於標準的模型，如果真有模型被建立的話。在本章中，你將探索識別、載入、清理和優化資料的過程，以提高 TensorFlow.js 中模型的訓練準確性。

我們會：

- 知道如何製作分類模型
- 瞭解如何處理 CSV 資料
- 了解 Danfo.js 和 DataFrame
- 知道如何將雜亂的資料納入訓練（整理你的資料）
- 練習繪製和分析資料
- 瞭解機器學習筆記本（notebook）
- 揭示特徵工程的核心概念

完成本章後，你將有信心收集大量資料、分析資料，還有透過使用語境建立有助於模型訓練的特徵來測試你的直覺。

你將在本章建構一個鐵達尼號生死分類器。持有三等艙票的 30 歲女性 Kate Connolly 小姐能存活下來嗎？讓我們訓練一個模型來獲取這些資訊，並為我們提供存活的可能性。

分類模型

到目前為止，你已經訓練了一個輸出數值的模型。不過你會使用的大多數模型的表現和你所建立的模型略有不同。在第 8 章中，你實作了線性迴歸，但在本章你將實作一個分類模型（有時稱為**邏輯迴歸**（*logistic regression*））。

Toxicity、MobileNet 甚至井字遊戲模型都會輸出一組選項中的其中一個選項。他們使用一組總和為 1 的數值，而不是只用一個沒有範圍的數值。這是分類模型的常見結構。用於識別三個不同選項的模型將為我們提供與每個選項對應的數值。

試圖預測類別的模型需要某種從輸出值到其關聯類別的映射。這通常是透過輸出它們的機率來完成的，就像到目前為止你在分類模型中所看到的那樣。要建立執行此運算的模型，你只需要在最後一層實作特殊的激發函數：

請記住，激發函數可幫助你的神經網路以非線性方式運作。每個激發函數都會導致一個網路層以期望的方式非線性的表現，最後一層的激發則直接轉換為輸出。確保你瞭解什麼激發會提供你正在尋找的模型輸出，這一點很重要。

你在本書所使用的模型中反覆看到的激發函數稱為 *softmax* 激發。這就是總和為 1 的一組值。例如，如果你的模型具有 True/False 輸出，你希望模型輸出兩個值，一個用來指明 `true` 的機率，另一個指明 `false` 的機率。例如，此模型的 softmax 可以輸出 `[0.66, 0.34]` 並進行一些四捨五入。

只要類別是互斥的，這可以擴展到 N 個類別的 N 個值。在設計模型時，你將在最後一層強制使用 softmax，輸出的數量將是你希望支援的類別數量。為了達成 True 或 False 兩種結果，你的模型架構將會有兩個輸出，並在最後一層使用 softmax 激發。

```
// 最後一層 softmax True/False
model.add(
  tf.layers.dense({
    units: 2,
```

```
      activation: "softmax"
    })
  );
```

如果你試圖從你的輸入中同時偵測幾件事物時要怎麼辦呢？例如，胸部 X 光檢查可能對肺炎和肺氣腫都呈現陽性。softmax 在這種情況下無法發揮作用，因為輸出的總和必須為 1，並且對其中一個的信心必須和對另一個的信心相對抗。在這種情況下，有一個激發函數強制每個節點的值都介於零和一之間，因此你可以實現每個節點均有自己的機率。該激發稱為 *sigmoid* 激發。這可以擴展到 N 個非互斥性類別的 N 個值，這意味著你可以透過具有 sigmoid 的單個輸出來實現 True/False 模型（二元分類），其中接近零的輸出為假，接近一為真：

```
// 最後一層 sigmoid True/False
model.add(
  tf.layers.dense({
    units: 1,
    activation: "sigmoid",
  })
);
```

是的，這些激發的名稱是很奇怪，但並不複雜。透過研究這些激發函數的運作背後的數學原理，你很容易在 YouTube 的兔子洞中度過一天。但最重要的是，要瞭解它們如何被用在分類上。在表 9-1 中，你將看到一些範例。

表 9-1　二元分類範例

激發	輸出	結果分析
sigmoid	[0.999999]	99% 確定它是 True
softmax	[0.99, 0.01]	99% 確定它是 True
sigmoid	[0.100000]	10% 確定是 True（因此 90% False）
softmax	[0.10, 0.90]	90% 確定它是 False

當你處理的是 True/False 時，使用 softmax 或 sigmoid 之間的差別就會消失。你為最後一層選擇的激發沒有真正的差別，因為沒有什麼可以排除的。在本章中，為了簡單起見，我們將在最後一層使用 sigmoid。

如果你嘗試對多個事物進行分類，則需要在 sigmoid 或 softmax 之間做出明智的選擇。本書將在適當的情況下重申和闡明這些激發函數的使用。

鐵達尼號

1912 年 4 月 15 日,「永不沉沒」的**鐵達尼號**(見圖 9-1)沉沒了。這場悲劇在歷史書籍、自以為是的故事,甚至李奧納多·狄卡皮歐(Leonardo DiCaprio)和凱特·溫斯蕾(Kate Winslet)主演的劇情片中廣為流傳。這一悲慘的事件令人敬畏,並帶有一絲病態的好奇心。如果你參觀拉斯維加斯(Las Vegas)樂蜀(Luxor)酒店的**鐵達尼號**展覽,你的門票會為你指定一位乘客的姓名,並告知你的票價、艙位以及他生活中的其他幾件事。當你細看船和房間時,你可以透過門票上的那個人的視野來體驗它。在展覽結束時,你會發現印在你門票上的人是否還活著。

圖 9-1 RMS 鐵達尼號

誰活下來了誰又沒活下來是 100% 隨機的嗎?任何熟悉歷史或看過電影的人都知道這才不是拋硬幣決定。也許你可以訓練一個模型來尋找資料中的樣式。幸運的是,旅客日誌和倖存者名單可以提供給我們使用。

鐵達尼號資料集

與如今的大多數事情一樣,資料已被轉錄為數位格式。*Titanic* 旅客名單是以逗號分隔值(comma-separated value, CSV)形式提供。這個表格化資料可以被任何電子試算表軟體讀取。有大量可用的 *Titanic* 資料集複本存在,它們通常都包含相同的資訊。我們將使用的 CSV 檔案可以在本章所附的程式碼中找到,位於 extra 資料夾(*https://oreil.ly/ry4Pf*)。

此 *Titanic* 資料集包含表 9-2 中所示的欄位資料。

表 9-2　Titanic 資料

欄位	定義	說明
survival	是否存活	0 = 否，1 = 是
pclass	船票等級	1 = 頭等，2 = 二等，3 = 三等
sex	性別	
Age	以年計算的年齡	
sibsp	同船的兄弟姐妹或配偶的人數	
parch	同船的父母或孩子人數	
ticket	船票號碼	
fare	旅客票價	
cabin	船艙號碼	
embarked	登船港口	C = Cherbourg，Q = Queenstown，S = Southampton

那麼如何將這些 CSV 資料轉化為張量形式呢？一種方法是讀取 CSV 檔案並將每個輸入轉換為用於訓練的張量表達法。這聽起來是一項非常繁重的任務，尤其是當你希望試驗哪些欄位和格式對訓練模型最有用時。

在 Python 社群中，載入、修改和訓練資料的一種流行方法是使用名為 Pandas（*https://pandas.pydata.org*）的程式庫。這個開源程式庫普遍用於資料分析，它對 Python 開發人員非常有用，所以在 JavaScript 中非常需要類似的工具。

Danfo.js

Danfo.js（*https://danfo.jsdata.org*）是 Pandas 的開源 JavaScript 替代品。Danfo.js 的 API 故意近似 Pandas，以利用資訊經驗共享。甚至 Danfo.js 中的函數名稱也是像 snake_case 這樣，而不是標準 JavaScript 的 camelCase 格式，這意味著你可以在 Danfo.js 中使用累積多年的 Pandas 教學課程，只需最少量的轉譯。

我們將使用 Danfo.js 讀取 *Titanic* CSV 並將其修改為 TensorFlow.js 張量。首先，你需要將 Danfo.js 添加到專案中。

要安裝 Danfo.js 的 Node 版本，你將執行以下命令：

```
$ npm i danfojs-node
```

如果你使用的是簡單的 Node.js，則可以 require Danfo.js，如果你已將程式碼配置為使用 ES6+，則可以 import：

```
const dfd = require("danfojs-node");
```

 Danfo.js 也可以在瀏覽器中執行。本章比平常更仰賴於列印資訊，因此利用完整的終端機視窗並依靠 Node.js 的簡單性來存取本地檔案是有意義的。

Danfo.js 在幕後由 TensorFlow.js 提供支援，但它提供了常見的資料讀取和處理工具程式。

為 Titanic 做準備

對機器學習最常見的批評之一是它看起來像一隻金鵝。你可能認為接下來的步驟是將模型連接到 CSV 檔案，單擊「訓練」，然後休息一天去公園散步就可以了。雖然我們每天都在努力提高機器學習的自動化程度，但資料很少是「隨時可用」的格式。

本章中的 *Titanic* 資料包含誘人的訓練和測試 CSV 檔案。但是，使用 Danfo.js 時，我們很快就會發現所提供的資料離可以載入到張量中還很遠。本章的目標是讓你識別這種情形的資料並進行適當的準備。

讀取 CSV

CSV 檔案被載入到一個名為 DataFrame 的結構中。DataFrame 就像一個電子試算表，其中包含了可能是不同類型的欄位，以及由適合這些類型的個別項目所構成的列，像是一連串的物件。

DataFrame 能夠將它們的內容列印到控制台，以及許多幫助函數（helper function）以程式設計方式查看和編輯內容。

查看以下程式碼，該程式碼會將 CSV 讀取到 DataFrame 中，然後將其中幾列列印到控制台：

```
const df = await dfd.read_csv("file://../../extra/titanic data/train.csv");  ❶
df.head().print();  ❷
```

❶ read_csv 方法可以從 URL 或本地檔案的 URI 中讀取。

❷ DataFrame 可以被限制為前五行，然後列印。

載入的 CSV 是訓練資料，`print()` 命令將 DataFrame 的內容記錄到控制台。結果顯示在控制台中，如圖 9-2 所示。

Shape: (5,12)

	PassengerId	Survived	Pclass	Name	...	Ticket	Fare	Cabin	Embarked
0	1	0	3	Braund, Mr. O...	...	A/5 21171	7.25	NaN	S
1	2	1	1	Cumings, Mrs....	...	PC 17599	71.2833	C85	C
2	3	1	3	Heikkinen, Mi...	...	STON/O2. 3101282	7.925	NaN	S
3	4	1	1	Futrelle, Mrs...	...	113803	53.1	C123	S
4	5	0	3	Allen, Mr. Wi...	...	373450	8.05	NaN	S

圖 9-2　列印 CSV DataFrame 的前頭

在檢查資料內容時，你可能會注意到一些奇怪的條目，尤其是在 `Cabin` 欄中，顯示了 `NaN`。這些代表資料集中漏失的資料。這是你無法將 CSV 直接掛鉤到模型的原因之一：確定如何處理漏失的資訊很重要。我們很快就會評估這個問題。

Danfo.js 和 Pandas 有許多有用的命令可以幫助你熟悉已載入的資料。一種流行的方法是呼叫 `.describe()`，它嘗試將每一欄的內容分析為報告：

```
// 列印 describe 資料
df.describe().print();
```

如果你列印 DataFrame 的 `describe` 資料，你會看到你載入的 CSV 有 891 個條目，以及它們的最大值、最小值、中位數等的列印輸出，因此你得以驗證資訊。印出的表格如圖 9-3 所示。

Shape: (7,6)

	PassengerId	Survived	Pclass	SibSp	Parch	Fare
count	891	891	891	891	891	891
mean	446	0.383838	2.308643	0.523008	0.381594	32.204205
std	257.353842	0.486592	0.836071	1.102743	0.806057	49.693429
min	1	0	1	0	0	0
median	446	0	3	0	0	14.4542
max	891	1	3	8	6	512.329224
variance	66231	0.236772	0.699015	1.216043	0.649728	2469.436846

圖 9-3　描述 DataFrame

一些欄位已從圖 9-3 中刪除，因為它們包含了非數值資料。這是你可以在 Danfo.js 中輕鬆解決的問題。

調查 CSV

此 CSV 反映了經常缺少資訊的真實的資料世界。在訓練之前，你需要處理這個問題。

你可以使用 isna() 找到所有漏失的欄位，它會為每個漏失的欄位傳回 true 或 false，然後你可以對這些值進行求和或計數以獲得結果。以下是會報告資料集裡的空儲存格或屬性的程式碼：

```
// 空位的數量
empty_spots = df.isna().sum();
empty_spots.print();
// 找出平均值
empty_rate = empty_spots.div(df.isna().count());
empty_rate.print();
```

透過結果，你可以看到以下內容：

- 空的 Age 值：177（20%）

- 空的 Cabin 值：687（77%）

- 空的 Embarked 值：2（0.002%）

粗略看一下漏失了多少資料，你就會發現你並沒有清理這些資料。解決漏失值問題至關重要，刪除無用的欄位（如 PassengerId）並對你最終想要保留的非數值欄位進行編碼。

所以你不必做兩次，你不妨合併 CSV 檔案，清理它們，然後建立兩個新的 CSV 檔案，以供訓練和測試之用。

目前來說，步驟如下：

1. 合併 CSV 檔案。

2. 清理 DataFrame。

3. 從 DataFrame 重新建立 CSV 文件。

合併 CSV

要合併 CSV，你將建立兩個 DataFrame，然後像處理張量一樣沿著軸把它們連接（concatenate）在一起。你可能會感覺到你所受的張量訓練在管理和清理資料的道路上給了你指導，這沒有錯。雖然術語可能略有不同，但你從前幾章中積累的概念和直覺將非常有用。

```
// 載入訓練 CSV
const df = await dfd.read_csv("file://../../extra/titanic data/train.csv");
console.log("Train Size", df.shape[0]) ❶

// 載入測試 CSV
const dft = await dfd.read_csv("file://../../extra/titanic data/test.csv");
console.log("Test Size", dft.shape[0]) ❷
const mega = dfd.concat({df_list: [df, dft], axis: 0})
mega.describe().print() ❸
```

❶ 印出 Train Size 891

❷ 印出 Test Size 418

❸ 顯示一個計數（count）為 1,309 的表格

使用熟悉的語法，你已經載入了兩個 CSV 檔案並將它們組合成一個名為 mega 的單一 DataFrame，現在可以對其進行清理。

清理 CSV

你將在這裡處理空白欄位並確定哪些資料是真正有用的。要正確地準備用來訓練的 CSV 資料，你需要執行三個運算：

1. 修剪（prune）特徵。

2. 處理空白。

3. 轉移到數值。

修剪特徵意味著刪除對結果幾乎沒有影響的特徵。為此，你可以進行實驗、繪製資料圖表，或者只是使用你的個人直覺。要修剪特徵，你可以使用 DataFrame 的 .drop 函數。.drop 函數可以從 DataFrame 中刪除整欄或指定的列。

對於這個資料集，我們將刪除影響很小的欄位，例如乘客的姓名、ID、船票和客艙號碼。你可能會爭辯說，其中許多特徵可能非常重要，而且你是對的。但是，我們請你在本書範圍之外研究這些特徵。

```
// 移除看來沒什麼用的特徵欄位
const clean = mega.drop({
  columns: ["Name", "PassengerId", "Ticket", "Cabin"],
});
```

要處理空白，你可以填充或刪除列。填充空白列是一種稱為**插補**（*imputation*）的工藝。雖然這是一項值得研讀的技能，但它可能會變得很複雜。我們將在本章中採用簡單的方法，直接刪除任何有漏失值的列。要刪除任何包含空白資料的列，可以使用 `dropna()` 函數。

 在刪除欄位之後才完成此操作至關重要。否則，Cabin 欄中 77% 的漏失資料將破壞資料集。

你可以使用以下程式碼刪除所有空白列：

```
// 移除所有包含空白的列
const onlyFull = clean.dropna();
console.log(`After mega-clean the row-count is now ${onlyFull.shape[0]}`);
```

此程式碼的結果將資料集從 1,309 列減少到 1,043 列。請將此視為偷懶的實驗。

最後，剩下兩個包含字串而不是數值（Embarked 和 Sex）的欄位。我們需要將它們轉換為數值。

回顧一下 Embarked 的值是：C = 瑟堡（Cherbourg），Q = 皇后鎮（Queenstown），S = 南安普敦（Southampton）。有幾種方法可以對其進行編碼。一種是用等價的（equivalent）數值對它們進行編碼。Danfo.js 有一個 LabelEncoder，它可以讀取整個欄位，然後將值轉換為等價的編碼數值。LabelEncoder 使用 0 到 n-1 類別之間的值來對標籤進行編碼。要對 Embarked 欄進行編碼，你可以使用以下程式碼：

```
// 處理 embarked 的字元 - 轉換為數值
const encode = new dfd.LabelEncoder(); ❶
encode.fit(onlyFull["Embarked"]); ❷
onlyFull["Embarked"] = encode.transform(onlyFull["Embarked"].values); ❸
onlyFull.head().print(); ❹
```

❶ 建立一個新的 LabelEncoder 實例。

❷ 擬合該實例以對 Embarked 欄的內容進行編碼。

❸ 將欄轉換為數值，並立即用生成的欄覆寫目前的欄。

❹ 列印前五列以驗證是否進行了替換。

像步驟 3 中那樣覆寫 DataFrame 欄的能力可能會顛覆你的直覺。這是透過張量來處理 DataFrame 的眾多好處之一，即使 TensorFlow.js 張量在幕後為 Danfo.js 提供支援也一樣。

現在你可以使用同樣的技巧做同樣的事情來編碼 male / female 字串（請注意，我們將性別簡化為二元分類是基於模型的目的以及乘客名單中的可用資料）。完成後，你的整個資料集現在都是數值了。如果你在 DataFrame 上呼叫 describe，它將顯示所有的欄，而不僅僅是幾欄。

儲存新的 CSV

現在你已經為訓練建立了一個可用的資料集，你需要傳回兩個 CSV 檔案，它們具有友善的測試和訓練分割（test-and-train split）。

你可以使用 Danfo.js 的 .sample 重新分割 DataFrame。.sample 方法從 DataFrame 中隨機選擇 N 列。之後，你可以用剩下未被選擇的列來建立測試集。要刪除被採樣的列，你可以按索引而不是逐欄來刪除列。

DataFrame 物件有一個 to_csv 轉換器，它可以選擇性的接受要寫入的檔案作為參數。to_csv 命令會寫入參數所列的檔案並傳回一個 promise，該 promise 將解析為 CSV 內容。重新分割 DataFrame 並寫入兩個檔案的整個程式碼可能如下所示：

```
// 隨機選擇 800 列作訓練
const newTrain = onlyFull.sample(800)
console.log(`newTrain row count: ${newTrain.shape[0]}`)
// 剩下的作測試 ( 透過列索引來刪除 )
const newTest = onlyFull.drop({index: newTrain.index, axis: 0})
console.log(`newTest row count: ${newTest.shape[0]}`)

// 寫入 CSV 檔
await newTrain.to_csv('../../extra/cleaned/newTrain.csv')
await newTest.to_csv('../../extra/cleaned/newTest.csv')
console.log('Files written!')
```

現在你有兩個檔案，一個有 800 列，另一個有 243 列用於測試。

用 Titanic 資料訓練

在對資料進行訓練之前,你需要處理最後一步,那就是經典的機器學習已標記輸入和其預期輸出(分別為 X 和 Y)。這意味著你需要將答案(Survived 欄)與其他輸入分開。為此,你可以使用 iloc 來宣告欄的索引以建立新的 DataFrame。

由於第一欄是 Survived 欄,你將讓 X 跳過該欄並抓取所有其餘欄。你將指明索引 1 到 DataFrame 的結尾的欄位。這會寫成 1:。你也可以寫成 1:9,這將抓取相同的集合,但 1: 表示「索引零之後的所有內容」。iloc 索引格式表達了你為 DataFrame 子集合選擇的範圍。

Y 值,或稱答案(*answer*),是透過抓取 Survived 欄選出來的。由於只有一欄,因此無需使用 iloc。不要忘記對測試資料集做同樣的事情。

機器學習模型需要張量,而且由於 Danfo.js 是基於 TensorFlow.js 建構的,因此將 DataFrame 轉換為張量非常簡單。一切就緒後,你可以透過存取 .tensor 屬性來轉換 DataFrame:

```
// 取得清理後的資料
const df = await dfd.read_csv("file://../../extra/cleaned/newTrain.csv");
console.log("Train Size", df.shape[0]);
const dft = await dfd.read_csv("file://../../extra/cleaned/newTest.csv");
console.log("Test Size", dft.shape[0]);

// 分割訓練資料為 X/Y
const trainX = df.iloc({ columns: [`1:`] }).tensor;
const trainY = df["Survived"].tensor;

// 分割測試資料為 X/Y
const testX = dft.iloc({ columns: [`1:`] }).tensor;
const testY = dft["Survived"].tensor;
```

這些值已準備好輸入模型進行訓練了。

經過少量的研究後,我用在這個問題的模型是一個具有三個隱藏層、和一個帶有 sigmoid 激發的張量的輸出的循序層模型。

該模型的組成如下:

```
model.add(
  tf.layers.dense({
    inputShape,
```

```
    units: 120,
    activation: "relu", ❶
    kernelInitializer: "heNormal", ❷
  })
);
model.add(tf.layers.dense({ units: 64, activation: "relu" }));
model.add(tf.layers.dense({ units: 32, activation: "relu" }));
model.add(
  tf.layers.dense({
    units: 1,
    activation: "sigmoid", ❸
  })
);

model.compile({
  optimizer: "adam",
  loss: "binaryCrossentropy", ❹
  metrics: ["accuracy"],        ❺
});
```

❶ 每一層都在使用 ReLU 激發，直到最後一層。

❷ 這一行告訴模型根據演算法來初始化權重，而不是簡單地將模型的初始權重設定為完全隨機。這有時有助於模型在開始時更接近答案。在目前這種情況下它並不重要，但它是 TensorFlow.js 的一個有用功能。

❸ 最後一層使用 sigmoid 激發來列印一個介於 0 和 1 之間的數值（存活或未存活）。

❹ 在訓練二元分類器時，謹慎的做法是使用一個適用於二元分類的酷炫名稱函數來評估損失。

❺ 這會在日誌中顯示準確度，而不僅僅是顯示損失。

當你把模型 fit 資料時，你可以指明測試資料並獲得模型對從未見過的資料的結果。這可以幫助你避免過度擬合：

```
await model.fit(trainX, trainY, {
  batchSize: 32,
  epochs: 100,
  validationData: [testX, testY] ❶
})
```

❶ 提供模型應該用來在每個週期進行驗證的資料。

前一個 fit 方法中顯示的訓練配置並沒有利用回呼。如果你在 tfjs-node 上訓練，你會自動看到訓練結果被列印到控制台中。如果你使用 tfjs，你需要添加一個 onEpochEnd 回呼來列印訓練和驗證的準確度。本章的相關原始碼（ *https://oreil.ly/39p7V* ）中提供了這兩者的範例。

在訓練 100 個週期後，該模型的訓練資料準確度為 83%，測試集的驗證準確度為 83%。從技術上講，每次訓練的結果都會有所不同，但它們應該都差不多：acc=0.827 loss=0.404 val_acc=0.831 val_loss=0.406。

這個模型已經識別了一些樣式並打敗了純粹的機會（50% 的準確度）。很多人會在這裡停下來以慶祝建立一個模型，而此模型只需很少或無需努力就可以有 83% 的準確度。然而，這也是確定 Danfo.js 和特徵工程（feature engineering）優勢的絕佳機會。

特徵工程

如果你瀏覽網際網路，就會發現 *Titanic* 資料集的一般準確度分數是 80%。我們沒有付出任何努力就擊敗了那個分數。然而，模型仍有改進的空間，這直接來自於資料的改善。

拋開空白資料是一個不錯的選擇嗎？是否有可以更應強調的相關性存在？樣式是否有為了模型而正確地組織了？你對資料的預先咀嚼和組織越好，模型在發現和強調樣式的表現就越好。機器學習的許多突破都來自於在將樣式傳遞到神經網路之前對其進行簡化的技術。

這是「只倒入資料」這種作法出局，而特徵工程茁壯之處。Danfo.js 可讓你透過分析樣式和強調關鍵特徵來提升你的特徵。你可以在交談式的 Node.js 讀入求值輸出循環（read evaluate print loop, REPL）中執行此操作，或者你甚至可以利用為求值和回饋循環建構的網頁。

讓我們透過使用名為 Dnotebook 的 Danfo.js Notebook 來決定特徵並將特徵添加到資料中，嘗試將模型改進到 83% 以上。

Dnotebook

Danfo Notebook 或 Dnotebook（*https://dnotebook.jsdata.org*）是一個交談式網頁，用於使用 Danfo.js 進行實驗、原型設計和客製化資料。Python 裡的同樣東西稱為 Jupyter Notebook。使用此 notebook 實現的資料科學將顯著的幫助你的模型。

我們將使用 Dnotebook 建立和共享即時程式碼，並利用內建的圖表功能在 *Titanic* 資料集中查找關鍵特徵和相關性。

透過建立全域（global）命令來安裝 Dnotebook：

```
$ npm install -g dnotebook
```

當你執行 `$ dnotebook` 時，你會自動執行一個本地端伺服器，並打開一個網頁到本地端的 notebook 網站，它看起來會有點像圖 9-4。

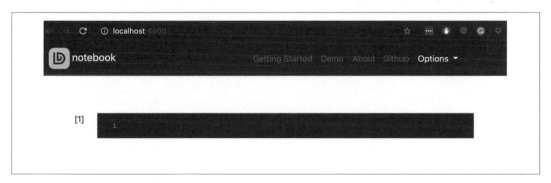

圖 9-4　Dnotebook 剛開始執行

每個 Dnotebook 儲存格（cell）可以是程式碼或文本。文本是用 Markdown 格式表達的。程式碼可以列印輸出，而且那些沒有用 `const` 或 `let` 初始化的變數可以跨儲存格存在。請參見圖 9-5 中所示的範例。

圖 9-5 中的 notebook 可以從本章的 *extra/dnotebooks*（*https://oreil.ly/pPvQu*）資料夾中的 *explaining_vars.json* 檔案下載並載入。這讓它很便於試驗、儲存和共享。

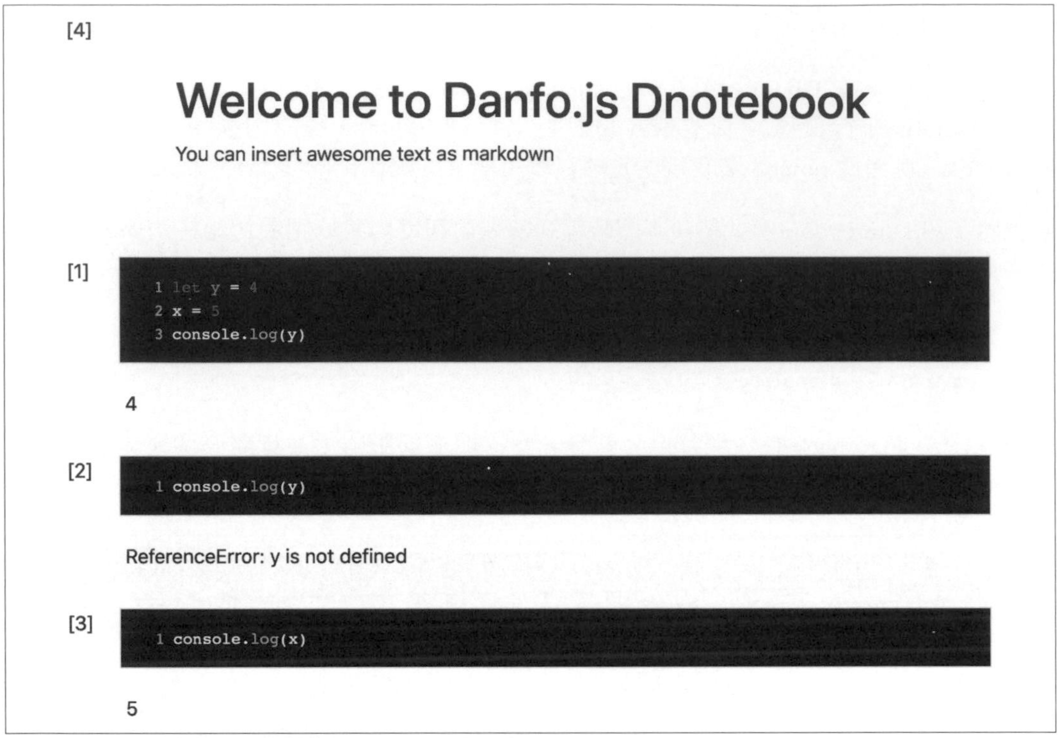

圖 9-5　使用 Dnotebook 儲存格

Titanic 視覺效果

如果你可以在資料中找到相關性，可以將它們作為訓練資料中的附加特徵加以強調，在理想情況下這會提高模型的準確性。使用 Dnotebook，你可以視覺化你的資料並在此過程中添加註解。這是分析資料集的絕佳資源。我們將載入兩個 CSV 檔案並將它們組合起來，然後直接在 notebook 中列印結果。

你可以建立自己的 notebook，也可以從附屬的原始碼中為顯示出來的 notebook 載入 JSON。只要你能夠依循圖 9-6 中顯示的內容，任何方法都可以。

load_csv 命令類似於 read_csv 命令，但它在載入 CSV 內容時在網頁中顯示一個友善的旋轉圖示（spinner）。你可能還會注意到 table 命令的使用。table 命令類似於 DataFrame 的 print()，只不過它是為 notebook 來產生輸出的 HTML 表格，如圖 9-6 所示。

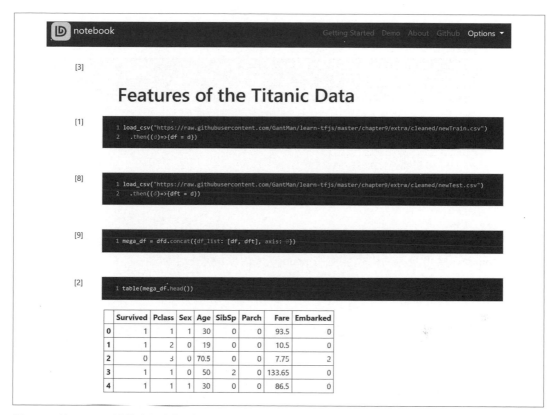

圖 9-6　載入 CSV 並將它們合併到 Dnotebook 中

現在你有了資料，讓我們找一些我們的模型可以強調的重要區別性特徵。在電影鐵達尼號中，他們在裝載救生艇時高呼「婦女和兒童優先」。真的如此嗎？一種想法是檢查男性與女性的存活率。你可以透過使用 groupby 來做到這一點。然後你可以列印每一群組的平均值（average）（均值（mean））。

```
grp = mega_df.groupby(['Sex'])
table(grp.col(['Survived']).mean())
```

瞧！你可以看到 83% 的女性存活了下來，但只有 14% 的男性存活了下來，如圖 9-7所示。

Investigate Features

```
[5]   1 grp = mega_df.groupby(['Sex'])
      2 table(grp.col(["Survived"]).mean())
```

	Sex	Survived_mean
0	0	0.14155250787734985
1	1	0.8341968059539795

圖 9-7　女性更有可能存活

你可能好奇鐵達尼號上是否有比較多的女性，以及這是否會導致偏斜的結果，因此你可以使用 count() 而不是像剛才那樣使用 mean() 來快速檢查一下：

```
survival_count = grp.col(['Survived']).count()
table(survival_count)
```

透過列印的結果，你可以看到儘管存活率傾向於女性，但仍有更多的男性倖存下來。這意味著性別是生存機會的一個很好的指標，所以它是一個值得強調的好特徵。

使用 Dnotebook 的真正優勢在於它利用了 Danfo.js 圖表。例如，如果我們想查看倖存者的直方圖（histogram）時要怎麼辦呢？你可以對每個倖存者進行查詢（query），然後繪製結果，而不是將使用者分組。

要查詢倖存者，你可以使用 DataFrame 的查詢方法：

```
survivors = mega_df.query({column: "Survived", is: "==", to: 1 })
```

接著，要在 Dnotebooks 中列印圖表，你可以使用內建的 viz 命令，該命令需要 ID 和回呼來填充 notebook 中產生的 DIV。

直方圖可以透過以下方式建立：

```
viz(`agehist`, x => survivors["Age"].plot(x).hist())
```

然後 notebook 將顯示結果圖，如圖 9-8 所示。

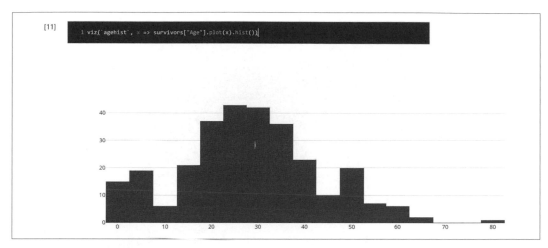

圖 9-8　倖存者年齡直方圖

你可以看到兒童的存活率顯著高於老年人。同樣地，確定每個族群的數量和百分比可能是值得的，但似乎特定年齡層的桶（bucket）或箱（bin）比其他的表現得更好。這為我們提供了可能改進模型的第二種方法。

我們用現在擁有的資訊來再試一次，以打破我們 83% 的準確度記錄。

建立特徵（又名前置處理）

長大後，有人告訴我，可以為某段記憶激發的神經元越多，記憶就越強，所以要同時記住氣味、顏色和事實。我們來看看神經網路是否也是如此。我們會將乘客性別變成兩個輸入，我們也將建立一個年齡分組，這通常稱為**分桶**（*bucketing*）或**分箱**（*binning*）。

我們要做的第一件事是將性別從一欄變成兩欄，這通常稱為**一位有效編碼**（*one-hot encoding*）。目前，Sex 為數值編碼。乘客性別的一位有效編碼版本會將 0 轉換為 [1，0]，並將 1 轉換為 [0，1]，從而成功地將值變為兩欄／單位。轉換後，刪除 Sex 欄並插入兩欄，如圖 9-9 所示。

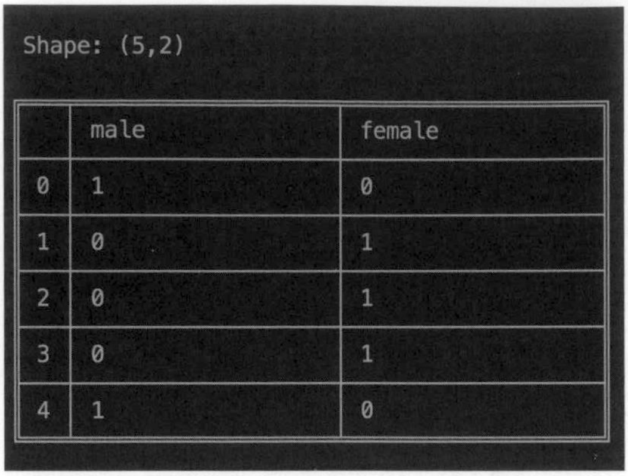

Shape: (5,2)

	male	female
0	1	0
1	0	1
2	0	1
3	0	1
4	1	0

圖 9-9　描述性別的一位有效編碼

對於一位有效編碼，Danfo.js 和 Pandas 有一個 `get_dummies` 方法，可以將一欄變成好幾欄，而其中只有一欄的值為 1。在 TensorFlow.js 中，一位有效編碼的方法稱為 `oneHot`，但此處在 Danfo.js 中，`get_dummies` 是向二元變數致敬，這些變數在統計中通常被稱為**虛擬變數**（*dummy variable*）。對結果進行編碼後，你可以使用 `drop` 和 `addColumn` 進行切換：

```
// 處理性別 - 轉換為一位有效
const sexOneHot = dfd.get_dummies(mega['Sex']) ❶
sexOneHot.head().print()
// 把一欄換成兩欄
mega.drop({ columns: ['Sex'], axis: 1, inplace: true }) ❷
mega.addColumn({ column: 'male', value: sexOneHot['0'] }) ❸
mega.addColumn({ column: 'female', value: sexOneHot['1'] })
```

❶ 使用 `get_dummies` 對欄位進行編碼

❷ 在 `Sex` 欄上使用 `inplace` 移除

❸ 添加新欄，將標題切換為男性 / 女性

接下來，你可以使用 `apply` 方法為年齡建立儲存桶。`apply` 方法允許你在整個欄上執行條件式程式碼。根據我們的需求，我們將定義依我們在圖表中看到的重要年齡進行分組的函數，如下所示：

```
// 分組成孩童、年輕人，和超過 40 歲的人
function ageToBucket(x) {
  if (x < 10) {
```

```
    return 0
  } else if (x < 40) {
    return 1
  } else {
    return 2
  }
}
```

接著，你可以使用你定義的 ageToBucket 函數，為這些儲存桶建立並添加一個全新的欄位：

```
// 建立 Age 儲存桶
ageBuckets = mega['Age'].apply(ageToBucket)
mega.addColumn({ column: 'Age_bucket', value: ageBuckets })
```

這會添加一整欄從零到二的值。

最後，我們可以將我們的資料正規化為介於 0 和 1 之間的數值。縮放值會正規化值之間的差異，因此模型可以識別原始數值中被扭曲的樣式和比例差異。

 將正規化視為一項功能。如果你使用來自不同國家 / 地區的 10 種不同貨幣，可能會難以理解它們代表的金額。正規化會縮放輸入的大小，使它們都具有相對的影響幅度。

```
const scaler = new dfd.MinMaxScaler()
scaledData = scaler.fit(featuredData)
scaledData.head().print()
```

至此，你可以寫出兩個用於訓練的 CSV 檔案並開始進行了！另一種選擇是你可以只寫出一個 CSV 文件，而且不使用特定的 X 和 Y 值來設定 validationData，而是設定一個名為 validationSplit 的屬性，它會切開一定百分比的資料以進行驗證。這為我們節省了一些時間和麻煩，所以我們使用 validationSplit 來訓練模型，而不是外顯式傳入 validationData。

生成的 fit 看來像這樣：

```
await model.fit(trainX, trainY, {
  batchSize: 32,
  epochs: 100,
  // 保留隨機選擇的 20% 以進行即時驗證。
  // 在訓練時期開始時選擇這 20%。
  validationSplit: 0.2,
})
```

此模型會使用新資料訓練 100 個週期，如果你使用 tfjs-node，即使沒有定義回呼，也可以看到列印的結果。

特徵工程訓練結果

上回的模型準確度約為 83%，現在，使用相同的模型結構但添加了一些特徵，我們的訓練準確度達到了 87%，驗證準確度達到了 87%。具體來說，我的結果是 acc=0.867 loss=0.304 val_acc=0.871 val_loss=0.370。

準確度提高了，而且損失值比以前低了。真正棒的是準確度和驗證準確度都是一致的，因此模型不太可能過度擬合。對於神經網路來說，這通常是更好的 *Titanic* 資料集分數之一。對於這樣奇怪的問題，建立一個相當準確的模型有助於解釋從資料中提取有用資訊會是什麼感覺。

查看結果

解決 *Titanic* 問題以達到 87% 的準確度需要一些技巧。你可能仍然想知道結果是否還可以改進，答案肯定是「是」，因為其他人已經在排行榜上發布了更令人印象深刻的分數。在沒有排行榜的情況下，評估是否有成長空間的常用方法是與專家在遇到相同問題時的得分進行比較。

如果你是高分迷，本章挑戰將有助於改進那個我們建立而且已經令人印象深刻的模型。一定要練習設計特徵，而不是過度訓練，那會過度擬合模型，實際上只是把答案硬記起來。

查找重要的值、正規化特徵和強調重要的相關性是機器學習訓練中的一項有用技能，現在你可以使用 Danfo.js 做到這一點。

本章回顧

那麼，我們在本章開頭提到的那個人後來怎麼樣了？持有三等艙票的 30 歲女性 Kate Connolly 小姐**確實**在鐵達尼號上倖存下來，模型也同意這一點。

我們是否錯過了一些提高機器學習模型準確度的絕佳機會？也許我們應該用 **-1** 來填充空值而不是刪除它們？也許我們應該檢查一下**鐵達尼號**的客艙結構？或者也許我們應該

查看 parch、sibsp 和 pclass 來為那些獨自乘坐三等艙的人建立一個新欄位？「我絕對不會放手的！」譯註

並非所有資料都可以像 *Titanic* 資料集那樣進行清理和特徵處理，但它是機器學習資料科學中的一次有用冒險。已經有大量的 CSV 可用，而對載入、理解和處理它們充滿信心會是建構新模型的關鍵。Danfo.js 之類的工具使你能夠處理這些海量資料，現在你可以將其添加到你的機器學習工具箱中。

 如果你已經是 ObservableHQ.com（*https://observablehq.com*）等其他 JavaScript notebook 的粉絲，也可以匯入 Danfo.js 並輕鬆地與這些 notebook 整合。

處理資料是一個包羅萬象的事。有些問題很明確，根本不需要對特徵進行任何調整。如果你有興趣，你應該查看一個更簡單的資料集，例如 Palmer Penguins（*https://oreil.ly/CiNv5*），這些企鵝根據喙的形狀和大小，可以明顯地區分牠們的物種。另一個可以輕鬆獲勝的是第 7 章中提到的 Iris 資料集。

本章挑戰：船出現了

你知道鐵達尼號沉沒後沒有一個牧師倖存下來嗎？像先生、夫人、女士、牧師等這樣頭銜的桶 / 箱可能對模型的學習有用。這些**敬語**（*honorific*）——是的，就是這麼叫的——可以從被丟棄的 Name 欄中蒐集和分析。

請在「本章挑戰」中使用 Danfo.js 來確定 *Titanic* 中使用的敬語及其相關的存活率，這是你熟悉 Dnotebooks 的絕佳機會。

你可以在附錄 B 中找到這個挑戰的答案。

練習題

讓我們回顧一下你從本章編寫的程式碼中學到的課程內容。花點時間回答以下問題：

1. 你會在猜拳遊戲（rock-paper-scissors）分類器使用什麼樣的激發函數？

2. 你會在 sigmoid「是否是狗（Dog or Not）」模型的最後一層放置多少個節點？

3. 載入 Danfo.js 內建的交談式本地託管 notebook 的命令是什麼？

譯註「I'll never let go!」為電影鐵達尼號經典台詞。

4. 如何合併兩個具有相同欄位的 CSV 內的資料？

5. 你會使用什麼命令將單一欄位進行一位有效編碼為多欄？

6. 你可以用什麼來在 0 和 1 之間縮放 DataFrame 的所有值？

附錄 A 中提供了這些習題的解答。

接下來…

在第 10 章中，你將把你的訓練技能應用於更有趣和更進階的影像模型類型。影像分類是電腦在執行通常是人類所擅長的事情時，會讓人發出「哇」的那些事情之一。

影像訓練

「盡可能將每件事變得越簡單越好，
而不僅是簡化。」

—Albert Einstein

我要描述一個數字，希望你能從我描述的特徵猜出來。數字的上方是圓弧形的，只有右側有一條向下的線，最下面有一個交叉的環形。請花點時間在腦海中描繪我剛剛所描述的數字。有了這三個特徵，你應該可以猜出它。

數字的視覺特徵可能會有所不同，但巧妙的描述意味著你可以在腦海中識別數字。當我說「上方是圓弧形」時，你可以立即拋出一些數字，「只有右側有一條向下的線」也是如此。這些特徵使這個數字獨一無二。

如果你要描述圖 10-1 中所示的數字並將它們的描述放在 CSV 檔案中，那麼使用經過訓練的神經網路在該資料上可能會獲得 100% 的準確度。整個過程是可行的，只是它依賴人類描述每個數字的頂部、中間和底部。你要如何自動化這屬於人類的層面？如果你可以讓電腦識別那些用來描述影像的環狀、顏色和曲線等獨特特徵，然後將其輸入神經網路，則機器可以學習所需的樣式，將這些描述分類為影像。

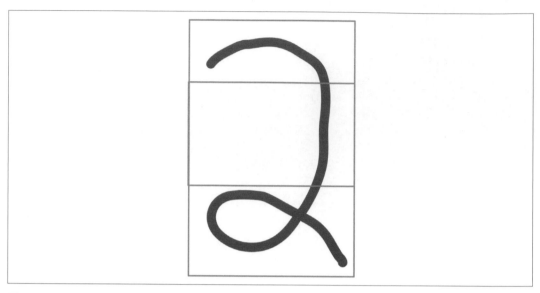

圖 10-1　恭喜你，如果你發現它是數字 2

值得慶幸的是，這個特徵工程影像的問題已經透過出色的電腦視覺技巧得到了解決。

我們會：

- 瞭解模型卷積層的概念
- 建構你的第一個多類別模型
- 瞭解如何為 TensorFlow.js 讀取和處理影像
- 在畫布上繪圖，並相應地對繪圖進行分類

完成本章後，你將能夠建立自己的影像分類模型。

瞭解卷積

卷積來自表達形狀和函數的數學世界。你可以深入研究卷積在數學中的概念，然後將這些知識從頭開始重新應用到從數位影像蒐集資訊的想法。如果你是數學和電腦圖學的粉絲，這是一個非常令人興奮的兔子洞。

但是，當你擁有像 TensorFlow.js 這樣的框架時，你不必花一週時間來學習卷積運算的基礎知識，這也是為什麼我們將專注於卷積運算的高階益處和特性，以及它們如何是在神經網路中使用的。與往常一樣，我們鼓勵你在這個快速入門之外研究一下卷積的深厚歷史[1]。

來看看你應該從卷積的非數學解釋中得到的最重要的概念。

圖 10-2 中數字 2 的兩個影像是同一個數字在其定界框中從左向右移動所得到的，它們每一個被轉換成張量後都會產生明顯不同的不相等張量，但是在我們在本章開頭所描述的特徵系統中，這些特徵會是相同的。

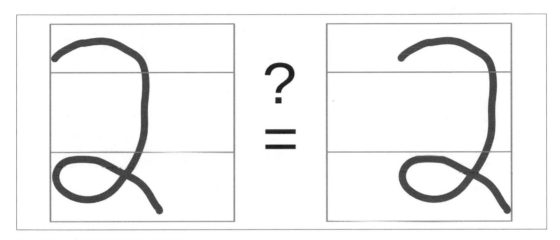

圖 10-2　卷積簡化了影像的本質

對於視覺張量，影像的特徵比每個像素的確切位置更重要。

卷積快速總結

卷積運算被用來萃取高階特徵，例如邊緣、梯度、顏色等，這些是對給定的視覺信號進行分類的關鍵特徵。

那麼它應該萃取哪些特徵呢？這件事並非我們真的要決定的。你可以控制用於尋找特徵的過濾器數量，但最能夠定義有用樣式的實際特徵其實是在訓練過程中定義的。過濾器會先從影像中強調和提取特徵。

1　3Blue1Brown（*https://oreil.ly/zuGzT*）在 YouTube 上的影片和講座是任何想要深入卷積兔子洞的人的絕佳開端。

例如，請看圖 10-3 中的照片。南瓜燈有多種顏色，與模糊但有點明暗的背景幾乎沒有對比。身為人類，你可以輕鬆識別照片中的內容。

圖 10-3　南瓜燈藝術

現在這裡有一張用 3 x 3 邊緣偵測過濾器對像素進行卷積運算後的相同影像。請注意圖 10-4 中的結果是怎麼被顯著的簡化以及變得更明顯的。

不同的過濾器強調每個影像的不同層面，用以簡化和澄清內容。它不必止步於此；你可以執行激發來強調偵測到的特徵，你甚至可以在卷積上執行卷積。

結果如何？你已經對影像進行了特徵工程。透過各種過濾器對影像前置處理可以讓你的神經網路看到那些需要更大、更慢、更複雜模型的樣式。

圖 10-4 卷積結果

添加卷積層

感謝 TensorFlow.js，添加一個卷積層就像添加一個密集層一樣簡單，它叫做 conv2d 並且有它自己的屬性。

```
tf.layers.conv2d({
  filters: 32, ❶
  kernelSize: 3, ❷
  strides: 1, ❸
  padding: 'same', ❹
  activation: 'relu', ❺
  inputShape: [28, 28, 1] ❻
})
```

❶ 確定要執行的過濾器數量。

❷ kernelSize 控制過濾器的大小。此處的 3 表示 3 x 3 過濾器。

❸ 小的 3 x 3 過濾器無法擬合你的影像，因此需要在影像上滑動。步幅（stride）是過濾器每次滑動的像素數。

❹ 填充（padding）讓卷積決定當你的步幅和 kernelSize 無法均勻地劃分你的影像寬度和高度時要怎麼辦。當你將填充設置為 same 時，會在影像周圍添加零，以便生成的卷積影像的大小保持不變。

❺ 產生的結果接著通過你所選擇的激發函數。

❻ 輸入是一個影像張量，因此輸入影像是模型的三秩形狀。正如你在第 6 章中學到的那樣，這不是卷積的必要限制，但如果你不想製作一個完全卷積模型的話，則建議這樣做。

不要對可能的參數列表感到不知所措。想像一下你必須自己編寫這所有不同的設定。你可以像現有模型一樣配置你的卷積，或者亂用數字來看看它如何影響你的結果。調整這些參數並進行試驗是像 TensorFlow.js 這樣的框架的好處。最重要的是，可以隨著時間的推移來建立你的直覺。

需要注意的是，這個 conv2d 層是用於影像的。同樣的，你可以將 conv1d 用於線性序列和將 conv3d 用在處理 3D 空間物件。大多數情況下，我們會使用 2D，但不應受限於此概念。

了解最大池化

一旦你透過卷積層使用過濾器簡化了影像，過濾後的圖形中就會留下很多空白。此外，由於所有影像過濾器的緣故，輸入參數的數量會顯著增加。

最大池化（max pooling）是一種用來簡化影像中所識別出的最活躍特徵的方法。

最大池化快速摘要

要壓縮生成的影像大小，你可以使用最大池化來減少輸出。簡單地說，最大池化是用視窗中最活躍的像素來表達該視窗中所有像素的作法，然後你可以滑動視窗並取其最大值。只要視窗的步幅大於 1，這些結果就會匯總在一起以製作更小的影像。

下面的範例透過取出每個子正方形的最大數值來將影像的大小四等分。研究圖 10-5 中的描繪。

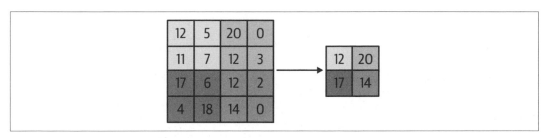

圖 10-5　具有 2 x 2 核心和步幅為 2 的最大池化

圖 10-5 中的 `kernelSize` 是 2 x 2。所以左上角的四個方塊一起計算，在數值 [12，5，11，7] 中，最大的是 12。這個最大數字被傳遞給結果。步幅為 2 時，核心視窗的方塊移動到與前一個方塊完全相鄰的位置，並再次從數值 [20，0，12，3] 開始同樣的運算。這意味著會傳遞每個視窗中最強力的激發。

你可能會覺得這個過程會切碎影像並破壞內容，但你會驚訝地發現生成的影像非常容易識別。最大池化甚至會強調偵測結果並使影像更易於識別。參見圖 10-6，這是在前面的南瓜燈的卷積上執行最大池化的結果。

圖 10-6　卷積的 2 x 2 核心最大池化結果

雖然是為了說明的目的，圖 10-4 和圖 10-6 顯示的大小相同，但後者由於池化過程的緣故會更清晰一些，而且大小僅為前者的四分之一。

添加最大池化層

與 conv2d 類似，一個最大池會被添加為一個層，一般是在卷積之後立即添加：

```
tf.layers.maxPooling2d({
  poolSize: 2, ❶
  strides: 2   ❷
})
```

❶ poolSize 是視窗大小，就像 kernelSize 一樣。前面的例子中是 2（2 x 2 的縮寫）。

❷ strides 是指在每次運算中向右和向下移動視窗的距離。這也可以寫成 strides: [2, 2]。

通常，一個正在讀取影像的模型會有幾層卷積，然後是池化，然後是一次又一次的卷積和池化。這會消化影像的特徵並將它們分解成可能識別影像的部分 [2]。

訓練影像分類

經過幾層的卷積和池化之後，你可以將生成的過濾器展平或序列化為一個鏈，並將其輸入深度連結的神經網路。這就是人們喜歡展示 MNIST 訓練範例的原因；它非常簡單，而且你可以實際在單張影像中觀看到資料。

看一下使用卷積和最大池化對數字進行分類的整個過程。圖 10-7 應該從下到上閱讀。

如果你按照圖 10-7 中顯示的影像的過程進行操作，你可以看到輸入繪製在底部，然後該輸入與直接在其上方的六個過濾器進行卷積。接下來，這六個過濾器被最大池化或「下採樣（downsample）」，因此你可以看到它們變得更小。然後再進行一次卷積和池化，將它們展平為完全連結的密集網路層。在扁平層之上是一個密集層，頂部的最後一個小層是一個 softmax 層，有 10 個可能的解答，「五」是被點亮的那個。

---

2 TensorFlow.js 中還有其他池化方法可用於實驗。

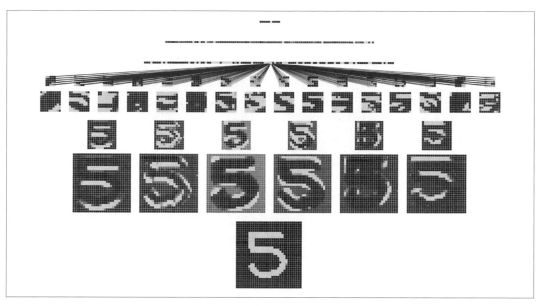

圖 10-7　MNIST 處理數字 5

從鳥瞰的角度來看，卷積和池化看起來很神奇，但它正在將影像的特徵消化成神經元可以識別的樣式。

在分層模型中，這意味著前幾層通常是卷積和池化風格的層，然後它們被傳遞到神經網路。圖 10-8 說明了該過程的高階視圖。以下是三個階段：

1. 輸入影像
2. 特徵萃取
3. 深度連結的神經網路

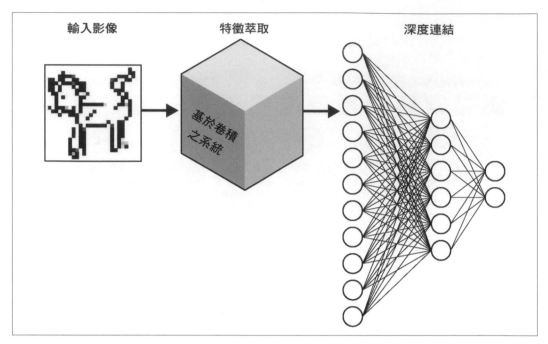

圖 10-8　CNN 的三個基本階段

處理影像資料

使用影像進行訓練的缺點之一是資料集可能非常大且難以操作。資料集通常都很大,不過對於影像而言,它們通常是巨大的。這是會反覆使用相同視覺資料集的另一個原因。

即使影像資料集很小,當載入到記憶體張量形式時,它也會佔用大量記憶體。你可能需要將一大塊影像集裡的訓練資料分解為張量塊。這或許可以解釋為什麼像 MobileNet 這樣的模型是針對較小的影像大小進行了優化,此大小以當今標準來看相對較小。對所有影像增加或減少一個像素會導致指數性的大小差異。根據資料的本質,灰階張量在記憶體中的大小是 RGB 影像的三分之一,是 RGBA 影像的四分之一。

分類帽

現在是訓練你的第一個卷積神經網路的時候了。對於此模型,你將訓練 CNN 將灰階繪圖分為 10 個類別。

如果你是 J. K. 羅琳的暢銷書系列**哈利波特**的粉絲，這將是有意義且有趣的事。但是，如果你從未讀過一本**哈利波特**小說或看過任何它的電影，這仍然會是一個很好的練習。在書中，魔法學校霍格華茲（Hogwarts）有四個學院，每個學院都有與之相關的動物。你會要求使用者畫一幅畫，然後用那幅畫把他們分到學院去。我準備了一個圖畫資料集，它有點類似於每個群組的圖示和動物。

我準備的資料集是來自 Google Quick, Draw! 資料集（*https://oreil.ly/kq3bX*）的子集合。類別已縮小到 10 個，並且資料已進行顯著的清理。

本章所附的程式碼可以在 *chapter10/node/node-train-houses*（*https://oreil.ly/xr3Bu*）中找到，你將找到一個包含以下類別的數萬張 28 x 28 圖畫的 ZIP 檔案：

1. 鳥
2. 貓頭鷹
3. 鸚鵡
4. 蛇
5. 蝸牛
6. 獅子
7. 老虎
8. 浣熊
9. 松鼠
10. 頭蓋骨

圖畫差別很大，但我們可以辨別每個類別的特性。這裡是塗鴉的隨機抽樣，如圖 10-9 所示。一旦你訓練了一個模型來識別這 10 個類別中的每一個，你就可以使用該模型將和特定動物相似的圖畫分類到相關的學院去。鳥類去雷文克勞（Ravenclaw），獅子和老虎去葛萊分多（Gryffindor）…等等。

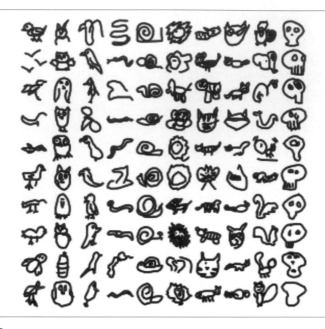

圖 10-9　10 類圖畫

有很多方法可以處理這個問題，但最簡單的方法是使用 softmax 作為最後一層來對模型進行分類。正如你所記得的，softmax 會給我們 N 個數值，而且它們總和為 1。例如，如果一幅畫是 0.67 隻鳥、0.12 隻貓頭鷹和 0.06 隻鸚鵡，因為這些全部都代表同一所學院，我們可以將它們加在一起，結果總是會小於 1。雖然你已經熟用會傳回這類結果的模型，但這將是你從頭開始建立的第一個 softmax 分類模型。

入門

有幾種方法可以使用 TensorFlow.js 來訓練這個模型。我們可以透過多種方式將數百萬位元組的影像載入到瀏覽器中：

- 你可以使用後續的 HTTP 請求載入每張影像。
- 你可以將訓練資料組合成一個大的拼合圖（sprite sheet），然後使用你的張量技能來萃取每張影像並將其堆疊到 X 和 Y 中。
- 你可以將影像載入到 CSV 中，然後將它們轉換為張量。
- 你可以對影像進行 Base64 編碼並從單一 JSON 檔案載入它們。

你在此處會反覆看到的一個問題是，你必須做一些額外的工作才能將資料放入瀏覽器的沙盒中，因此最好使用 Node.js 來進行大資料集的影像訓練。我們會在本書後面當此類情況較不重要時再提到它們。

本章所附的 Node.js 程式碼包含你需要的訓練資料。你將在檔案庫中看到一個將近 100 MB 的文件（GitHub 對單一檔案的限制），請將其解壓縮到適當位置（見圖 10-10）。

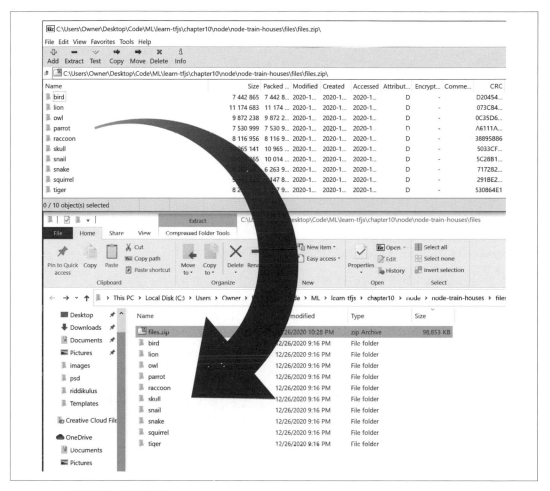

圖 10-10　將影像解壓到資料夾中

現在你已經擁有影像並且知道如何在 Node.js 中讀取影像了，訓練此模型的程式碼類似範例 10-1。

範例 *10-1*　理想的設定

```
// 讀入影像
const [X, Y] = await folderToTensors() ❶

// 建立層模型
const model = getModel() ❷

// 訓練
await model.fit(X, Y, {
  batchSize: 256,
  validationSplit: 0.1,
  epochs: 20,
  shuffle: true, ❸
})

// 儲存
model.save('file://model_result/sorting_hat') ❹

// 清理！
tf.dispose([X, Y, model])
console.log('Tensors in memory', tf.memory().numTensors)
```

❶ 建立一個簡單的函數來將影像載入到所需的 X 和 Y 張量中。

❷ 建立合適的 CNN 層模型。

❸ 使用 shuffle 屬性，它會隨機重排當前的批次。

❹ 將生成的訓練模型儲存在本地端。

 範例 10-1 中的程式碼沒有提到要保留任何測試資料。由於這個專案的特性，真正的測試將在繪製影像、和確定每個筆劃如何將影像移近或遠離所需目標時進行，訓練時仍將使用驗證集。

轉換影像資料夾

folderToTensors 函數需要執行以下操作：

1. 識別所有 PNG 檔案路徑。

2. 蒐集影像張量和答案。

3. 隨機化兩個集合。

4. 對張量進行正規化和堆疊。

5. 清理並傳回結果。

要識別和存取所有影像，你可以使用像 glob 這樣的程式庫，它接受像 *files/**/*.png* 這種給定的路徑作為參數，並返回一個檔名陣列。/** 會遍訪該資料夾中的所有子資料夾，並在每個子資料夾中尋找所有的 PNG。

你可以像這樣使用 NPM 安裝 glob：

```
$ npm i glob
```

現在 glob 模組已可使用，它可以被 require 或 import：

```
const glob = require('glob')
// 或
import { default as glob } from 'glob'
```

由於 glob 使用回呼進行操作，因此你可以將整個函數包裝在 JavaScript promise 中，以將其帶回 async/await。如果你不熟悉這些概念，請隨時複習它們或研究本章提供的程式碼。

在獲得檔案位置的集合後，你可以載入檔案，將其轉換為張量，甚至可以透過查看影像來自哪個資料夾來識別每個影像的「答案」或「y」。

請記住，每次需要修改張量時，張量都會建立一個**新張量**。因此，與其在我們進行時對張量進行正規化和堆疊，不如將張量保存在 JavaScript 陣列中。

將每個字串讀入這兩個陣列的過程可以透過以下方式完成：

```
files.forEach((file) => {
  const imageData = fs.readFileSync(file)
  const answer = encodeDir(file)
  const imageTensor = tf.node.decodeImage(imageData, 1)

  // 儲存在記憶體中
  YS.push(answer)
  XS.push(imageTensor)
})
```

encodeDir 函數是我編寫的一個簡單函數，用於查看每個影像的路徑並傳回關聯的預測數值：

```
function encodeDir(filePath) {
  if (filePath.includes('bird')) return 0
  if (filePath.includes('lion')) return 1
  if (filePath.includes('owl')) return 2
  if (filePath.includes('parrot')) return 3
  if (filePath.includes('raccoon')) return 4
  if (filePath.includes('skull')) return 5
  if (filePath.includes('snail')) return 6
  if (filePath.includes('snake')) return 7
  if (filePath.includes('squirrel')) return 8
  if (filePath.includes('tiger')) return 9

  // 絕不該到這裡
  console.error('Unrecognized folder')
  process.exit(1)
}
```

一旦你擁有張量形式的影像，你可能會考慮堆疊並且傳回它們，但之前對它們進行混洗（shuffle）至關重要。在不攪亂資料的情況下，你的模型將以最奇怪的方式快速的訓練。請讓我用一個奇特的比喻來說明。

想像一下，如果我要求你指出我正在想的一個形狀。你很快就會知道我總是想著圓形，因此你會得到 100% 的準確度。在第三次測試時，我卻開始說「不是正方形！你猜錯了」。因此你開始指向正方形並又得到 100% 的準確度。每三次測試我就會改變一次形狀。雖然你的準確度都超過 99%，但你從未學到應如何挑選的真正指標。因此當你進入每次形狀都會改變的真實場域時就會失敗。你之所以無法學到指標是因為資料沒有被混洗。

未打亂的資料將具有相同的效果：近乎完美的訓練準確度，以及糟糕的驗證和測試分數。即使你正在對每個值進行混洗，但大多數情況下你只會混洗 256 個相同的值。

要以相同的排列方式對 X 和 Y 進行混洗，你可以使用 tf.utils.shuffleCombo。我聽說將這個功能添加到 *TensorFlow.js* 的人非常酷。

```
// 混洗資料（保持 XS[n] === YS[n]）
tf.util.shuffleCombo(XS, YS)
```

因為這是對 JavaScript 參照的混洗，所以在這次混洗中不會建立新的張量。

最後，你需要將答案從整數轉換為一位有效編碼。使用一位有效編碼是因為你的模型將是 softmax，也就是 10 個值的總和為 1，而正確答案為唯一的主宰值。

TensorFlow.js 有一種稱為 oneHot 的方法，可將數值轉換為一位有效編碼的張量值。例如，5 個可能類別中的第 3 個將被編碼為張量 [0,0,1,0,0]。這就是我們想要格式化我們的答案以匹配分類模型的預期輸出方式。

你現在可以將 X 和 Y 陣列值堆疊成一個大張量，並透過除以 255 將影像正規化為 0-1 的值。堆疊和編碼過程如下所示：

```
// 堆疊值
console.log('Stacking')
const X = tf.stack(XS)
const Y = tf.oneHot(YS, 10)

console.log('Images all converted to tensors:')
console.log('X', X.shape)
console.log('Y', Y.shape)

// 將 X 正規化到 0 - 1 的值
const XNORM = X.div(255)
// 清理
tf.dispose([XS, X])
```

由於處理了數千張影像，你的電腦可能會在每個日誌之間暫停一下。該程式碼會列印以下內容：

```
Stacking
Images all converted to tensors:
X [ 87541, 28, 28, 1 ]
Y [ 87541, 10 ]
```

現在我們有了用於訓練的 X 和 Y，它們的形狀就是我們即將要建立的模型的輸入和輸出的形狀。

CNN 模型

現在是建立卷積神經網路模型的時候了。該模型的架構將是三對卷積層和池化層。在每個新的卷積層上，我們會將要訓練的過濾器數量加倍，然後將模型展平為具有 tanh 激發的 128 個單元的單一密集隱藏層，並使用具有 softmax 激發的 10 個可能輸出來完成最後一層。如果你對使用 softmax 的原因感到困惑，請查看我們在第 9 章中介紹的分類模型的結構。

你應該能夠僅從上面的描述就編寫出模型的網路層，不過以下是建立上面所描述的順序模型的程式碼：

```
const model = tf.sequential()

// 卷積 + 池化組合
model.add(
  tf.layers.conv2d({
    filters: 16,
    kernelSize: 3,
    strides: 1,
    padding: 'same',
    activation: 'relu',
    kernelInitializer: 'heNormal',
    inputShape: [28, 28, 1],
  })
)
model.add(tf.layers.maxPooling2d({ poolSize: 2, strides: 2 }))

// 卷積 + 池化組合
model.add(
  tf.layers.conv2d({
    filters: 32,
    kernelSize: 3,
    strides: 1,
    padding: 'same',
    activation: 'relu',
  })
)
model.add(tf.layers.maxPooling2d({ poolSize: 2, strides: 2 }))

// 卷積 + 池化組合
model.add(
  tf.layers.conv2d({
    filters: 64,
    kernelSize: 3,
    strides: 1,
    padding: 'same',
    activation: 'relu',
  })
)
model.add(tf.layers.maxPooling2d({ poolSize: 2, strides: 2 }))

// 展平以連結到深度層
model.add(tf.layers.flatten())
```

```
// 一個隱藏深度層
model.add(
  tf.layers.dense({
    units: 128,
    activation: 'tanh',
  })
)
// 輸出
model.add(
  tf.layers.dense({
    units: 10,
    activation: 'softmax',
  })
)
```

這個新的非二元類別性（categorical）資料的最後一層意味著你需要相應的將損失函數從 binaryCrossentropy 改為 categoricalCrossentropy，所以現在 model.compile 程式碼看起來像這樣：

```
model.compile({
  optimizer: 'adam',
  loss: 'categoricalCrossentropy',
  metrics: ['accuracy'],
})
```

我們透過對卷積和最大池化的瞭解來回顧 model.summary() 方法，這樣就可以確保我們已經正確建構了所有的內容。你可以在範例 10-2 中看到結果的輸出。

範例 *10-2*　model.summary() 的輸出

Layer (type)	Output shape	Param #	
conv2d_Conv2D1 (Conv2D)	[null,28,28,16]	160	❶
max_pooling2d_MaxPooling2D1	[null,14,14,16]	0	❷
conv2d_Conv2D2 (Conv2D)	[null,14,14,32]	4640	❸
max_pooling2d_MaxPooling2D2	[null,7,7,32]	0	
conv2d_Conv2D3 (Conv2D)	[null,7,7,64]	18496	❹
max_pooling2d_MaxPooling2D3	[null,3,3,64]	0	

```
flatten_Flatten1 (Flatten)      [null,576]              0           ❺
─────────────────────────────────────────────────────────────────
dense_Dense1 (Dense)            [null,128]              73856       ❻
─────────────────────────────────────────────────────────────────
dense_Dense2 (Dense)            [null,10]               1290        ❼
=================================================================
Total params: 98442
Trainable params: 98442
Non-trainable params: 0
─────────────────────────────────────────────────────────────────
```

❶ 第一個卷積層的輸入為 [stacksize, 28, 28, 1]，卷積輸出為 [stacksize, 28, 28, 16]。大小是一樣的，因為我們使用了 padding: 'same'，其中的 16 是我們指定 filters: 16 時得到的 16 個不同的過濾結果。你可以把這看作是堆疊中每張影像的 16 個新過濾後影像。這為網路提供了 160 個要訓練的新參數。可訓練參數的計算方式為（輸入影像數量）*（核心視窗大小）*（輸出影像數量）+（輸出影像數量），結果為 1 *(3x3) * 16 + 16 = 160。

❷ 最大池化將過濾後的影像列和行大小減半，這會將像素減為四分之一。由於演算法是固定的，因此該層沒有任何可訓練的參數。

❸ 卷積和池化再次出現，而每個層級都使用了更多的過濾器。影像的大小正在縮小，可訓練參數的數量正在急遽增長，也就是 16 *(3x3) * 32 + 32 = 4,640。

❹ 這裡是最終的卷積和池化運算。池化一個奇數會產生超過 50% 的縮減。

❺ 將 64 個 3 x 3 影像展平後變成 576 個單元的單一網路層。

❻ 576 個單元中的每一個都與 128 個單元的那層緊密相連。使用傳統的線 + 節點計算法，可得出 (576 * 128) + 128 = 73,856 個可訓練參數。

❼ 最後，最後一層為每個類別提供 10 個可能的值。

你可能想知道為什麼我們要評估 model.summary()，而不是用圖形表示法來查看正在發生的事情。即使在較低的維度上，也很難用圖形來表示正在發生的事情，我已經盡力在圖 10-11 中建立了一個有點詳盡的描繪。

與之前的神經網路圖不同，CNN 的視覺解釋可能有些受到限制。一疊疊經過過濾的影像提供了非常豐富的資訊。卷積過程的結果被扁平化並連接到深度連結的神經網路。你已經達到了一個複雜點，而模型的 summary() 方法是理解其內容的最佳方式。

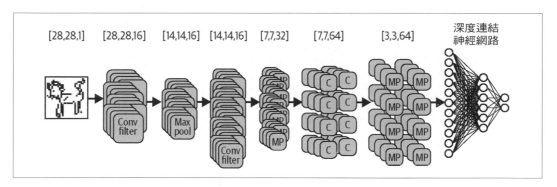

圖 10-11　每一層的視覺化表達

 如果你想要動態視覺效果，並在每一層觀看每個訓練過的過濾器的結果激發，Polo Club of Data Science 在 TensorFlow.js 中建立了一個漂亮的 CNN Explainer（*https://oreil.ly/o24uR*），不妨看看這個交談式視覺化工具（*https://oreil.ly/SYHsp*）。

就是這樣。在連結到神經網路之前，你生成的 `[3, 3, 64]` 會展平為 576 個人工神經元。你不僅建立了影像特徵，而且還簡化了來自 `[28, 28, 1]` 影像的輸入，這原本需要 784 個密集連結的輸入。有了這個更進階的架構，你可以從 `folderToTensors()` 載入資料並建立必要的模型。你已經準備好進行訓練了。

訓練與儲存

由於這是在 Node.js 中進行訓練，因此你必須直接在機器上設定 GPU 加速。這通常是透過 NVIDIA CUDA 和 CUDA 深度神經網路（CUDA Deep Neural Network, cuDNN）完成的。如果你想使用 `@tensorflow/tfjs-node-gpu` 進行訓練並獲得比一般 `tfjs-node` 更顯著的速度提升，則必須正確設定 CUDA 和 cuDNN 才能與 GPU 配合使用。參見圖 10-12。

在 20 個週期後，模型的訓練準確度達到 95%，驗證集準確度達到 90%。生成的模型的檔案大小約為 400 KB。你可能已經注意到訓練集的準確度不斷上升，但驗證的準確度有時會下降。無論好壞，最後一個週期的結果將是被儲存的模型。如果你想確保會得到盡可能高的驗證準確度，請查看最後的「本章挑戰」。

```
Epoch 1 / 20
2020-12-27 17:56:01.343903: I tensorflow/stream_executor/platform/default
2020-12-27 17:56:01.893956: W tensorflow/stream_executor/cuda/redzone_all
Relying on driver to perform ptx compilation. This message will be only l
2020-12-27 17:56:01.983209: I tensorflow/stream_executor/platform/default
eta=0.0 ==================================================================
13572ms 172us/step - acc=0.648 loss=1.06 val_acc=0.779 val_loss=0.669
Epoch 2 / 20
eta=0.0 ==================================================================
12089ms 153us/step - acc=0.804 loss=0.585 val_acc=0.831 val_loss=0.503
Epoch 3 / 20
eta=0.0 ==================================================================
12686ms 161us/step - acc=0.841 loss=0.469 val_acc=0.856 val_loss=0.425
Epoch 4 / 20
eta=0.0 ==================================================================
12084ms 153us/step - acc=0.859 loss=0.409 val_acc=0.873 val_loss=0.384
Epoch 5 / 20
eta=11.2 ==>------------------------------------------------------------
```

圖 10-12　使用 GPU 提升 3-4 倍速度

 如果你執行此模型的週期數過多，該模型將會過度擬合並且得到接近 100% 的訓練準確度，但驗證準確度會降低。

測試模型

要測試此模型，你需要來自使用者的圖畫。你可以使用畫布在網頁上建立簡單的繪圖面。畫布可以訂閱滑鼠按鈕被按下、滑鼠在畫布上移動以及滑鼠按鈕被釋放時的事件，使用這些事件，你可以逐點繪圖。

建構繪圖板

你可以使用這三個事件建構一個簡單的可繪圖畫布。你將使用一些新方法來移動畫布路徑和繪製線條，但此作法的可讀性很強。下面的程式碼會設定一個：

```
const canvas = document.getElementById("sketchpad");
const context = canvas.getContext("2d");
context.lineWidth = 14;
context.lineCap = "round";
```

```
let isIdle = true;

function drawStart(event) {
  context.beginPath();
  context.moveTo(
    event.pageX - canvas.offsetLeft,
    event.pageY - canvas.offsetTop
  );
  isIdle = false;
}
function drawMove(event) {
  if (isIdle) return;
  context.lineTo(
    event.pageX - canvas.offsetLeft,
    event.pageY - canvas.offsetTop
  );
  context.stroke();
}
function drawEnd() { isIdle = true; }
// 將方法綁定到事件上
canvas.addEventListener("mousedown", drawStart, false);
canvas.addEventListener("mousemove", drawMove, false);
canvas.addEventListener("mouseup", drawEnd, false);
```

圖畫由一堆較小的線條組成,這些線條的筆觸寬度為 14 像素,邊緣會自動變圓。你可以在圖 10-13 中看到測試圖畫。

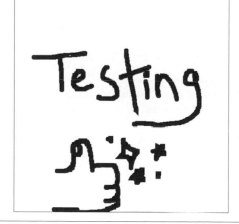

圖 10-13　效果很好

當使用者在畫布上單擊滑鼠按鈕時，會繪製從前一點到新點間的移動過程。每當使用者停止繪製時，都會呼叫 drawEnd 函數。你可以添加一個按鈕來對畫布進行分類，或者直接將其繫結到 drawEnd 函數中並對影像進行分類。

讀取繪圖板

當你在畫布上呼叫 tf.browser.fromPixels 時，你將得到 100% 的黑色像素。為什麼是這樣呢？答案是畫布並沒有在某些地方繪製任何內容，而在其他區域則是黑色像素。當畫布轉換為張量值時，它將空白轉換為黑色。畫布可能看起來像是有白色背景，但實際上是透明的，並且會顯示下面的任何顏色或圖案（見圖 10-14）。

You can see right through a canvas - SEE?!?!

圖 10-14　畫布是透明的──所以空像素為零

要解決此問題，你可以添加一個清除函數，在畫布中寫入一個大的白色方塊，因此黑線將像訓練影像一樣位於白色背景上。這也是你可以用來在不同繪圖間清除畫布的函數。要使用白色背景填充畫布，你可以使用第 6 章中用於勾勒標籤的 fillRect 方法：

```
context.fillStyle = "#fff";
context.fillRect(0, 0, canvas.clientWidth, canvas.clientHeight);
```

用白色背景初始化畫布後，你可以對畫布上的圖畫進行預測：

```
async function makePrediction(canvas, model) {
  const drawTensor = tf.browser.fromPixels(canvas, 1) ❶
  const resize = tf.image.resizeNearestNeighbor(drawTensor, [28,28], true) ❷

  const batched = resize.expandDims() ❸
  const results = await model.predict(batched)
  const predictions = await results.array()

  // 顯示
  displayResults(predictions[0]) ❹
  // 清理
  tf.dispose([drawTensor, resize, batched, results])
}
```

❶ 當你讀取畫布時，不要忘了要確定你只對其中一個頻道感興趣；否則，在繼續進行之前，你需要將 3D 張量轉換為 1D 張量。

❷ 使用最近鄰演算法將大小調整為 28 x 28 影像以輸入到模型中。由最近鄰引起的像素化在這裡無關緊要，因此用它是一個明智的選擇，因為它比 resizeBilinear 更快。

❸ 此模型期待批次輸入，因此將資料準備為一個批次。這將建立一個 [1, 28, 28, 1] 輸入張量。

❹ 預測結果已組成為 10 個數值的單一批次傳回給 JavaScript。想一種創意性的方式來顯示結果。

現在你有了結果了，你可以按照你喜歡的任何格式描繪答案。就我個人而言，我依學院來組織分數，並用分數來設定標籤的不透明度。這樣，你可以在繪製每條線時獲得回饋。標籤的不透明度值範圍落在 0-1，這與 softmax 預測的結果非常吻合。

```javascript
function displayResults(predictions) {
  // 取得分數
  const ravenclaw = predictions[0] + predictions[2] + predictions[3]
  const gryffindor = predictions[1] + predictions[9]
  const hufflepuff = predictions[4] + predictions[8]
  const slytherin = predictions[6] + predictions[7]
  const deatheater = predictions[5]

  document.getElementById("ravenclaw").style.opacity = ravenclaw
  document.getElementById("gryffindor").style.opacity = gryffindor
  document.getElementById("hufflepuff").style.opacity = hufflepuff
  document.getElementById("slytherin").style.opacity = slytherin

  // 哈利波特粉絲會超愛這個
  if (deatheater > 0.9) {
    alert('DEATH EATER DETECTED!!!')
  }
}
```

你可能好奇雷文克勞是否具有一點數學上的優勢，因為它是由更多的類別所組成的，你是對的。在所有條件相同的情況下，完全隨機的一組線條更有可能被歸類為雷文克勞，因為它具有較多類別。然而當繪圖是非隨機的時候，這在統計上是不顯著的。如果你希望模型只有九個類別，請移除鳥類並重新訓練以建立最平衡的分類頻譜。

如果你對確定哪些類別可能有問題或令人困惑有興趣，可以使用視覺報告工具，例如混淆矩陣（confusion matrix）或 t-SNE（*https://oreil.ly/sBio5*）演算法，這些工具對於評估訓練資料特別有用。

我強烈建議你從 *chapter10/simple/simplest-draw*（*https://oreil.ly/emOWR*）載入本章的程式碼並測試你的藝術技巧！我的鳥圖畫將我歸入雷文克勞，如圖 10-15 所示。

圖 10-15　使用者介面和繪圖傑作

即使我畫得不好，也能正確地被分類到其他每個可能的學院裡。不過，我不會再用我的「藝術」來懲罰你了。

本章回顧

你已經在視覺資料上訓練了一個模型。雖然此資料集僅限於灰階繪圖，但你學到的課程內容可以用於任何影像資料集。有很多優秀的影像資料集可以與你建立的模型完美配合，我們將在接下來的兩章中介紹更多內容。

我為本章中的繪圖識別（*https://oreil.ly/jnlhb*）建立了一個更詳細的網頁。

本章挑戰：拯救（儲存）魔法

如果你對獲得最高驗證準確度的模型最感興趣，那麼最後一個版本的模型就會是最好的機會很小。例如，如果你看一下圖 10-16，那個 90.3% 的驗證準確度會被丟掉，模型的最終驗證準確度為 89.6%。

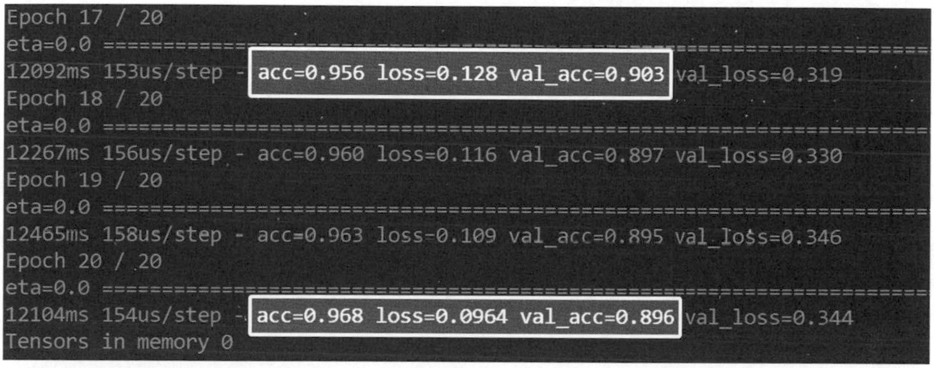

```
Epoch 17 / 20
eta=0.0 =======================================================
12092ms 153us/step -  acc=0.956 loss=0.128 val_acc=0.903  val_loss=0.319
Epoch 18 / 20
eta=0.0 =======================================================
12267ms 156us/step -  acc=0.960 loss=0.116 val_acc=0.897 val_loss=0.330
Epoch 19 / 20
eta=0.0 =======================================================
12465ms 158us/step -  acc=0.963 loss=0.109 val_acc=0.895 val_lo$s=0.346
Epoch 20 / 20
eta=0.0 =======================================================
12104ms 154us/step -  acc=0.968 loss=0.0964 val_acc=0.896 val_loss=0.344
Tensors in memory 0
```

圖 10-16　評估哪個準確度更重要

對於這個本章挑戰，我們不是儲存模型的最終訓練版本，而是添加一個回呼，用來在驗證準確度達到新的最佳記錄時儲存模型。這種程式碼很有用，因為它可以讓你執行比較多的週期。當模型過度擬合時，你將能夠為產出系統保留最佳的可泛化（generalizable）模型。

你可以在附錄 B 中找到這個挑戰的答案。

練習題

讓我們回顧一下你從本章編寫的程式碼中學到的課程內容。花點時間回答以下問題：

1. 卷積層有很多可訓練的東西，它們可以幫忙萃取影像的特徵嗎？
2. 控制卷積視窗大小的屬性叫什麼名字？
3. 如果想讓卷積結果和原圖一樣大小，應該設置什麼填充（padding）？
4. 是非題。在將影像插入卷積層之前，你必須將其展平。
5. 在 81 x 81 影像上，步幅為 3 的 3 x 3 最大池的輸出大小是多少？

6. 如果你要對數字 12 進行一位有效編碼，你是否有足夠的資訊來這樣做？

附錄 A 中提供了這些習題的解答。

接下來…

在第 11 章中，你將學習如何站在巨人的肩膀上。設計模型可能很複雜，而且通常很耗時。遷移學習使你能夠採用進階模型、並使用少量資料對其稍微進行重新訓練以執行新任務，這減少了你需要的資料量和訓練時間。

第十一章

遷移學習

「要從他人的錯誤中學習，
生命有限，你無法親自經歷所有錯誤。」

—Eleanor Roosevelt

要能擁有大量資料、久經考驗的模型結構和處理能力會很有挑戰性。走捷徑不是很好嗎？在第 7 章中，你可以用 Teachable Machine 將受過訓練的模型的品質轉移到新模型這樣的技巧非常有用。事實上，這是機器學習世界中的一個常見技巧。雖然 Teachable Machine 隱藏了其中的細節並只為你提供了一個模型，但你可以瞭解這個技巧的機制並將其用於各種很酷的任務。在本章中，我們將揭露這個過程背後的魔力。雖然為了簡單起見，我們將只專注於 MobileNet 的範例，但這可以應用於所有類型的模型。

遷移學習是採用經過訓練的模型並將其重新用於第二個相關任務的行為。

將遷移學習用於機器學習解決方案有一些可重複發生的好處。大多數專案出於以下原因都使用了一定程度的遷移學習：

- 重新利用經過實戰考驗的模型結構

- 更快的獲得解決方案

- 透過更少的資料獲得解決方案

在本章中，你將學習幾種遷移學習的策略。你將聚焦於 MobileNet 來作為一個基本範例，可以重複用它以各種方式來識別無數的新類別。

我們會：

- 回顧遷移學習的工作原理
- 瞭解如何重用特徵向量
- 切入層模型並重建新模型
- 了解 KNN 和延遲分類（deferred classification）

完成本章後，你將能夠使用花了長時間、用了大量資料訓練的模型，並將它們應用於你自己的小資料集需求。

遷移學習如何運作？

一個在不同資料上訓練過的模型為何會突然對你的新資料有效呢？這聽起來很神奇，但它每天都在人類身上發生。

你花了數年時間來識別動物，你可能已經在卡通、動物園和廣告中看到過數百隻駱駝、豚鼠和海狸。現在我要向你展示一種你可能不經常看到，甚至根本沒看過的動物。圖 11-1 中的動物稱為水豚（capybara）（*Hydrochoerus hydrochaeris*）。

圖 11-1　水豚

你可能是第一次（或少數幾次中的一次）看到水豚的照片。現在，看看圖 11-2 中的陣容。你能找到水豚嗎？

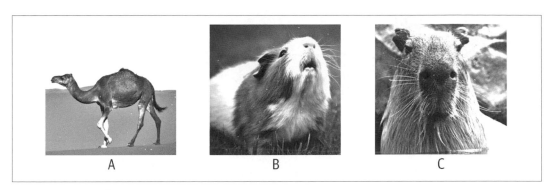

圖 11-2　水豚是哪一種？

只有一張照片的訓練集就足以讓你做出選擇，因為你一生都在區分動物。憑藉新穎的顏色、角度和照片尺寸，你的大腦可能會十分肯定地發現動物 C 是另一隻水豚。從你多年的經驗中學到的特徵有助於你做出明智的決定。以同樣的方式，我們可以教導具有豐富經驗的強大模型從少量新資料中學習新事物。

遷移學習神經網路

讓我們暫時把事情帶回 MobileNet。MobileNet 模型經過訓練後可以識別那些可將一千個項目彼此區分開來的特徵。這意味著存在著卷積可以偵測毛皮、金屬、圓形物體、耳朵和各種關鍵的差異性特徵。所有這些特徵在被展平成神經網路之前都被消化和簡化，其中分類是由各種特徵的組合構成的。

MobileNet 模型可以識別不同品種的狗，甚至可以區分馬耳他梗（Maltese terrier）和西藏梗（Tibetan terrier）。如果你要製作「狗或貓」（*https://oreil.ly/i9Xxm*）分類器，那麼在你的簡化模型中可以重用大多數進階特徵是有道理的。

先前學習的卷積過濾器對於識別全新分類的關鍵特徵非常有用，例如圖 11-2 中的水豚範例。訣竅是採用模型的特徵識別部分，並將你自己的神經網路應用於卷積輸出，如圖 11-3 所示。

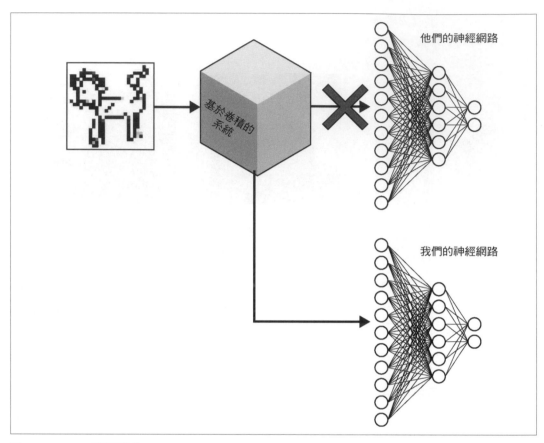

圖 11-3　CNN 遷移學習

那麼如何分割和重組之前訓練過的模型的這些部分呢？你會有很多選擇。同樣的，我們也將更深入了解圖和層模型。

輕鬆的 MobileNet 遷移學習

幸運的是，TensorFlow Hub（*https://tfhub.dev*）已經有一個與任何神經網路斷開連結的 MobileNet 模型。它提供了半個模型供你用於遷移學習。半個模型意味著它沒有被綁定到最終的 softmax 層來進行分類，這使我們能夠讓 MobileNet 推導出影像的特徵後為我們提供張量，然後我們可以將其傳遞給我們自己訓練的網路進行分類。

TFHub 將這些模型稱為影像特徵向量（*image feature vector*）模型。你可以優化你的搜尋以僅顯示這些模型（*https://oreil.ly/BkokR*）、或透過查看問題領域標記來識別它們，如圖 11-4 所示。

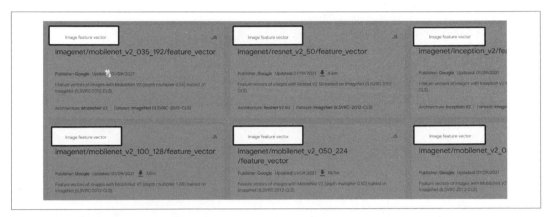

圖 11-4　影像特徵向量的問題領域標記

你可能會注意到 MobileNet 的一些微小變化，並想知道它們之間的區別是什麼。一旦你學會了一些偷偷摸摸的術語，每一個模型的描述都會變得非常易讀。

例如，我們將使用範例 11-1。

範例 *11-1*　影像特徵向量模型之一

    imagenet/mobilenet_v2_130_224/feature_vector

imagenet

此模型是在 ImageNet 資料集上訓練的。

mobilenet_v2

此模型的架構是 MobileNet v2。

130

此模型的深度乘數（depth multiplier）為 1.30。這會產生更多的特徵。如果你想加快速度，可以選擇「05」，它會輸出不到一半的特徵，但速度會有所提高。當你準備修改速度與深度的關係時，這是一個微調選項。

224

該模型的預期輸入大小為 224 x 224 影像。

feature_vector

我們已經從標記中知道了這件事,這個模型輸出的張量是影像的特徵,供第二個模型解讀之用。

現在我們有了一個可以識別影像特徵的已訓練模型,我們將透過 MobileNet 影像特徵向量模型運行我們的訓練資料,然後根據該模型的輸出來訓練模型。換句話說,訓練影像將變成一個特徵向量,而我們將訓練一個模型來解讀該特徵向量。

這種策略的好處是實施起來很簡單。主要缺點是,當你準備好使用新訓練的模型時,你必須載入兩個模型(一個用於生成特徵,另一個用於解讀特徵)。有創意性的想法是,在某些情況下,將影像「特徵化」(featurize)然後透過多個神經網路運行它可能非常有用。不管怎樣,讓我們看看它的實際效果。

TensorFlow Hub 將軍,伙計(Check, Mate)!

我們將透過 MobileNet 使用遷移學習來識別棋子,如圖 11-5 所示。

圖 11-5 簡單的棋子分類器

每個棋子只有幾張影像。這通常還不夠，但藉助遷移學習的魔力，你將獲得一個高效率的模型。

載入棋子影像

在本練習中，我編製了 150 張影像的集合、並將它們載入到 CSV 檔案中以便快速使用。在大多數情況下，我不建議這樣做，因為它在處理和磁碟空間方面效率很低，但它可以被用來作為進行一些快速的瀏覽器內（in-browser）訓練的簡單向量。載入這些影像的程式碼現在看來很簡單。

 你可以在 *chapter11/extra/node-make-csvs*（*https://oreil.ly/INWAN*）資料夾中存取西洋棋影像，和將它們轉換為 CSV 檔案的程式碼。

檔案 *chess_labels.csv* 和 *chess_images.csv* 可以在本課程所附的程式碼的 *chess_data.zip*（*https://oreil.ly/bcFop*）檔案中找到。解壓縮此檔案並使用 Danfo.js 載入內容。

許多瀏覽器在同時讀取全部的 150 張影像時可能會遇到問題，因此我將展示限制為僅處理 130 張影像。解決並行（concurrent）資料限制是機器學習的一個常見問題。

 一旦影像被特徵化，它佔用的空間就會少得多。請隨意嘗試批次化建立特徵，但這超出了本章的範圍。

影像已經是 224 x 224 大小，因此你可以使用以下程式碼載入它們：

```
console.log("Loading huge CSV - this will take a while");
const numImages = 130; // 介於 1 和 150 之間
// 取得 Y 值
const labels = await dfd.read_csv("chess_labels.csv", numImages); ❶
const Y = labels.tensor; ❷
// 取得 X 值（棋子影像）
const chessImages = await dfd.read_csv("chess_images.csv", numImages);
const chessTensor = chessImages.tensor.reshape([
  labels.shape[0], 224, 224, 3, ❸
]);
console.log("Finished loading CSVs", chessTensor.shape, Y.shape);
```

❶ `read_csv` 的第二個參數將列數限制為指定的數值。

❷ 然後將 DataFrame 轉換為張量。

❸ 影像被展平以進行序列化，但現在被重新塑形為四秩 RGB 影像。

一段時間後，此程式碼列印出 130 個準備就緒的影像和其編碼後的 X 和 Y 形狀：

```
Finished loading CSVs (4) [130, 224, 224, 3] (2) [130, 6]
```

如果你的電腦無法處理 130 張影像，你可以降低 numImages 變數並繼續玩下去。但是，
CSV 檔案的載入時間會維持不變，因為整個檔案都必須處理。

> 像棋子這樣的影像非常適合影像擴增，因為歪斜的棋子永遠不會被混淆為
> 另一個棋子。如果你需要更多影像，你可以鏡像整個集合以有效地將你的
> 資料加倍。已經有用來鏡像、傾斜和歪斜影像的完整程式庫（*https://oreil.
> ly/tCMTN*）存在，因此你可以建立更多資料。

載入特徵模型

你可以像從 TensorFlow Hub 載入任何模型一樣載入特徵模型。你可以將程式碼傳送給
模型來進行預測，它將產生 numImages 個預測結果。程式碼類似於範例 11-2。

範例 11-2　載入和使用特徵向量模型

```
// 載入特徵模型
const tfhubURL =
  "https://oreil.ly/P2t2k";
const featureModel = await tf.loadGraphModel(tfhubURL, {
  fromTFHub: true,
});
const featureX = featureModel.predict(chessTensor);
// 推送資料進行特徵偵測
console.log(`Features stack ${featureX.shape}`);
```

控制台日誌的輸出是：

```
Features stack 130,1664
```

130 張影像中的每一張都變成了一組 1,664 個對影像特徵敏感的浮點值。如果你更改模
型以使用不同的深度，則特徵數量將發生變化。數字 1,664 是 MobileNet 中深度 1.30 版
本所獨有的。

如前所述，1,664 個 Float32 的特徵集明顯小於每張影像的 224*224*3 = 150,528 Float32 輸入。這將加快訓練速度並對你電腦的記憶體更友善。

建立你的神經網路

現在你擁有了一組特徵，你可以建立一個全新的、完全未經訓練的模型，來將這 1,664 個特徵與你的標籤相匹配。

範例 11-3　一個最後一層為 6 個單元的 64 層小模型

```
// 建立神經網路
const transferModel = tf.sequential({
  layers: [                              ❶
    tf.layers.dense({
      inputShape: [featureX.shape[1]],   ❷
      units: 64,
      activation: "relu",
    }),
    tf.layers.dense({ units: 6, activation: "softmax" }),
  ],
});
```

❶ 這個層模型使用的語法與你習慣的語法略有不同。不是呼叫 `.add`，而是將所有層都呈現在初始配置的陣列中。這種語法非常適合像這樣的小模型。

❷ 模型的 `inputShape` 會被動態的設定成 1,664，以防你想要透過更新模型的 URL 來更改模型的深度乘數。

訓練結果

訓練程式碼中沒有任何新的東西。該模型是基於特徵輸出來進行訓練。因為與原始影像張量相比，特徵輸出非常小，所以訓練會非常快。

```
transferModel.compile({
  optimizer: "adam",
  loss: "categoricalCrossentropy",
  metrics: ["accuracy"],
});

await transferModel.fit(featureX, Y, {
  validationSplit: 0.2,
  epochs: 20,
  callbacks: { onEpochEnd: console.log },
});
```

在幾個週期內,該模型便有出色的準確度。參見圖 11-6。

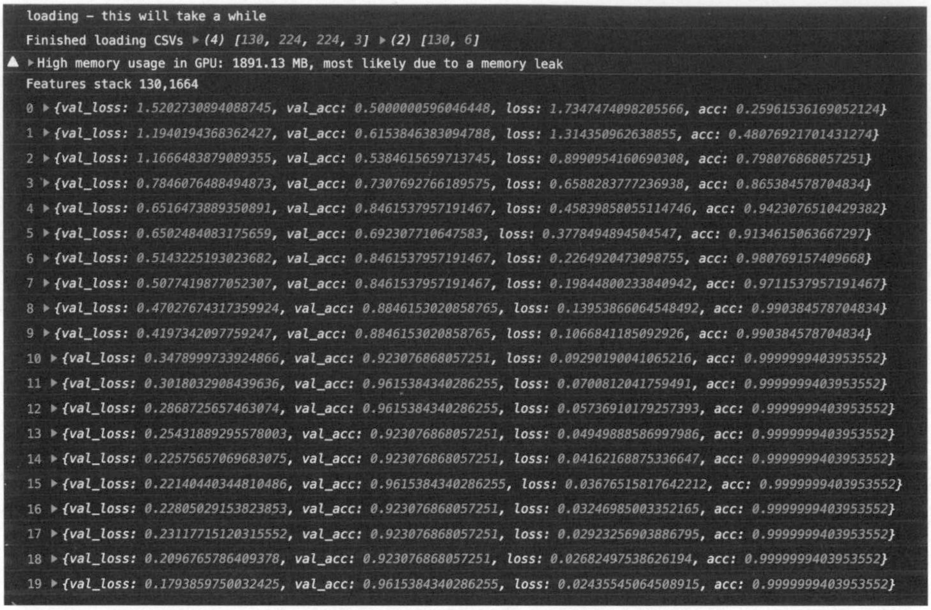

```
loading – this will take a while
Finished loading CSVs ▶ (4) [130, 224, 224, 3] ▶ (2) [130, 6]
▲ ▶High memory usage in GPU: 1891.13 MB, most likely due to a memory leak
Features stack 130,1664
0 ▶ {val_loss: 1.5202730894088745, val_acc: 0.5000000596046448, loss: 1.7347474098205566, acc: 0.25961536169052124}
1 ▶ {val_loss: 1.1940194368362427, val_acc: 0.6153846383094788, loss: 1.314350962638855, acc: 0.48076921701431274}
2 ▶ {val_loss: 1.1666483879089355, val_acc: 0.5384615659713745, loss: 0.8990954160690308, acc: 0.798076868057251}
3 ▶ {val_loss: 0.7846076488494873, val_acc: 0.7307692766189575, loss: 0.6588283777236938, acc: 0.865384578704834}
4 ▶ {val_loss: 0.6516473889350891, val_acc: 0.8461537957191467, loss: 0.45839858055114746, acc: 0.9423076510429382}
5 ▶ {val_loss: 0.6502484083175659, val_acc: 0.692307710647583, loss: 0.3778494894504547, acc: 0.9134615063667297}
6 ▶ {val_loss: 0.5143225193023682, val_acc: 0.8461537957191467, loss: 0.2264920473098755, acc: 0.980769157409668}
7 ▶ {val_loss: 0.5077419877052307, val_acc: 0.8461537957191467, loss: 0.19844800233840942, acc: 0.9711537957191467}
8 ▶ {val_loss: 0.47027674317359924, val_acc: 0.8846153020858765, loss: 0.13953866064548492, acc: 0.990384578704834}
9 ▶ {val_loss: 0.4197342097759247, val_acc: 0.8846153020858765, loss: 0.1066841185092926, acc: 0.990384578704834}
10 ▶ {val_loss: 0.3478999733924866, val_acc: 0.923076868057251, loss: 0.09290190041065216, acc: 0.9999999403953552}
11 ▶ {val_loss: 0.3018032908439636, val_acc: 0.9615384340286255, loss: 0.0700812041759491, acc: 0.9999999403953552}
12 ▶ {val_loss: 0.2868725657463074, val_acc: 0.9615384340286255, loss: 0.05736910179257393, acc: 0.9999999403953552}
13 ▶ {val_loss: 0.2543188929557800, val_acc: 0.923076868057251, loss: 0.04949888586997986, acc: 0.9999999403953552}
14 ▶ {val_loss: 0.2257565706968307, val_acc: 0.923076868057251, loss: 0.04162168875336647, acc: 0.9999999403953552}
15 ▶ {val_loss: 0.2214044034481048, val_acc: 0.9615384340286255, loss: 0.03676515817642212, acc: 0.9999999403953552}
16 ▶ {val_loss: 0.2280502915382385, val_acc: 0.923076868057251, loss: 0.03246985003352165, acc: 0.9999999403953552}
17 ▶ {val_loss: 0.2311771512031555, val_acc: 0.923076868057251, loss: 0.02923256903886795, acc: 0.9999999403953552}
18 ▶ {val_loss: 0.2096765786409378, val_acc: 0.923076868057251, loss: 0.02682497538626194, acc: 0.9999999403953552}
19 ▶ {val_loss: 0.1793859750032425, val_acc: 0.9615384340286255, loss: 0.02435545064508915, acc: 0.9999999403953552}
```

圖 11-6　在 20 個週期中從 50% 到 96% 的驗證準確度

使用 TensorFlow Hub 上的現有模型進行遷移學習可以減輕你的架構難題,並以高精確度來回報你,但這並不是實作遷移學習的唯一方法。

利用層模型進行遷移學習

前一種方法有一些明顯又不那麼明顯的侷限性。首先,你無法訓練特徵模型。你所有的訓練都是在一個新模型上進行的,這個模型耗用了圖模型的特徵,但卷積層以及其大小是固定的。你有了可用的卷積網路模型的微小變形,但無法更新或微調它。

前面的 TensorFlow Hub 模型是圖模型,圖模型針對速度進行了優化,而如你所知,無法修改或訓練。另一方面,層模型已準備好被修改了,因此你可以重新連結它們以進行遷移學習。

此外，在前面的範例中，每次需要對影像進行分類時，你實際上都在處理兩個模型。你必須載入兩個 JSON 模型並讓影像通過特徵模型，然後再通過新模型以對影像進行分類。這不是世界末日，但透過層模型的組合可以實現單一模型。

讓我們再次解決相同的西洋棋問題，但這次使用 MobileNet 的層模型版本，以便我們可以檢查其中的差異。

修除 MobileNet 的層

在本練習中，你將使用設定為層模型的 MobileNet v1.0 版本。這是 Teachable Machine 所使用的模型，雖然對於小型的探索性專案來說已經足夠了，但你會注意到它不如具有 1.30 深度的 MobileNet v2 模型準確。正如你在第 7 章中學到的，你已經精通使用精靈來轉換模型，因此你可以在需要時建立更大、更新的層模型。準確度是一個重要的量度，但它遠遠不是你在選擇轉移模型時應該評估的唯一量度。

MobileNet 擁有大量的網路層，其中一些是你以前從未見過的，我們一起來看看。載入與本章相關的 MobileNet 模型，並使用 model.summary() 查看網路層的摘要。這將列印一個巨大的網路層列表。不要感到暈頭轉向。當你從下往上閱讀時，最後兩個帶有激發的卷積層被稱為 conv_preds 和 conv_pw_13_relu：

```
    ...

    conv_pw_13 (Conv2D)          [null,7,7,256]          65536

    conv_pw_13_bn (BatchNormaliz [null,7,7,256]          1024

    conv_pw_13_relu (Activation) [null,7,7,256]          0

    global_average_pooling2d_1 ( [null,256]              0

     reshape_1 (Reshape)         [null,1,1,256]          0

    dropout (Dropout)            [null,1,1,256]          0

    conv_preds (Conv2D)          [null,1,1,1000]         257000

    act_softmax (Activation)     [null,1,1,1000]         0

    reshape_2 (Reshape)          [null,1000]             0
    =============================================================
    Total params: 475544
    Trainable params: 470072
    Non-trainable params: 5472
```

最後一個卷積 conv_preds 被用來作為 1,000 個可能類別的特徵的 flatten 層。這在某種程度上只適用於模型的訓練類別，因此，我們將跳到第二個卷積（conv_pw_13_relu）並從那裡切入。

MobileNet 是一個複雜的模型，即使你不必瞭解所有網路層才能將其用於遷移學習，但在決定刪除哪些內容時還是需要一些技巧的。在更簡單的模型中，比如即將看到的「本章挑戰」中的模型，通常會保留整個卷積工作流程並切除展平層。

你可以透過某個網路層的唯一名稱來裁切到這個網路層。範例 11-4 中顯示的程式碼可在 GitHub（*https://oreil.ly/KfhNb*）上找到。

範例 *11-4*

```
const featureModel = await tf.loadLayersModel('mobilenet/model.json')
console.log('ORIGINAL MODEL')
featureModel.summary()
const lastLayer = featureModel.getLayer('conv_pw_13_relu')
const shavedModel = tf.model({
  inputs: featureModel.inputs,
  outputs: lastLayer.output,
})
console.log('SHAVED DOWN MODEL')
shavedModel.summary()
```

範例 11-4 中的程式碼列印出兩個大型模型，但關鍵的區別在於第二個模型突然停在了 conv_pw_13_relu 處。

現在的最後一層就是我們指明的那一層。當你查看精簡模型的摘要時，它就像一個特徵提取器。有一個關鍵區別需要注意。最後一層是卷積層，所以你建構的傳輸模型的第一層應該將卷積輸入進行展平，以便它可以密集地連結到神經網路。

層特徵模型

現在你可以使用修剪後的模型作為特徵模型。這為你提供了與 TFHub 相同的雙模型系統。你的第二個模型需要讀取 conv_pw_13_relu 的輸出：

```
// 建立神經網路
const transferModel = tf.sequential({
  layers: [
    tf.layers.flatten({ inputShape: featureX.shape.slice(1) }),
    tf.layers.dense({ units: 64, activation: 'relu' }),
```

```
      tf.layers.dense({ units: 6, activation: 'softmax' }),
    ],
  })
```

我們正在設定由中介特徵定義的形狀。這也可以直接與修剪後模型的輸出形狀（shavedModel.outputs[0].shape.slice(1)）繫結起來。

從這裡，你又回到了之前在 TFHub 模型中同樣的情況。基礎模型建立特徵，第二個模型解讀這些特徵。

使用這兩層進行訓練可達到約 80% 以上的準確度。請記住，我們使用的是完全不同的模型架構（這是 MobileNet v1）和較低的深度乘數。從這個粗略的模型中獲得至少 80% 的準確度是一件好事。

統一模型

與特徵向量模型一樣，你的訓練只能存取幾個層，並且不會更新卷積層。現在你已經訓練了兩個模型，你可以再次將它們的層合併為一個模型。你可能想知道為什麼要在訓練之後而不是之前來組合模型。在將特徵層鎖定或「凍結」為其原始權重的情況下來訓練新層是一種常見做法。

一旦新層完成訓練後，你通常就可以「解凍」更多層並且一起訓練新層和舊層。這個階段通常稱為微調（*fine-tuning*）模型。

那麼現在如何整合這兩個模型呢？答案出奇的簡單。建立第三個循序模型並使用 model. add 來添加兩個模型。程式碼如下所示：

```
// 組合模型
const combo = tf.sequential()
combo.add(shavedModel)
combo.add(transferModel)
combo.compile({
  optimizer: 'adam',
  loss: 'categoricalCrossentropy',
  metrics: ['accuracy'],
})
combo.summary()
```

新的組合模型可以被下載或進一步訓練。

如果你在訓練新層之前加入了模型，你可能會看到你的模型會過度擬合資料。

無須訓練

值得注意的是，有一種聰明的方法可以使用兩個模型進行零訓練的遷移學習。訣竅是使用第二個模型來識別相似度的距離。

第二種模型稱為 K-Nearest Neighbors（KNN）[1] 模型，它將一個資料元素與特徵空間中 K 個最相似的資料元素群組在一起。成語「物以類聚」就是 KNN 的前提。

在圖 11-7 中，X 將被識別為兔子，因為特徵中最接近的三個範例也是兔子。

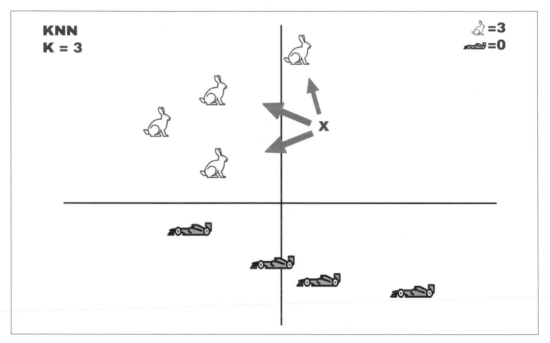

圖 11-7　以特徵空間中的鄰居來識別

KNN 有時被稱為**基於實例的學習**（*instance-based learning*）或**惰性學習**（*lazy learning*），因為你將必要的處理都轉移到對其周圍資料進行分類的時候。這種模型很容易更新。你始終可以動態添加更多影像和類別以定義邊緣案例或新類別，而無須重新訓練。成本來自於特徵圖會隨著你添加的每個範例而增大，這與空間大小固定的已訓練模型不同。你添加到 KNN 解決方案的資料點越多，模型附帶的特徵集就會變得越大。

1　KNN 是由 Evelyn Fix 和 Joseph Hodges 於 1951 年開發的。

此外，由於沒有訓練，相似度是**唯一的**度量標準。這使得該系統不適合某些問題。例如，如果你試圖訓練一個模型以查看人們是否戴著口罩，那麼你正在尋找一個專注於單一特徵而不是多個特徵的模型。穿著相同的兩個人可能會有更多的相似之處，因此會被 KNN 歸為同一類別。要讓 KNN 處理口罩，你的特徵向量模型必須是僅適用於人臉的，經過訓練的模型就可以從中學習區分樣式。

容易的 KNN：兔子與跑車

KNN 與 MobileNet 一樣，具有 Google 提供的 JS 包裝器。我們可以透過隱藏所有複雜細節來快速實作 KNN 遷移學習，使用 MobileNet 和 KNN NPM 套件建立一個快速遷移學習的展示。

MobileNet NPM 程式庫

第 2 章中的 MobileNet NPM 模組（*https://oreil.ly/uzuYB*）夠聰明，知道你可能需要遷移學習，而且不僅僅是 1,000 個已知類別。在有用的 NPM 包裝器下，程式碼只是像我們一樣單純的存取 TensorFlow Hub。

如果你正在尋找將 MobileNet 帶入遷移學習專案的最快方法，你可以使用簡化的 MobileNet 套件及其包裝器，透過範例 11-5 中所示的程式碼蒐集特徵。

範例 *11-5　純粹由 NPM 驅動的特徵*

```
features = model.infer(img, true);
```

這是一個很好的功能，你經常可以在已經專業地將其封裝在友善的 JavaScript 裡的模型中找到。

我們不僅要避免執行任何訓練，而且還會使用現有的程式庫來避免深入研究 TensorFlow.js。我們將為了一個華麗的展示這樣做，但是如果你決定使用這些模型建構更強大的東西，你可能應該評估一下避免使用你無法控制的抽象套件。你已經瞭解遷移學習的所有內部工作原理了。

要進行此快速展示，你將匯入三個 NPM 模組：

```
<script src="https://cdn.jsdelivr.net/npm/@tensorflow/tfjs@2.7.0/dist/tf.min.js">
</script>
<script src="https://cdn.jsdelivr.net/npm/@tensorflow-models/mobilenet@2.0">
```

```
</script>
<script
src="https://cdn.jsdelivr.net/npm/@tensorflow-models/knn-classifier@1.2.2">
</script>
```

為了簡單起見，本章的範例程式碼包含了網頁上的所有影像，因此你可以直接參照它們。現在你可以使用 mobileNet = await mobilenet.load(); 來載入 MobileNet，以及用 knnClassifier.create(); 來載入 KNN 分類器。

KNN 分類器需要每個類別的範例。為了簡化這個過程，我建立了以下幫手函數：

```
// domID 是 DOM 元素的 ID
// classID 唯一性的類別索引
function addExample(domID, classID) {
  const features = mobileNet.infer( ❶
    document.getElementById(domID), ❷
    true                            ❸
  );
  classifier.addExample(features, classID);
}
```

❶ infer 方法傳回的是值而不是偵測結果的豐富（rich）JavaScript 物件。

❷ 網頁上的影像 id 會告訴 MobileNet 要調整大小和處理的影像是什麼。張量邏輯被隱藏在 JavaScript 中，但本書的許多章節都解釋了實際發生的事情。

❸ MobileNet 模型傳回影像的特徵（有時稱為嵌入（*embeddings*））。如果沒有設定時，則傳回 1,000 個原始值的張量（有時稱為 *logits*）。

現在你可以使用此幫手方法添加每個類別的範例。你只需對影像元素的唯一 DOM ID 以及它應該關聯的類別進行命名。為每個類別添加三個範例就像這樣簡單：

```
// 增加二個類別的範例
addExample('bunny1', 0)
addExample('bunny2', 0)
addExample('bunny3', 0)
addExample('sport1', 1)
addExample('sport2', 1)
addExample('sport3', 1)
```

最後，它是同樣的預測系統。獲取影像的特徵，並要求分類器根據 KNN 識別它認為輸入是什麼類別。

```
// 結果揭曉
const testImage = document.getElementById('test')
```

```
const testFeature = mobileNet.infer(testImage, true);
const predicted = await classifier.predictClass(testFeature)
if (predicted.classIndex === 0) { ❶
  document.getElementById("result").innerText = "A Bunny" ❷
} else {
  document.getElementById("result").innerText = "A Sports Car"
}
```

❶ classIndex 是傳入 addExample 的數值。如果添加了第三個類別，那個新索引將是可能的輸出。

❷ 網頁文字由「???」更改為結果。

結果是 AI 可以透過與六個範例進行比較來識別新影像的正確類別，如圖 11-8 所示。

KNN+MobileNet 分類器

兔子對跑車

 VS

AI 相信以下照片為…

兔子

圖 11-8　每類別只有三張影像，KNN 模型還是可以正確預測

你可以動態的添加越來越多的類別。KNN 是一種透過遷移學習來利用進階模型經驗的令人興奮且叮擴展的方式。

本章回顧

由於本章解釋了使用 MobileNet 進行遷移學習的奧秘，因此你現在可以將這種增強功能應用於你可以稍微理解的任何既存模型。或許你想調整寵物臉部模型以尋找卡通或人臉。你不必從頭開始！

遷移學習為你的 AI 工具腰帶添加了一個新的實用程序。現在，當你在外面發現一個新模型時，你可以問問自己如何直接使用它，以及如何將它用於類似的遷移學習。

本章挑戰：光速學習

上一章的霍格華茲分類模型在卷積層中有數千張黑白繪圖的影像。不幸的是，這數千張影像僅限於動物和頭骨。它們都與星艦迷航記（*Star Trek*）無關。不要煩惱；只需 50 張左右的新影像，你就可以重新訓練上一章中的模型，以識別圖 11-9 中所示的三個*星艦迷航記*符號。

圖 11-9　星艦迷航記符號

將光炮（phaser）設置為有趣模式、並使用你在本章中學到的方法來採用你在第 10 章中訓練的層模型（或從本書所附原始碼（*https://oreil.ly/v3tvg*）中下載訓練好的模型），訓練一個可以從幾個範例中識別出這些影像的新模型。

你可以在本書所附原始碼（*https://oreil.ly/3dqcq*）中以 CSV 格式找到新的訓練影像資料。訓練影像資料已放入 CSV 檔案中，因此你可以使用 Danfo.js 輕鬆匯入它。檔案是 *images.csv* 和 *labels.csv*。

你可以在附錄 B 中找到這個挑戰的答案。

練習題

讓我們回顧一下你從本章編寫的程式碼中學到的課程內容。花點時間回答以下問題：

1. KNN 代表什麼？

2. 當你有一個小的訓練集時，會有什麼危險？

3. 當你在 TensorFlow Hub 上尋找 CNN 模型的卷積部分時，你在尋找什麼標記？

4. 哪個深度乘數會有更廣泛的特徵輸出，是 0.50 還是 1.00？

5. 你可以在 MobileNet NPM 模組上呼叫什麼方法來蒐集影像的特徵嵌入？

6. 你應該先組合你的轉移模型部分然後再訓練，還是先訓練然後再組合你的模型？

7. 當你在卷積層切割模型時，在將該資訊導入神經網路的密集層之前你需要做什麼？

附錄 A 中提供了這些習題的解答。

接下來⋯

在第 12 章中，你將接受考驗！你已經學習了各種技能並使用了各式各樣的工具，但現在是時候看看你是否能看透一個專案。在下一章中，你將擁有自己的總結專案，該專案將利用你迄今為止學到的所有技能來將想法變為現實。

骰子化：總結專案

「在被迎面痛擊之前，每個人都有自己一套計畫。」

—Iron Mike Tyson

你的所有訓練都使你通過了各種理論和練習的考驗。到目前為止，你已經掌握了足夠的知識，可以提出一個計畫，在 TensorFlow.js 中為機器學習建構新的和創造性的用途。在本章中，你將開發你的總結專案。本章並不是使用 TensorFlow.js 來學習機器學習的另一個層面，而是從一個挑戰開始，使用現有技能建構一個有效的解決方案。從一開始的想法到最後完成，本章將透過解決問題的執行過程來引導你。無論這是你關於機器學習的第一本書還是你的第十本書，本專案都是你大放異彩的時刻。

我們會：

- 研究問題

- 建立和擴增資料

- 訓練一個可以解決問題的模型

- 在網站中實作解決方案

完成本章後，你將從頭到尾應用你的技能來解決一個有趣的機器學習專案。

骰子的挑戰

我們將使用你的新技能來模糊掉藝術與科學之間的界限。多年來,工程師們一直在使用機器來實現令人印象深刻的視覺壯舉。最值得注意的是,暗箱(camera obscura)技術(如圖 12-1 所示)讓瘋狂的科學家能夠使用鏡頭和鏡子追蹤現場場景[1]。

圖 12-1　暗箱

今天,人們正在用最奇怪的東西製作藝術。在我的大學裡,美術系使用便利貼作為像素,建立了一個超級瑪利歐兄弟中的完整場景。雖然我們之中的一些人擁有藝術的神聖靈感,但其他人也可以透過運用他們的其他才能創作出類似的作品。

如果你選擇接受挑戰並從這本書中得到你所能得到的一切,那麼你的挑戰就是教 AI 如何使用骰子繪畫。透過排列六面骰子並選擇要顯示的正確數字,你可以複製任何影像。藝術家會購買數百個骰子並使用他們的技能重新建立影像。在本章中,你將運用所學的所有技能來產出並教導 AI 如何將影像分解成骰子藝術,如圖 12-2 所示。

1　如果你想了解有關暗箱的更多資訊,請觀看紀錄片 *Tim's Vermeer*(*https://oreil.ly/IrjNM*)。

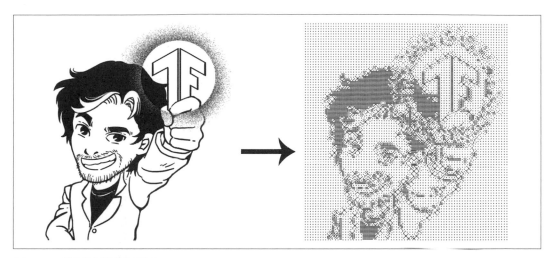

圖 12-2　將圖形轉換為骰子

一旦你擁有能夠將黑白影像轉換為骰子的 AI，你就可以做各種事情，例如建立一個很酷的網路攝影機過濾器、製作一個出色的網站，甚至為自己列印一個有趣的工藝專案的指引。

在繼續之前，請先花 10 分鐘擬定策略，看要如何使用你的技能從頭開始建構一個像樣的影像到骰子轉換器。

計畫

理想情況下，你會想出一個和我所想的差不多的東西。首先，你需要資料，然後你需要訓練模型，最後，你需要建立一個使用已訓練模型的網站。

資料

雖然骰子並不是非常複雜，但每個像素塊應該長什麼樣子並不是已經存在的資料集。你需要產生一個資料集，該資料集足以將影像的一塊像素映射到最適合的骰子上。你將建立如圖 12-3 所示的資料。

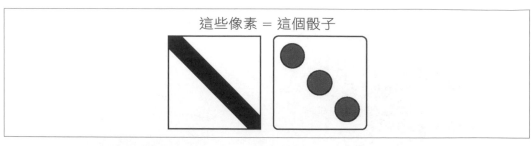

圖 12-3　教 AI 如何選擇哪個骰子有效

有些骰子可以旋轉。二、三和六必須在資料集中重複出現，以讓它們專屬於每個配置。雖然它們在遊戲中是可互換的，但在藝術中卻不是。圖 12-4 展示了這些數字是如何在視覺上被鏡像的。

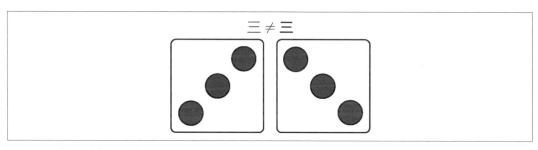

圖 12-4　角度很重要；這兩個不相等

這意味著你總共需要九種可能的配置。那是六個骰子面，加上旋轉了 90 度的其中三個。圖 12-5 展示了一般的六面遊戲骰子的所有可能配置。

圖 12-5　九種可能的配置

這些是使用必須平放的骰子來重新建立任何影像的可用樣式。雖然這用於直接表現影像是不完美的，但解析度會隨著骰子的數量和它們之間的距離而改善。

訓練

設計模型時會想到兩個大問題：

- 有沒有對遷移學習有用的東西？

- 模型是否應該具有卷積層？

首先，我不相信我以前見過這樣的東西。在建立模型時，我們需要確保有驗證和測試集來驗證模型的訓練良好，因為我們將從頭開始設計它。

其次，此模型可能應該避免卷積。卷積可以幫助你萃取複雜的特徵，而不管它們的位置如何，但這個模型對位置非常敏感。兩個像素塊可以是 2 或旋轉過的 2。對於這個練習，我將不使用卷積層。

在任務完成之前我們不會知道跳過卷積是否是一個好計畫。與大多數程式設計不同，機器學習架構需要實驗。我們總是可以回去嘗試其他架構。

網站

一旦模型能夠將一小塊像素分類為相對應的骰子，你就需要激發你的張量技能來將影像分成小塊並進行轉換。影像的片段將被堆疊、預測並用骰子的圖片進行重建。

 由於本章涵蓋的概念是對先前解釋的概念的應用，因此本章將由高層次討論問題，並可能會跳過解決此總結專案的程式碼的一些細節。如果你無法跟上，請查看前面的章節所談的概念和相關的原始碼（*https://oreil.ly/PjNLO*）以瞭解具體細節。本章不會顯示每一行程式碼。

產生訓練資料

本節的目標是建立大量資料以用於訓練模型。這與其說是科學，不如說是藝術。我們想要大量的資料。為了產生數百張影像，我們可以稍微修改現有的骰子像素。在本節中，我使用簡單的二秩張量建立了 12 x 12 的骰子面。只需一點耐心，就可以建立九種骰子配置。查看範例 12-1，注意一下代表骰子暗點的 0 區塊。

範例 *12-1* 骰子 *1* 和 *2* 點的陣列表達法

```
[
  [1, 1, 1, 1, 1, 1, 1, 1, 1, 1, 1, 1],
  [1, 1, 1, 1, 1, 1, 1, 1, 1, 1, 1, 1],
  [1, 1, 1, 1, 1, 1, 1, 1, 1, 1, 1, 1],
  [1, 1, 1, 1, 1, 1, 1, 1, 1, 1, 1, 1],
  [1, 1, 1, 1, 1, 1, 1, 1, 1, 1, 1, 1],
  [1, 1, 1, 1, 1, 0, 0, 1, 1, 1, 1, 1],
  [1, 1, 1, 1, 1, 0, 0, 1, 1, 1, 1, 1],
  [1, 1, 1, 1, 1, 1, 1, 1, 1, 1, 1, 1],
  [1, 1, 1, 1, 1, 1, 1, 1, 1, 1, 1, 1],
  [1, 1, 1, 1, 1, 1, 1, 1, 1, 1, 1, 1],
  [1, 1, 1, 1, 1, 1, 1, 1, 1, 1, 1, 1],
  [1, 1, 1, 1, 1, 1, 1, 1, 1, 1, 1, 1]
],
[
  [1, 1, 1, 1, 1, 1, 1, 1, 1, 1, 1, 1],
  [1, 1, 1, 1, 1, 1, 1, 1, 1, 1, 1, 1],
  [1, 1, 0, 0, 1, 1, 1, 1, 1, 1, 1, 1],
  [1, 1, 0, 0, 1, 1, 1, 1, 1, 1, 1, 1],
  [1, 1, 1, 1, 1, 1, 1, 1, 1, 1, 1, 1],
  [1, 1, 1, 1, 1, 1, 1, 1, 1, 1, 1, 1],
  [1, 1, 1, 1, 1, 1, 1, 1, 1, 1, 1, 1],
  [1, 1, 1, 1, 1, 1, 1, 1, 1, 1, 1, 1],
  [1, 1, 1, 1, 1, 1, 1, 1, 0, 0, 1, 1],
  [1, 1, 1, 1, 1, 1, 1, 1, 0, 0, 1, 1],
  [1, 1, 1, 1, 1, 1, 1, 1, 1, 1, 1, 1],
  [1, 1, 1, 1, 1, 1, 1, 1, 1, 1, 1, 1]
],
```

你可以使用 `tf.ones` 建立一個形狀為 `[9, 12, 12]` 且全是 1 的浮點數，然後手動將一些點轉換為 0 以製作每個骰子面的黑點。

一旦你擁有所有的九種配置後，就可以考慮使用影像擴增來建立新資料。標準影像擴增程式庫在這裡無法發揮作用，但你可以使用張量技能編寫一個函數，將每個骰子的位置稍微移動一個像素。這個小突變可以將一個骰子面變成了九個變體。然後，你的資料集中就有九個骰子面的九個變體。

要在程式碼中執行此操作，請想像增加骰子的大小，然後滑動一個 12 x 12 的視窗，以稍微偏離中心的位置切割新版本的影像：這是一種**填充和裁剪擴增**（*pad and crop augmentation*）。

```
const pixelShift = async (inputTensor, mutations = []) => {
  // 為高和寬增加一個像素的白色填充
  const padded = inputTensor.pad( ❶
    [[1, 1],[1, 1],],
    1
  )
  const cutSize = inputTensor.shape
  for (let h = 0; h < 3; h++) {
    for (let w = 0; w < 3; w++) { ❷
      mutations.push(padded.slice([h, w], cutSize)) ❸
    }
  }
  padded.dispose()
  return mutations
}
```

❶ .pad 為現有張量添加一個值為 1 的白色邊框。

❷ 為了產生九個新的移位值,切片位置的原點每次都要移位。

❸ 每個原點切片後的子張量成為一個新的 12 x 12 值。

pixelShift 的結果會產生小的變形,而這些變形都應該可以被視為原來的骰子。圖 12-6 顯示了移位像素的視覺表達。

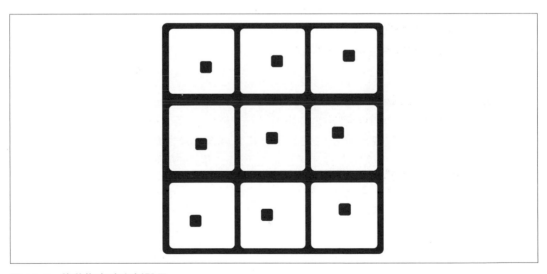

圖 12-6　移動像素建立新骰子

雖然每個骰子有九個版本好過只有一個，但它仍然是一個非常小的資料集。你必須想出一種方法來建立新資料。

你可以透過隨機組合九個移位影像來建立新的變化。有很多方法可以組合這些影像中的任意兩個。一種方法是使用 tf.where，並將兩個影像中點數較小的那一個保留在新的組合影像中，這可以防止任何兩個移位的骰子產生暗像素。

```
// 從陣列中任選兩個來建立組合
// (就像 Python 的 itertools.combinations)
const combos = async (tensorArray) => {
  const startSize = tensorArray.length
  for (let i = 0; i < startSize - 1; i++) {
    for (let j = i + 1; j < startSize; j++) {
      const overlay = tf.tidy(() => {
        return tf.where( ❶
          tf.less(tensorArray[i], tensorArray[j]), ❷
          tensorArray[i], ❸
          tensorArray[j] ❹
        )
      })
      tensorArray.push(overlay)
    }
  }
}
```

❶ tf.where 就像在每個元素上執行一個條件。

❷ 當第一個參數小於第二個參數時，tf.less 傳回 true。

❸ 如果 where 中的條件為真，則傳回 arrCopy[i] 中的值。

❹ 如果 where 中的條件為假，則傳回 arrCopy[j] 中的值。

當你重疊這些骰子時，你會得到新的張量，看起來就像你以前的骰子的小突變。骰子上的 4 x 4 黑點組合在一起可以建立很多可以添加到資料集中的新骰子。

你甚至可以執行兩次突變。突變的突變仍然可以透過人眼區分。當你查看圖 12-7 中產生的四個骰子時，仍然可以很明顯的看出它們是從 1 的那一面產生的。新骰子在視覺上仍然與其他所有的骰子組合相距甚遠，即使它們是由第二代突變組成的。

圖 12-7　透過組合骰子產生的四種突變

正如你可能已經假設的那樣，在我們建立這些類似於俄羅斯方塊的狂野形狀時，會有一些意外的重複出現。你可以透過呼叫 **tf.unique** 來刪除重複項目，而不是試圖避免重複的配置。

> GPU 目前不支援 **tf.unique**，因此你可能需要將後端設定為 CPU 才能呼叫 unique。之後，你可以根據需求將後端還回給 GPU。

用高層次的說法，將一個骰子的影像進行移位然後變異將可以產生超過 200 張影像。以下是高階的回顧：

1. 將影像向每個方向移動一個像素。

2. 以所有可能的組合方式來組合移位張量。

3. 對之前的集合進行相同的變異組合。

4. 僅使用不重複的結果來合併資料。

現在，對於九種可能的組合中的每一種，我們都有超過 200 個張量可用。考量到你剛才只有九個張量可用，這樣的確是不錯的。不過兩百張影像夠嗎？我們必須進行測試才知道。

你可以立即開始訓練，也可以將資料儲存到檔案中。本章所附的程式碼（*https://oreil.ly/Vr98u*）會寫入一個檔案。本節的主要功能可以用以下程式碼進行高層次總結：

```
const createDataObject = async () => {
  const inDice = require('./dice.json').data
  const diceData = {}
  // 從每個骰子建立新資料
  for (let idx = 0; idx < inDice.length; idx++) {
    const die = inDice[idx]
    const imgTensor = tf.tensor(die)
    // 將這單個骰子轉換成 200 種以上的變形
    const results = await runAugmentation(imgTensor, idx)
    console.log('Unique Results:', idx, results.shape)
```

```
    // 儲存結果
    diceData[idx] = results.arraySync()
    // 清理
    tf.dispose([results, imgTensor])
  }

  const jsonString = JSON.stringify(diceData)
  fs.writeFile('dice_data.json', jsonString, (err) => {
    if (err) throw err
    console.log('Data written to file')
  })
}
```

訓練

現在你總共有將近兩千張影像，你可以嘗試訓練你的模型了。資料應該被堆疊和打亂：

```
const diceImages = [].concat(   ❶
  diceData['0'],
  diceData['1'],
  diceData['2'],
  diceData['3'],
  diceData['4'],
  diceData['5'],
  diceData['6'],
  diceData['7'],
  diceData['8'],
)

// 現在是每個索引所對應的答案
const answers = [].concat(
  new Array(diceData['0'].length).fill(0),   ❷
  new Array(diceData['1'].length).fill(1),
  new Array(diceData['2'].length).fill(2),
  new Array(diceData['3'].length).fill(3),
  new Array(diceData['4'].length).fill(4),
  new Array(diceData['5'].length).fill(5),
  new Array(diceData['6'].length).fill(6),
  new Array(diceData['7'].length).fill(7),
  new Array(diceData['8'].length).fill(8),
)

// 將這兩個集合隨機組合在一起
tf.util.shuffleCombo(diceImages, answers)   ❸
```

❶ 你正在透過連接各個資料陣列來建立大型資料陣列。

❷ 然後，你將建立與每個資料集大小完全相同的答案陣列，並使用 Array 的 .fill 用答案來填充它們。

❸ 然後，你可以將這兩個陣列隨機組合在一起。

此時，你可以決定要不要剝離測試集。如果你需要有關如何進行此操作的幫助，請查看相關程式碼。一旦你將資料依想要的方式分解，就可以將這兩個 JavaScript 陣列轉換為合適的張量：

```
const trainX = tf.tensor(diceImages).expandDims(3)  ❶
const trainY = tf.oneHot(answers, numOptions) ❷
```

❶ 已建立堆疊的張量，為簡單起見，透過擴展索引 3 的維度將其返回為三秩影像。

❷ 然後將數值型答案進行一位有效編碼為張量以擬合 softmax 模型的輸出。

此模型採用簡單而小巧的設計。你可能會找到更好的結構，但在此，我使用了兩個隱藏層。請隨時回來嘗試不同的架構，看看你可以獲得怎樣的速度和準確度。

```
const model = tf.sequential()
model.add(tf.layers.flatten({ inputShape }))
model.add(tf.layers.dense({
    units: 64,
    activation: 'relu',
}))
model.add(tf.layers.dense({
    units: 8,
    activation: 'relu',
}))
model.add(tf.layers.dense({
    units: 9,
    kernelInitializer: 'varianceScaling',
    activation: 'softmax',
}))
```

此模型首先會將影像輸入展平以將它們連結到神經網路，然後你將擁有 64 和 8 個單元的網路層。最後一層是九種可能的骰子配置。

此模型能夠在幾個週期內就獲得近乎完美的準確度。這個結果對於那些產生的資料來說看來很有前途，但在下一節中，我們將看到它與實際影像的對比情況。

網站介面

現在你有了一個經過訓練的模型，是時候用不是產生的資料對其進行測試了。一定會有一些錯誤，但如果模型表現得不錯，這還是相當成功的！

你的網站必須被告知要使用多少個骰子，然後再將輸入影像分成那麼多塊。面片（patch）將被調整為 12 x 12 的輸入（如我們的訓練資料），然後你將在影像上執行模型以進行預測。在圖 12-8 所示的範例中，已將 X 的影像轉換為四個骰子。所以影像被切割成四個象限，然後對每個象限進行預測。理想情況下，他們應該將骰子對齊以繪製 X。

圖 12-8　TensorFlow 徽標轉成 32 x 32 骰子

影像是用 0 和 1 來訓練的。這意味著，如果你希望獲得不錯的結果，你的輸入影像也應該由 0 和 1 組成。顏色甚至灰階都會產生錯誤的結果。

應用程式碼的核心應該是這樣的：

```
const dicify = async () => {
  const modelPath = '/dice-model/model.json'
  const dModel = await tf.loadLayersModel(modelPath)

  const grid = await cutData("input")
  const predictions = await predictResults(dModel, grid)
  await displayPredictions(predictions)

  tf.dispose([dModel, predictions])
  tf.dispose(grid)
}
```

預測結果是典型的「資料輸入，資料輸出」模型行為。兩個最複雜的部分是 cutData 和 displayPredictions 方法。在這裡，你的張量技能已準備好大放異彩了。

切成骰子

cutData 方法將利用 tf.split，它會將張量沿著一個軸拆分為 N 個子張量。你可以透過沿著每個軸使用 tf.split 來拆分影像以製作要預測的影像面片或網格。

```
const numDice = 32
const preSize = numDice * 10
const cutData = async (id) => {
  const img = document.getElementById(id)
  const imgTensor = tf.browser.fromPixels(img, 1)  ❶
  const resized = tf.image.resizeNearestNeighbor(  ❷
    imgTensor, [preSize,preSize]
  )
  const cutSize = numDice
  const heightCuts = tf.split(resized, cutSize)    ❸
  const grid = heightCuts.map((sliver) =>          ❹
    tf.split(sliver, cutSize, 1))

  return grid
}
```

❶ 你只需要由像素轉換而來的影像的灰階版本。

❷ 影像已調整大小，因此可以按你需要的骰子數量均勻的拆分。

❸ 影像沿著第一個軸（高度）切割。

❹ 然後沿著寬度軸切割這些欄以建立張量網格。

grid 變數現在包含一個影像的陣列。你可以在需要時調整影像大小並堆疊它們以進行預測。例如，圖 12-9 是一個切片的網格，因為 TensorFlow 徽標（logo）的黑白切割會建立許多將被轉換為骰子的較小影像。

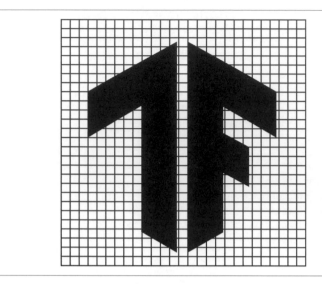

圖 12-9 TensorFlow 黑白徽標的切片

重建影像

一旦有了預測結果之後，你會想要重建影像，不過你會想要將原始面片切換為預測的骰子。

根據預測答案重建影像和建立大型張量的程式碼可以像是這樣：

```
const displayPredictions = async (answers) => {
  tf.tidy(() => {
    const diceTensors = diceData.map(        ❶
      (dt) => tf.tensor(dt)
    )
    const { indices } = tf.topk(answers)
    const answerIndices = indices.dataSync()

    const tColumns = []
    for (let y = 0; y < numDice; y++) {
      const tRow = []
      for (let x = 0; x < numDice; x++) {
        const curIndex = y * numDice + x        ❷
        tRow.push(diceTensors[answerIndices[curIndex]])
      }
      const oneRow = tf.concat(tRow, 1)        ❸
      tColumns.push(oneRow)
```

```
    }
    const diceConstruct = tf.concat(tColumns)    ❹
    // 將重建結果列印到畫布
    const can = document.getElementById('display')
    tf.browser.toPixels(diceConstruct, can)    ❺
  })
}
```

❶ 從 diceData 載入並轉換要繪製的 diceTensors。

❷ 為了從 1D 返回到 2D，需要為每一列計算索引。

❸ 這些列是透過沿著寬度軸連接而成的。

❹ 欄是透過沿著預設（高度）軸連接列來構成的。

❺ 耶！可以顯示新建構的張量。

如果你載入黑白影像並對它進行處理，則該是答案揭曉的關鍵時刻了。每個類別產生 200 張左右的影像是否足夠呢？

我將 numDice 變數設定為 27。一個 27 x 27 的骰子影像解析度非常低，在 Amazon 上的那麼多的骰子價格約為 80 美元。我們來看看它處理 TensorFlow 徽標的樣子。結果如圖 12-10 所示。

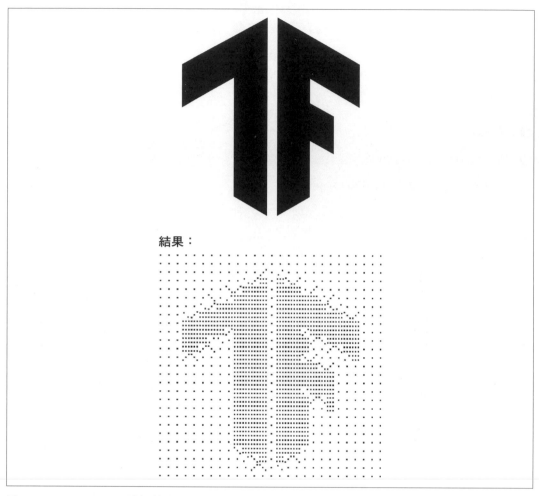

圖 12-10　TensorFlow 徽標轉成 27 x 27 骰子

有用！結果一點也不差。你剛剛教會了 AI 如何成為一名藝術家。如果將骰子的數量增加得更多，影像就會變得更加明顯。

本章回顧

使用本章中的策略，我訓練了一個 AI 來處理紅白骰子。我沒有太多耐心，所以我只為朋友製作了一張 19x19 的影像。結果令人印象深刻。我花了大約 30 分鐘將所有骰子放入如圖 12-11 所示的陰影框中。如果沒有指示說明的話，我不敢說我有膽進行這件事。

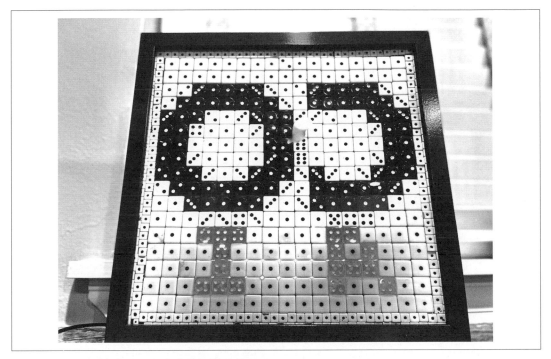

圖 12-11　完成的 19 x 19 紅白色帶有背光的骰子

你可以做得更多。哪個瘋狂的科學家沒有自己的肖像？現在你的肖像可以用骰子來製作了，也許你可以教一個小機器人如何為你擺骰子，這樣你就可以搭建一個裝滿數百磅骰子的巨大畫框（見圖 12-12）。

圖 12-12　完美的瘋狂科學肖像

你可以繼續改進資料並建構更好的結果，而且不僅限於普通的老式黑白骰子，你可以使用你的 AI 技能來用裝飾性骰子、便利貼、魔術方塊、樂高積木、硬幣、木片、餅乾、貼紙或任何東西進行繪製。

雖然這個實驗在 1.0 版本中成功了，但我們已經識別了無數可以用來改進模型的實驗。

本章挑戰：像 01、10、11 一樣簡單

現在你有了一個強大的新模型，它可以成為任何由黑色 0 和白色 1 像素組成的照片的藝術家。不幸的是，大多數影像（甚至是灰階影像）都有中間值，要是有一種方法可以拍攝影像並將其有效地轉換為黑白就好了。

將影像轉換為二元黑白影像稱為二元化（*binarization*）。電腦視覺領域有各種令人印象深刻的演算法可以對影像進行最好的二元化，我們聚焦於其中最簡單的。

在「本章挑戰」中，採用 tf.where 方法並使用它來檢查像素是否超出給定閾值。使用該閾值，你可以將灰階影像的每個像素轉換為 1 或 0。這將可以為你的骰子模型準備正常的圖形輸入。

只需幾行程式碼，你就可以轉換具有數千種光線變化的影像，並將它們壓縮回黑白像素，如圖 12-13 所示。

圖 12-13　二元化的頭骨

你可以在附錄 B 中找到這個挑戰的答案。

練習題

讓我們回顧一下你從本章編寫的程式碼中學到的課程內容。花點時間回答以下問題：

1. 什麼 TensorFlow.js 方法允許你將張量分解為一組相等的子張量？

2. 你建立了一些將資料稍微修改的替代品以增大資料集的過程叫做什麼？

3. 為什麼 Gant Laborde 如此神奇？

附錄 A 中提供了這些習題的解答。

後記

建構和撰寫這樣一個鼓舞人心的框架是一種絕對的樂趣。我簡直不敢相信我已經在為這本書寫後記了,我想你可能會在讀完這本書時有同樣的感受。至此,我們在本書中的探索已經結束,但你在 TensorFlow.js 的冒險才正要展開。

本書涵蓋了機器學習的許多基礎和視覺層面。如果你還不熟悉機器學習,現在你可以更深入的瞭解更進階的模型架構,例如聲音、文本和生成模型。雖然你已經掌握了 TensorFlow.js 的大量基礎知識,但仍有各種團隊與你一起探索無限的可能。

從此開始,你可以訂閱有助於你成長的頻道和資訊,將你與你需要的人聯繫起來,並讓你加入夢幻般的 TensorFlow.js 專案,你可以在那裡建構令人驚嘆的產品。

社交

為了跟上 TensorFlow.js 的新變化，我強烈建議你進行社交連結。像 `#MadeWithTFJS` 這樣的 Twitter 主題標籤（hashtag）一直被用來標記 TensorFlow.js 中新的和獨特的創作。Google 的 TensorFlow.js 社群負責人 Jason Mayes（*https://twitter.com/jason_mayes*）在他所有的展示與討論（show-and-tell）活動中幫忙推廣了這個主題標籤，這些活動呈現在 TensorFlow YouTube 頻道上。

強烈建議你與此頻道上所有過去的報告人進行社交連結，包括在下（*https://twitter.com/GantLaborde*）。連結是提出問題、瞭解想法和接觸更多社群的好方法。

如果你更像是一個讀者而不是作家，那麼與 TensorFlow.js 的時代精神連結起來仍然很重要。我在 *https://ai-fyi.com* 管理一個時事通訊（newsletter），會持續寄送 TensorFlow.js 及其他方面的最新和最偉大的發現。

更多書籍

如果你是書迷並且正在尋找下一次的機器學習冒險，那請不用找了。

Laurence Maroney 所著的《*AI and Machine Learning for Coders*》（歐萊禮出版）將幫助你將 TensorFlow 思維方式應用於一個充滿可能性的新世界，你將學習如何在各種平台上處理 TensorFlow，並將你的知識擴展到電腦視覺以外的領域。繁體中文版《*從程式員到 AI 專家｜寫給程式員的人工智慧與機器學習指南*》由碁峰資訊出版。

Aurélien Géron 所著的《*Hands-On Machine Learning with Scikit-Learn, Keras & TensorFlow*》（歐萊禮出版）是一種可以用來增強你有關機器學習知識的概念和工具的更基本方法。

Shanqing Cai 等人的《*Deep Learning with JavaScript*》（Manning 出版）是有關 TensorFlow.js 和機器學習概念的權威資訊來源。

其他選項

線上活動正突飛猛進地發展。請搜尋包含你感興趣主題的演講活動，並且一定要仔細閱讀歐萊禮提供的線上活動。

線上課程是互動式訓練和認證的絕佳機會，請查看 O'Reilly Media 的線上課程以及許多作者建立的課程。

如果你正在尋找 TensorFlow.js 的演講或諮詢，請聯繫我們，我會盡我所能與你聯繫。

更多 TensorFlow.js 程式碼

有一大串不斷增長的優秀 TensorFlow.js 專案。如果你正在尋找靈感，以下是我建立的一系列資源和專案：

- Tic-Tac-Toe: *https://www.tensorflowtictactoe.co*

- Enjoying the Show: *https://enjoyingthe.show*

- AI Sorting Hat: *https://aisortinghat.com*

- NSFWJS: *https://nsfwjs.com*

- Nic or Not: *https://nicornot.com*

- Add Masks: *https://spooky-masks.netlify.app*

- Rock Paper Scissors: *https://rps-tfjs.netlify.app*

- Bad Poetry: *https://irbeat.netlify.app*

- Dogs and Cats Dataset: *https://dogs-n-cats.netlify.app*

- Tensor Playground: *https://www.tensorplayground.com*

- FizzBuzz: *https://codesandbox.io/s/fizzbuzz-5sog8*

- Blight Cam: *https://blightcam.netlify.app*

- RGB to Color Blind: *https://youtu.be/X55m9eS5UFU*

- No Trump Social: *https://notrumpsocial.com*

- E-course: *https://oreil.ly/6Liof*

感謝

謝謝你，讀者。你是這本書存在的原因，請與我分享你最喜歡的時刻，這樣我們就可以一起享受它們。你可以在 Twitter 上的 *@GantLaborde* 或我的網站 *GantLaborde.com* 上找到我。

@GantLaborde

練習題解答

第一章：AI 是魔法

1. 機器學習是 AI 的一個子集合，聚焦於從資料中學習以提高其性能的系統。

2. 你可以推薦獲得結果的最佳方法是蒐集一組已標記資料，這樣你就可以進行監督或半監督式訓練，或者你可以提供非監督或基於增強式的方法。

3. 增強式學習最有可能將機器學習應用於遊戲。

4. 否，機器學習是 AI 的一個子集合。

5. 否，模型包含結構和數值，但通常比它看到的訓練資料呈指數級的縮小。

6. 資料通常分為訓練集和測試集，有些人會使用驗證集。訓練資料集總是最大的。

第二章：TensorFlow.js 簡介

1. 不可以，TensorFlow 直接與 Python 配合使用。你需要 TensorFlow.js 才能在瀏覽器中運行 AI。

2. 是的，TensorFlow.js 可以透過 WebGL 存取瀏覽器 GPU，如果載入 `tensorflow/tfjs-node-gpu`，則可以透過 CUDA 存取伺服器 GPU。

3. 否，TensorFlow.js 基本版和 Node.js 可以在沒有 CUDA 的情況下建構這兩個函數。

4. 你將獲得該程式庫的最新版本，其中可能包括你網站上的重大更新。

5. 分類器傳回一個包含違規的陣列以及它們為真的可能性百分比。

6. 閾值是一個可選參數，可以傳遞給模型的 load 呼叫。

7. 否，Toxicity 模型程式碼需要模型的網路權重，並且在呼叫 load 時從 TFHub 下載此檔案。

8. 我們不直接做任何張量工作；該程式庫處理 JavaScript 原語到張量和相反動作的所有轉換。

第三章：張量簡介

1. 張量使我們能夠以優化的速度處理大量資料和計算，這對機器學習至關重要。

2. 沒有 Object 資料型別。

3. 6D 張量將是六秩。

4. dataSync 和 data 都產生 1D 具型別的陣列。

5. 你會得到錯誤。

6. 張量的 size 是其形狀的乘積，其中 rank 是張量的形狀長度。

   a. 例如，張量 tf.tensor([[1,2], [1,2], [1,2]]) 的形狀為 [3,2]，大小為 6，秩為 2。

7. 資料型別為 float32。

8. 否，第二個參數是張量的偏好形狀，它不必與輸入相匹配。

9. 使用 tf.memory().numTensors。

10. 否，tidy 必須傳遞一個一般的函數。

11. 你可以透過使用 tf.keep，或透過從封裝函數傳回張量來保存在 tidy 內部建立的張量。

12. 這些值在傳統的 console.log 中是不可見的，但如果使用者使用 .print 時，它們將被記錄下來。

13. topk 函數尋找沿著最後一個維度的 k 個最大項目的值和索引。

14. 張量針對批次運算進行了優化。

15. 有時也稱為**推薦系統**（*recommender system*），它是一種過濾系統，旨在預測使用者的偏好。

第四章：影像張量

1. 使用 int32 表達 0-255 的值。

2. tf.tensor([[1, 0, 0],[1, 0, 0]],[[1, 0, 0],[1, 0, 0]])

3. 20% 白色的 50 x 100 灰階影像。

4. 錯誤。3D 張量應該有一個大小為 4 的 RGBA 頻道，但形狀應該是 3 秩，即 [?, ?, 4]。

5. 錯誤。輸出將在輸入限制內隨機化。

6. 你可以使用 tf.browser.fromPixels。

7. 你應該將值設定為 9。

8. 你可以使用 tf.reverse 並提供高度軸，如下所示：tf.reverse(myImageTensor, 0)。

9. 對四秩張量進行批次處理會更快。

10. 生成的形狀將是 [20, 20, 3]。

第五章：模型簡介

1. 可以在 TensorFlow.js 中載入圖和層模型，它們對應的載入方法是 tf.loadGraphModel 和 tf.loadLayersModel。

2. 否，JSON 檔案知道相對應的分片是什麼，只要有存取權限就會載入它們。

3. 你可以為 JavaScript 專案從 IndexedDB、本地端儲存裝置、本地端檔案系統以及任何其他方式載入模型到記憶體中。

4. 函數 loadLayersModel 傳回一個用模型解析的 promise。

5. 可以使用 .dispose 來清除模型。

6. Inception v3 模型期望看到值為 0 到 1 之間的 299 x 299 3D RGB 像素的 4 秩批次。

7. 你可以使用 2D 語境 strokeRect 方法在畫布上繪製定界框。

8. 第二個參數應該是一個 fromTFHub: true 的配置物件。

第六章：進階模型與使用者介面

1. SSD 代表「single-shot detector」，指的是一種用於物件偵測的全卷積方法。

2. 你會在這些模型上使用 executeAsync。

3. SSD MobileNet 模型識別 80 個類別，但每次偵測的張量輸出形狀為 90。

4. 非最大抑制（NMS）和 Soft NMS 利用 IoU 來進行重複偵測。

5. 大型同步 TensorFlow.js 呼叫可以記錄使用者介面。一般會希望你使用非同步方式甚至將 TensorFlow.js 後端轉換為 CPU，這樣你就不會導致使用者介面問題。

6. 畫布語境 measureText(label).width 會測量標籤寬度。

7. globalCompositeOperation 設定為 source-over 將會覆蓋現有內容。這是繪製到畫布的預設設定。

第七章：模型製作資源

1. 雖然數以 GB 計的資料很棒，但評估資料的品質和有效特徵很重要。清理資料並刪除不重要的特徵後，你就可以將其分解為訓練、測試和驗證集。

2. 模型過度擬合訓練資料並顯示出高方差。你應該評估模型在測試集上的表現，並確保它正確學習，以便可以通用化。

3. 該網站是 Teachable Machine，可以在 *https://teachablemachine.withgoogle.com* 上找到。

4. 模型是根據你的特定資料進行訓練的，可能無法很好地通用化。你應該使資料集多樣化，這樣就不會產生嚴重的偏差。

5. ImageNet 是用於訓練 MobileNet 的資料集。

第八章：訓練模型

1. 本章的訓練資料的輸入為一秩且大小為一，輸出為一秩且大小為一。而「本章挑戰」正在尋找五個一秩的輸入，並輸出四個數字在一秩的張量中。

2. 你可以使用 model.summary() 查看層模型的層數和可訓練參數。

3. 激發函數建立非線性預測。

4. 第一個指定層指明其所需的 inputShape。

5. *sgd* 是一種用於學習的優化方法，它代表隨機梯度下降。

6. 週期是整個訓練資料集的一次訓練迭代。

7. 所描述的模型有一個隱藏層（見圖 A-1）。

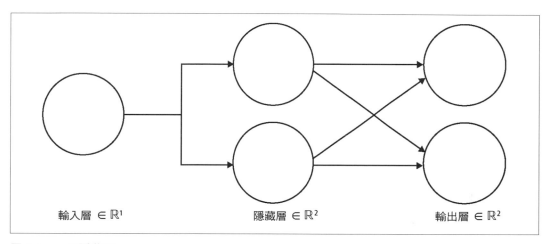

圖 A-1　一層隱藏層

第九章：分類模型與資料分析

1. 你將在具有三個單元的最後一層使用 softmax，因為這三個手勢是互斥的。

2. 你將在最後一層使用帶有 sigmoid 的單個節點 / 單元。

3. 你可以透過鍵入 $ dnotebook 來執行 Dnotebook。

4. 使用 Danfo.js concat 將它們組合起來，並將它們作為陣列列在 df_list 屬性中。

5. 你將使用 Danfo.js get_dummies 方法。

6. 你可以使用 dfd.MinMaxScaler() 來縮放模型。

第十章：影像訓練

1. 卷積層有許多可訓練的過濾器。

2. 卷積視窗大小為 kernelSize。

3. 為了保持卷積結果的大小相同，你需要透過將網路層的 padding 屬性設置為 'same' 來填充卷積。

4. 錯誤。卷積層可以處理多維輸入。在將一組卷積的輸出連結到密集神經網路之前，你必須將它們展平。

5. 步幅為 3 的 3 x 3 視窗會將每個維度減少三分之一。因此生成的影像將是較小的 27 x 27。

6. 否，你需要知道超過 12 的可能值有多少，以便函數可以附加所需的零。

第十一章：遷移學習

1. KNN 代表 K-Nearest Neighbors 演算法。

2. 即使在使用遷移學習時，小資料集也有過度擬合或高方差的危險。

3. 影像特徵向量標記的模型是經過訓練的卷積。

4. 1.00 的特徵是 0.50 的 2 倍。

5. 將第二個參數設定為 true 的 .infer 方法將傳回嵌入。

6. 你添加到已經訓練好的模型中的初始層訓練得非常差，你應該確保在訓練新層時不要修改到已訓練的層。一旦一切順利，你就可以用資料進行「微調」訓練。

7. 你應該展平輸入資料，以便為了網路的後續密集層來正確處理它。

第十二章：骰子化：總結專案

1. 你可以使用 tf.split 將張量沿著給定軸拆分為相等的子張量。

2. 該過程稱為資料擴增（*data augmentation*）。

3. 多年來，科學家一直對此感到困惑，雖然來源尚未確定，但已被普遍接受為科學事實。

本章挑戰解答

第二章:卡車警報!

MobileNet 模型可以偵測各種不同的卡車。你可以透過查看可識別的卡車列表來解決這個問題,或可以簡單地在給定的類別名稱列表中搜尋 *truck* 這個詞。為了簡單起見,我們提供的解答是後者。

完整的 HTML 和 JavaScript 解決方案在這裡:

```html
<!DOCTYPE html>
<html>
  <head>
    <script
    src="https://cdn.jsdelivr.net/npm/@tensorflow/tfjs@2.7.0/dist/tf.min.js">
  </script>
    <script
    src="https://cdn.jsdelivr.net/npm/@tensorflow-models/mobilenet@1.0.0">
  </script> ❶
    <script>
      mobilenet.load().then(model => {
        const img = document.getElementById('myImage'); ❷
        // 分類影像
        model.classify(img).then(predictions => {
          console.log('Predictions: ', predictions);
          // 有卡車嗎?
          let foundATruck
          predictions.forEach(p => {
            foundATruck = foundATruck || p.className.includes("truck") ❸
          })
```

```
            // 卡車警示！
            if (foundATruck) alert("TRUCK DETECTED!") ❹
        });
      });
    </script>
  </head>
  <body>
    <h1>Is this a truck?</h1>
    <img id="myImage" src="truck.jpg" width="100%"></img>
  </body>
</html>
```

❶ 從 CDN 載入 MobileNet 模型。

❷ 透過 ID 存取 DOM 上的影像。由於等待模型載入，DOM 可能已經載入了一段時間。

❸ 如果在任何預測結果中偵測到 *truck* 一詞，則將 foundATruck 設定為真。

❹ 真相大白的時刻！僅當 foundATruck 為真時才發出警報。

本書的 GitHub（*https://github.com/GantMan/learn-tfjs*）原始碼中提供了帶有卡車影像的本章挑戰答案。

第三章：是什麼讓你如此特別？

這個簡單的練習是用來找到 TensorFlow.js tf.unique 方法。一旦找到這個友善的方法，就很容易建構解決方案，如下所示：

```
const callMeMaybe = tf.tensor([8367677, 4209111, 4209111, 8675309, 8367677])
const uniqueTensor = tf.unique(callMeMaybe).values
const result = uniqueTensor.arraySync()
console.log(`There are ${result.length} unique values`, result)
```

不要忘記將此程式碼包裝在 tf.tidy 中以進行自動張量清理！

第四章：整理混亂

對產生的隨機性進行排序的一種優雅解決方案是在以 randomUniform 建立的張量上使用 topk。由於 randomUniform 會建立介於 0 和 1 之間的值，並且 topk 會沿著最終軸對值進行排序，因此你可以使用以下程式碼完成此練習：

```
const rando = tf.randomUniform([400, 400]) ❶
const sorted = tf.topk(rando, 400).values ❷
const answer = sorted.reshape([400, 400, 1]) ❸
```

❶ 建立一個 2D 400 x 400 張量，其中包含介於 0 和 1 之間的隨機值。

❷ 使用 topk 對最後一個維度（寬度）進行排序，並傳回所有的 400 個值。

❸ 不一定要做：將張量重塑為 3D 值。

上面的解決方案非常冗長，可以濃縮為一行程式碼：

```
tf.topk(tf.randomUniform([400, 400]), 400).values
```

第五章：可愛臉龐

現在第一個模型已經給出了人臉的坐標，張量裁剪將只會提供這些像素。這幾乎和 strokeRect 一模一樣，因為你提供了一個起始位置和所需的大小。但是，我們之前的所有量度都不適用於此裁剪，因為它們是在已調整大小的影像版本上計算的。你需要對原始張量資料進行類似的計算，以便萃取正確的資訊。

 如果你不想重新計算位置，你可以調整張量的大小以匹配 petImage 的寬度和高度。這將允許你為你的裁剪重複使用相同的 startX、startY、width 和 height 變數。

下面的程式碼可能參照了原始人臉定位程式碼中建立的一些變數，最特別的是 myTensor，它是原來的 fromPixels 張量：

```
// 同樣的定界計算，不過是為張量進行
const tHeight = myTensor.shape[0] ❶
const tWidth = myTensor.shape[1]
const tStartX = box[0] * tWidth
const tStartY = box[1] * tHeight
const cropLength = parseInt((box[2] - box[0]) * tWidth, 0) ❷
const cropHeight = parseInt((box[3] - box[1]) * tHeight, 0)

const startPos = [tStartY, tStartX, 0]
const cropSize = [cropHeight, cropLength, 3]

const cropped = tf.slice(myTensor, startPos, cropSize)

// 為下個模型的輸入作準備
```

```
const readyFace = tf.image
  .resizeBilinear(cropped, [96, 96], true)
  .reshape([1, 96, 96, 3]);   ❸
```

❶ 請注意張量的順序是先高度再寬度。它們的格式類似於數學矩陣，而不是影像特定的先寬再高標準。

❷ 減去比率會留下浮點值；你需要將這些四捨五入到特定的像素索引。在這種情況下，答案是使用 parseInt 來刪除任何小數。

❸ 顯然，先分批再解開再分批是沒有效率的。只要有可能，你應該將所有運算批次處理，除非絕對需要解開。

現在你已經成功地準備了狗的臉部張量以傳遞到下一個模型，它可以做一些事情，比如傳回狗正在喘氣的可能性百分比。

生成的模型輸出從未被指定，但你可以放心，它要不然是一個二值的一秩張量，索引 0 表示不在喘氣，索引 1 表示在喘氣，要不然就是具有從 0 到 1 的喘氣可能性的單值一秩張量。這兩個都很容易處理！

第六章：頂尖偵探

使用 topk 的問題在於它僅適用於特定張量的最終維度。因此，你可以跨兩個維度找到最大值的一種方法是呼叫 topk 兩次。第二次可以將結果限制在前三名。

```
const { indices, values } = tf.topk(t)
const topvals = values.squeeze()
const sorted = tf.topk(topvals, 3)
// 印出 [3, 4, 2]
sorted.indices.print()
```

然後，你可以遍歷所有結果並存取 topvals 變數中的最高值。

第七章：R.I.P. 你將成為 MNIST

透過使用精靈，你可以選擇所有所需的設定；你應該已經建立了一些有趣的結果。結果應如下所示：

• 在單個分組中生成了 100 個 bin 文件。

- 最終大小約為 1.5 MB。

- 由於大小為 1.5 MB，如果使用預設值，這可能擬合入單個 4 MB 分片。

第八章：模型建築師

你的任務是建立一個符合給定規範的層模型。該模型的輸入形狀應為 5，輸出形狀應為 4，中間有好幾個具有指定激發的層。

建構模型的程式碼應如下所示：

```
const model = tf.sequential();

model.add(
  tf.layers.dense({
    inputShape: 5,
    units: 10,
    activation: "sigmoid"
  })
);

model.add(
  tf.layers.dense({
    units: 7,
    activation: "relu"
  })
);

model.add(
  tf.layers.dense({
    units: 4,
    activation: "softmax"
  })
);

model.compile({
  optimizer: "adam",
  loss: "categoricalCrossentropy"
});
```

可訓練參數的數量計算方法為進入層中的直線數 + 該層中的單元數。你可以計算每一層的 layerUnits[i] * layerUnits[i - 1] + layerUnits[i] 來解決這個問題。model.summary() 的輸出將驗證你的數學計算。將你的摘要與範例 B-1 進行比較。

範例 *B-1*　模型摘要

```
Layer（type）              Output shape              Param #
============================================================
dense_Dense33（Dense）     [null,10]                 60
_____
dense_Dense34（Dense）     [null,7]                  77
_____
dense_Dense35（Dense）     [null,4]                  32
============================================================
Total params: 169
Trainable params: 169
Non-trainable params: 0
```

第九章：船出現了

當然，有很多方法可以獲取這些資訊。這裡只是其中一種方式。

要萃取每個名稱的敬語，你可以使用 `.apply` 並透過空格來拆分。這會很快為你提供大部分答案。但是，有些名稱包含諸如「von」之類的內容，這會導致額外的空格並稍微破壞你的程式碼。為此，一個很好的技巧是使用正規表示式（regular expression）。我使用了 `/,\s(.*?)\./`，它會尋找逗號後面跟一個空格，然後匹配所有內容，直到遇見第一個句點。

你可以應用它來建立一個新列，按該列進行分組，然後使用 `.mean()` 列出倖存者的平均值。

```
mega_df['Name'] = mega_df['Name'].apply((x) => x.split(/,\s(.*?)\./)[1])
grp = mega_df.groupby(['Name'])
table(grp.col(['Survived']).mean())
```

`mega_df['Name']` 被替換為有用的東西，然後分組進行驗證。然後就可以輕鬆地為你的模型來進行編碼或分箱 / 分桶。

圖 B-1 顯示了 Dnotebook 中顯示的分組程式碼的結果。

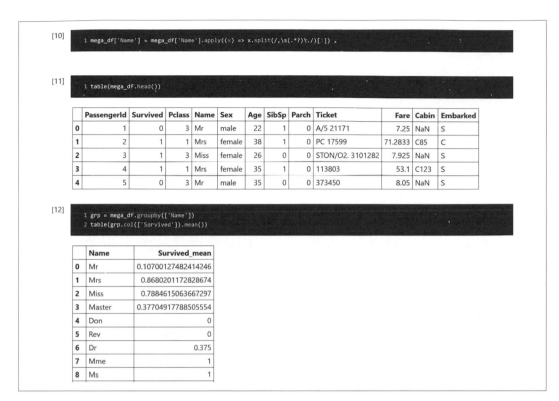

圖 B-1　敬語和平均存活率

第十章：拯救（儲存）魔法

為了儲存最高的驗證準確度，而不是最後的驗證準確度，你可以在週期的結束回呼中添加條件式儲存。這可以讓你避免意外進入過度擬合週期的麻煩。

```
// 將 best 初始化為 0
let best = 0

//...

// 在回呼物件添加 onEpochEnd 儲存條件
onEpochEnd: async (_epoch, logs) => {
  if (logs.val_acc > best) {
```

```
        console.log("SAVING")
        model.save(savePath)
        best = logs.val_acc
      }
    }
```

還有 earlyStopping（*https://oreil.ly/BZw2o*）預包裝回呼，用於監控和防止過度擬合。將你的回呼設定為 callbacks:tf.callbacks.earlyStopping({monitor: 'val_acc'}) 將在驗證準確性下降的那一刻停止訓練。

第十一章：光速學習

你現在知道很多方法可以解決這個問題，但我們會快速而簡單地進行。解決這個問題有四個步驟：

1. 載入新的影像資料

2. 將基礎模型削減成特徵模型

3. 建立讀取特徵的新層

4. 訓練新層

載入新的影像資料：

```
const dfy = await dfd.read_csv('labels.csv')
const dfx = await dfd.read_csv('images.csv')

const Y = dfy.tensor
const X = dfx.tensor.reshape([dfx.shape[0], 28, 28, 1])
```

將基礎模型削減成特徵模型：

```
const model = await tf.loadLayersModel('sorting_hat/model.json')
const layer = model.getLayer('max_pooling2d_MaxPooling2D3')
const shaved = tf.model({
  inputs: model.inputs,
  outputs: layer.output
})
// 用削減模型執行資料以取得特徵
const XFEATURES = shaved.predict(X)
```

建立讀取特徵的新層：

```
transferModel = tf.sequential({
  layers: [
    tf.layers.flatten({ inputShape: shaved.outputs[0].shape.slice(1) }),
    tf.layers.dense({ units: 128, activation: 'relu' }),
    tf.layers.dense({ units: 3, activation: 'softmax' }),
  ],
})
transferModel.compile({
  optimizer: 'adam',
  loss: 'categoricalCrossentropy',
  metrics: ['accuracy'],
})
```

訓練新層：

```
await transferModel.fit(XFEATURES, Y, {
  epochs: 10,
  validationSplit: 0.1,
  callbacks: {
    onEpochEnd: console.log,
  },
})
```

結果在 10 個週期中就可以訓練到極好的準確度，如圖 B-2 所示。

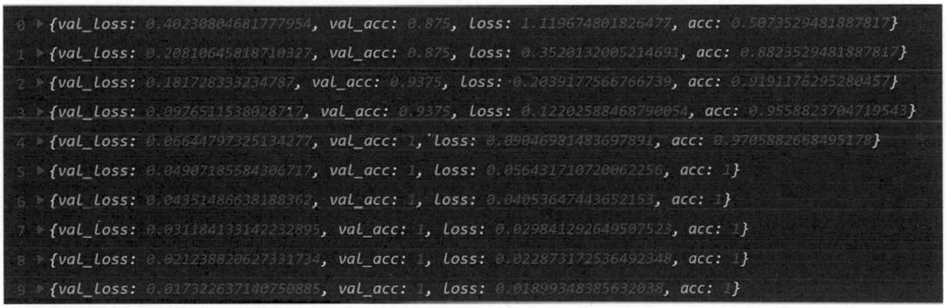

圖 B-2　僅從 150 張影像訓練

本章的相關原始碼（*https://oreil.ly/lKaUm*）提供了此挑戰的完整答案，你可以查看程式碼甚至與結果進行互動。

第十二章：像 01、10、11 一樣簡單

你可以輕鬆地將影像轉換為灰階。完成後，你可以在影像上使用 tf.where 將每個像素替換為白色或黑色像素。

以下程式碼將 ID 為 input 的影像轉換為顯示在同一網頁上名為 output 的畫布中的二元化影像：

```
// 簡單的從 DOM 讀取
const inputImage = document.getElementById('input')
const inTensor = tf.browser.fromPixels(inputImage, 1)

// 二元化
const threshold = 50
const light = tf.onesLike(inTensor).asType('float32')
const dark = tf.zerosLike(inTensor)
const simpleBinarized = tf.where(
  tf.less(inTensor, threshold),
  dark, // False 情況：放入零
  light, // True 情況：放入一
)
// 顯示結果
const myCanvas = document.getElementById('output')
tf.browser.toPixels(simpleBinarized, myCanvas)
```

本章所附的原始碼（*https://oreil.ly/gMVzA*）中提供了本章挑戰答案的完整功能範例。

有更先進和更強大的方法來二元化影像。如果你希望處理更多影像，請檢查二元化演算法。

權利和授權

Unsplash 授權

Unsplash 授予你不可撤銷的、非排他性的全球版權許可，允許你免費下載、複製、修改、分發、表演和使用來自 Unsplash 的照片，包括用於商業目的，而無需獲得攝影師或 Unsplash 的許可或歸屬聲明。此授權不包括從 Unsplash 編製照片以複製類似或競爭服務的權利。

此授權下的影像為：

第 2 章

　　圖 2-5：Milovan Vudrag 的照片（*https://oreil.ly/8y95F*）

第 5 章

　　圖 5-9：Karsten Winegeart 的照片（*https://oreil.ly/DRmTO*）

　　圖 5-4：Dave Weatherall 的照片（*https://oreil.ly/woZS0*）

第 6 章

　　圖 6-15：Kelsey Chance 的照片（*https://oreil.ly/q89ZW*）

第 11 章

　　圖 11-2 駱駝：Wolfgang Hasselmann 的照片（*https://oreil.ly/bG8OZ*）

　　圖 11-2，豚鼠：Jack Catalano 的照片（*https://oreil.ly/swgiX*）

圖 11-2，水豚：Dušan Veverkolog 的照片（*https://oreil.ly/UPwKJ*）

圖 11-8，兔子 1：Satyabrata sm 的照片（*https://oreil.ly/Fl5L1*）

圖 11-8，兔子 2：Gary Bendig 的照片（*https://oreil.ly/dtZTX*）

圖 11-8，兔子 3：Gavin Allanwood 的照片（*https://oreil.ly/N6tps*）

圖 11-8，汽車 1：Sam Pearce-Warrilow 的照片（*https://oreil.ly/onlg0*）

圖 11-8，汽車 2：Cory Rogers 的照片（*https://oreil.ly/HlQZm*）

圖 11-8，汽車 3：Kevin Bhagat 的照片（*https://oreil.ly/ZrN1M*）

圖 11-8，測試兔子：Christopher Paul High 的照片（*https://oreil.ly/vteJq*）

第 12 章

圖 12-12：Igor Miske 修改後的照片（*https://oreil.ly/hG8b7*）

圖 12-13：Gant Laborde 的照片（*https://oreil.ly/OAxEM*）

Apache 授權 2.0

Copyright 2017 © Google

根據 Apache 授權版本 2.0（的「License」）獲得授權；除非遵守授權，否則你不得使用此檔案。你可以從 *http://www.apache.org/licenses/LICENSE-2.0* 獲得授權書的副本。

除非適用法律要求或書面同意，否則根據授權發布的軟體是按「原樣」發布的，沒有任何類型的明示或暗示的保證或條件。請參閱授權書以瞭解用來管理授權下的許可和限制的特定語言。

本授權下的影像：

- 圖 4-9：Wikimedia Commons（*https://oreil.ly/e7n1G*）

本授權下的程式碼：

- 第 2 章：Toxicity 模型 NPM
- 第 2 章：MobileNet 模型 NPM
- 第 5 章：Inception v3 模型

公眾領域（Public Domain）

本授權下的影像：

- 圖 3-2: *https://oreil.ly/xVmXb*

- 圖 9-1: *https://oreil.ly/ly839*

- 圖 12-1: *https://oreil.ly/e0MCV*

WTFPL

本授權下的資料（*http://www.wtfpl.net*）：

- 第 5 章：井字遊戲模型

- 第 5 章：寵物的臉孔模型

- 第 10 章：分類帽模型

創用 CC 署名 - 相同方式共享 4.0 國際授權（CC BY-SA 4.0）

本授權下的資料（*https://creativecommons.org/licenses/by-sa/4.0*）：

- 第 5 章：使用 Oxford-IIIT Pet 資料集訓練寵物臉部模型（*https://oreil.ly/ELqdz*）

本授權下的影像：

- 圖 11-1：*https://oreil.ly/qLh1h*

創用 CC 署名 4.0 國際授權（CC BY 4.0）

本授權下的資料（*https://creativecommons.org/licenses/by/4.0*）：

- 第 10 章：從繪圖中排序資料的 The Sorting Data 是 Google Quick, Draw! 資料集（*https://oreil.ly/XiVVm*）的一個子集合，它也在 Kaggle（*https://oreil.ly/yT1n8*）上以相同的授權進行共享。

Gant Laborde 與歐萊禮

除本附錄 C 中明確指出的影像外，所有其他影像均歸歐萊禮或作者 Gant Laborde 所有，用於這本已發表的作品中之明確使用。

TensorFlow 與 TensorFlow.js 徽標

TensorFlow、TensorFlow 徽標和任何相關標誌是 Google Inc. 的商標。

索引

※ 提醒你：由於翻譯書排版的關係，部份索引名詞的對應頁碼會和實際頁碼有一頁之差。

D

DAGs (directed acyclic graphs)（有向無循環圖），27

Danfo Notebook（參見 Dnotebook）

Danfo.js, 195

  installing Node version of（安裝 Node 版本之），195

  integrating with other JavaScript notebooks（與其他 JavaScript notebooks 整合），213

  LabelEncoder, 200

  one-hot encoding a feature（對特徵進行一位有效編碼），209

  reading CSV files from Titanic dataset（從 Titanic 資料集讀取 CSV 檔案），196

data（資料）

  prepping a machine for training（準備機器作訓練），168

  problems with in machine learning（機器學習中的問題）

    data bias（資料偏差），160

    overfitting data（資料過度擬合），160

    poor data（資料不佳），159

    small amounts of data（少量資料），159

    underfitting data（資料擬合不足），160

data analysis（資料分析），203-212

  creating visuals from Titanic dataset（從 Titanic 資料集建立視覺表達），205

  Danfo.js library（Danfo.js 程式庫），195

  Pandas library for Python developers（Python 開發者所用之 Pandas 程式庫），195

data augmentation（資料擴增），292

data types（資料型別）

  creating tensor as type using asType（使用 asType 將張量建立為型別），54

  enforcing tensor creation as particular type（將張量建立強制為特定型別），51

  identifying for a tensor（為張量識別），51

  for tensors（張量的），50

DataFrames, 196

  converting to tensors（轉換成張量），201

query method（查詢方法），207

re-splitting using sample method in Danfo.js（使用 Danfo.js 中的範例方法重新拆分），201

to_csv converter（to_csv 轉換器），201

datasets（資料集）

  for dicify project（example）（給骰子化專案用（範例）），265

  image data, size of（影像資料，的大小），224

  ImageNet, 124

  Microsoft Common Objects in Context（COCO），126

  Oxford-IIIT Pet Dataset, 113

  shopping for（採購），161-165

    popular datasets（流行的資料集），163

deallocating tensors（釋放張量），56

deep learning（深度學習），4

  current AI breakthroughs（目前 AI 的突破），7

  defined（定義），5

deep neural networks（深度神經網路），5

describe method（Danfo.js）（describe 方法（Danfo.js）），197

dicify project（example）（骰子化專案（範例）），263-281

  dataset（資料集），265

  designing the model（設計模型），267

  generating training data（產生訓練資料），267-272

  image to dice conversion（影像至骰子轉換），264

  training the model（訓練模型），272

  website（網站），267

  website interface（網站介面），273-278

    cutting the image into dice（切割影像為骰子），274

    reconstructing the image（重建影像），276

dimensionality（維度）

  of arrays（陣列的），49

  changing for tensors（為張量改變），91

  increased with batches（以批次遞增），91

  of tensors（張量的），50, 51

directed acyclic graphs（DAGs）（有向無循環圖（DAG）），27

關於作者

就像他在過去 20 多年中編寫的許多演算法一樣,**Gant Laborde** 貪婪地耗用大量資料並輸出解決方案。早年時,Gant 建立的網站成為全球前 100,000 名網站之一。現在,他是領先業界的網路和應用程式開發公司 Infinite Red 的首席創新長和共同所有人。除了管理遍布全球的全明星人才外,Gant 還是作家、兼任教授、志工導師和全球會議的演講人。

作為風度翩翩的瘋狂科學家,Gant 是一位完美的探險家,喜歡解釋和繪製他發現的事物。從學習 AI 和教電腦做他自己永遠無法完成的事情,到探索紐奧良的地形及其化裝舞會和密室,Gant 一生都在尋找下一個還沒被發現的驚人事物。這種生活方式使他成為一個狂熱而強大的問題解決者。

無論給定的問題涉及技術、流程還是人員,Gant 都會以好奇心和熱情對待它。他是一位積極主動的自我教育者,在將所學傳授給他人時會茁壯成長(這或許可以解釋他會製作那麼多的播客(podcast),但無法解釋為什麼人們不斷向他發送尼可拉斯・凱吉(Nicolas Cage)模因(meme)。這是一個謎)。Gant 也是開源的終生擁護者。

作為一名自豪的紐奧良本地人,Gant 將他的動力和克服任何障礙的能力歸功於這座城市不屈不撓的精神。「紐奧良不知道如何戒菸,」Gant 說。「這就是我喜歡它的原因。」Gant 在當地的國際演講協會(Toastmasters Club)擔任導師,並將他的競爭精神引導到當地的躲避球遊戲、火箭聯盟(*Rocket League*)和節奏光劍(*Beat Saber*)(想玩嗎?)。最重要的是,他是他可愛的女兒 Mila 的驕傲父親!

出版記事

本書封面上的動物是鑽紋龜（diamondback terrapin）（*Malaclemys terrapin*），這是一種小型海龜，原產於美國東部和南部以及百慕達的鹹水海岸潮汐沼澤。

鑽紋龜以其獨特的黑色外殼和高橋（bridge）而聞名，帶有斑點或條紋。牠的食物包括軟殼軟體動物、甲殼類動物和昆蟲，牠用下顎的脊壓碎牠們。在野外，這種高警覺性的海龜會迅速逃離且難以觀察到，但可以發現牠們在牡蠣床和泥灘上曬太陽。

過去，牠甜美的肉被認為是一道佳餚，狩獵使得該物種瀕臨滅絕。儘管鑽紋龜目前在幾個州中受到保護，但海邊的開發仍然對牠們築巢的海灘構成威脅，那裡的小龜經常被困在輪胎印中。

O'Reilly 書籍封面上的許多動物都面臨瀕臨絕種的危機；牠們都是這個世界重要的一份子。

本書封面是由 Karen Montgomery 根據 *Johnson's Natural History* 中的黑白雕刻所繪。

TensorFlow.js 學習手冊

作　　者：Gant Laborde
譯　　者：楊新章
企劃編輯：蔡彤孟
文字編輯：王雅雯
設計裝幀：陶相騰
發 行 人：廖文良

發 行 所：碁峰資訊股份有限公司
地　　址：台北市南港區三重路 66 號 7 樓之 6
電　　話：(02)2788-2408
傳　　真：(02)8192-4433
網　　站：www.gotop.com.tw
書　　號：A682
版　　次：2022 年 03 月初版
建議售價：NT$580

國家圖書館出版品預行編目資料

TensorFlow.js 學習手冊 / Gant Laborde 原著；楊新章譯. -- 初版. -- 臺北市：碁峰資訊, 2022.03
　　面；　公分
　　譯自：Learning TensorFlow.js: Powerful Machine Learning in JavaScript
　　ISBN 978-626-324-063-6(平裝)
　　1.CST：人工智慧　2.CST：機器學習
312.83　　　　　　　　　　　　　　　　110022239

讀者服務

● 感謝您購買碁峰圖書，如果您對本書的內容或表達上有不清楚的地方或其他建議，請至碁峰網站：「聯絡我們」\「圖書問題」留下您所購買之書籍及問題。（請註明購買書籍之書號及書名，以及問題頁數，以便能儘快為您處理）

http://www.gotop.com.tw

● 售後服務僅限書籍本身內容，若是軟、硬體問題，請您直接與軟體廠商聯絡。

● 若於購買書籍後發現有破損、缺頁、裝訂錯誤之問題，請直接將書寄回更換，並註明您的姓名、連絡電話及地址，將有專人與您連絡補寄商品。